現代アジアと環境問題

多様性とダイナミズム

編著 豊田知世 濵田泰弘
福原裕二 吉村慎太郎

花伝社

Modern Asia and Enviromental Issues:
Diversity and Dynamism
edited by Tomoyo Toyota, Yasuhiro Hamada, Yuji Fukuhara, Shintaro Yoshimura

ISBN978-4-7634-0932-4 C3036
Printed in Japan

はしがき

多大な人的、物的被害をもたらす自然災害、その背景にある地球規模の気候変動は、その異常さと深刻さから、今さら疑問を差し挟む余地はない。毎年のごとく発生する豪雨災害や台風被害の大規模化といった日本での事例、さらに乾燥気候のもとで世界を驚愕させたオーストラリアの大規模森林火災も、その顕著な例として挙げられる。1880 年次と比較し、現在では地球の平均気温が 1 ℃上昇し、さらに今後 10 年間で 1.5℃まで上昇するとの観測（IPCC 特別報告書）も出されている。局地的に見られる豪雨、その真逆に捉えられがちな干ばつ、そして雪崩や熱波など、自然災害は数多いが、それらはすべからく過剰な温室効果ガス排出を中心に、人間の社会経済活動がもたらした地球温暖化と深く関わっている。今後、私たち人間が住むこの地球の未来はいったいどうなるのであろうか。

人間は有史以来、自然との関わりの中で常に生活してきた。時に自然の豊かな恵みに与り、時に自然の残酷な猛威にもさらされてきた。人間を取り巻く自然がなければ、かくも人類は豊かな生活を享受し、また知恵を絞って生き抜く歴史を辿ることもなかったに相違ない。こうした自然との関わりは、しかし人間が築きあげた「文明」の前に徐々に変化を遂げた。たとえば、人間の居住空間さえも破壊する巨大河川の氾濫を、治水事業を通じて食い止め、農業の発展へと結び付けていく古代文明が対自然関係での大きな変化として想起される。さらに中世から近代へと時代を重ね、様々な科学技術を開発する中で、人間社会は自然の管理というよりも、自然からの収奪を加速・拡大する道を歩んだ。特に 18 世紀後半からの産業革命を通じて、大規模な蒸気機関を動力とした産業機械を手に入れた人間社会は、一躍資本主義的発展を遂げるその過程で、鉄道や道路のインフラストラクチャーを整備・ネットワーク化することで、自然の景観だけでなく、自然のあり方そのものに大きな変化を加えた。工場では石炭・石油といった化石燃料を燃やし、自然の中で暮らす人間はもとより、動植物にまで悪影響を及ぼす大気汚染の原型を作り始めた。世界人口の拡大の影響は、もっとも自然との共生を不可欠とした農業にまで及んだ。化学肥料や農薬が大量使用され、生産性を上げるために土壌は休むことなく使われ、疲弊し始めた。

「進歩」や「発展」のもとで繰り返されるこうした対自然収奪プロセスは欧米近代文明によって育まれたが、それは植民地支配を通じて、さらにアジア・アフリカ・ラテンアメリカに拡散した。もちろん、そうした非欧米世界に居住する人々は、植民地支配を敵視しつつも、反面その豊かで便利な生活に憧れ、彼らの開発・発展パターンをモデルとして後追いした。かつて豊饒な恵みを受け、凄まじい脅威さえ経験してきたゆえに、人間社会から「神聖視」された自然は、地球規模で発展を追い求める人間の征服・収奪の対象となった。そうなっても、無尽蔵の存在であるかのごとくみなされた自然は、人間社会から繰り返し手を加えられ、破壊され続けた。人間社会を取り巻く自然は、こうして多様な動植物が生息する有機的な宇宙であることさえも徐々に止め始めた。人類全体が克服すべき課題として地球環境問題が生まれ、様々な脅威を私たちに突き付けるようになっていった。そして、環境問題とは、このように人間社会の側からの自然に対する「関与」なくしては生まれることはなかった。

言うまでもなく、環境問題は多様である。大気汚染、水質汚染、土壌汚染、土壌劣化、森林伐採、砂漠化、水不足、産業廃棄物の不法投棄、ゴミ処理問題、野生動物の生息環境破壊、生物多様性の危機、放射能汚染、さらに地球全体に被害をもたらす問題として、地球温暖化、永久凍土の融解や海水面の上昇なども挙げられる。これら環境問題群の悪化・拡大を阻止するために、国内法整備や国際的協力体制に向けた条約も締結されているが、21 世紀から 20 年が経過しようとする今でさえ、環境問題の克服の道筋が見えないのが現状である。

このように環境問題発生の歴史的背景や現状を考えると、ひとつにホセ・ムヒカ（第 40 代）ウルグアイ大統領が 2012 年 6 月開催のリオデジャネイロ地球サミットにおける演説で指摘したように、環境問題は確かに「政治の問題」である。今少し言えば、自然環境の悪化を放置し続けた国際社会を含めた「政治の貧困」の問題である。そして、最近では、気候変動の余りの危機的状況を鋭く認識し、世界に向けてその対策の緊要性を訴え続けるスウェーデン人女性グレタ・トゥーンベリさんもその延長線上で考えてよかろう。彼女が「科学者の声に耳を傾ける」べき存在として、危機意識を持たない政治家や国家を強く意識しているからである。

加えて、環境問題とはマーケット・エコノミーの地球規模での拡大を良しとし、経済開発との不等価交換の結果、必然的にもたらされた「経済の問題」でもある。また、そもそも決して逃れられない物欲という、人間「心理の問題」でもある。あるいは、そこまで遡らなくとも、先述したような畏敬の念を持って眺めてきた文化、特に仏教、道教、そしてイスラームやアニミズムを中心に、人間と自然との間の適正な関係を律してきた宗教的、民俗的な伝統的諸価値が希薄化し、またそれを喪失していったプロセスの結果が環境問題であると捉えれば、著しく「文化の問題」でさえある。そして、学際的性格を持つ環境問題は総じて人類の「歴史の問題」ということができる。

「発展」を希求して止まない人間の社会経済活動、それらの達成をも動機に据えた軍事活動も今後も継続される限り、誰もがすでに認識しているように、その力の行使に悲鳴を上げる自然は地球に暮らす人類に対して残酷なまでに反撃を行う。そして、自然を内包した地球は早晩、人間の生存空間として存続できなくなる。今や容易に越境する環境問題の悲観的事態に対して、それを生み出してしまった人間一人ひとり、一国一国が最優先課題としてかかる現実をしっかりと見据え、地道な取り組み、国際的な合意形成への前向きな努力を行わない限り、今後自然とのかつての共生的な関係は回復できないに違いない。

さて、本書はタイトルが示すように、これまで記してきた地球規模の環境問題を直接取り上げ検討するものではない。むしろ、かかる問題のさらなる深刻化に必然的に拍車をかけるに相違ない現代アジアを正面から見据え、そこに見られる環境問題の多様性とダイナミズムを検討することを目的としている。その点で、このタイトルに絡めて、まずは現代アジアを取り上げる意味を補足的に説明しておきたい。

周知のとおり、第二次世界大戦後、政治的な独立を達成したアジア諸国では、その後70年の間に経済的主権の回復ともいうべき目標に向かって開発努力を重ねてきた。そして、大半の国々が現在多様な環境問題に直面し、それに対する対応を迫られている。それは、アジア諸国の「経済が重工業を中心とした圧縮型工業化によって成長」し、また「人口の都市への集中が爆発的に起こっている」からである。さらに、そこに暮らす「人々の所得水準が向上するにつれ、大量消費が人々に浸透するようになっている」からでもある（『アジア環境白書　2010/2011』日本環境会議／「アジア環境白書」編集委員会編、東洋経済新報社、2010年、003-004）。

そうしたことから、アフリカやラテンアメリカとの相違点に着目してもあながち的外れではなかろう。たとえば、2013年段階で総人口11億6,300万人強（約42億6,000万人のアジアの27.3%）を数えるアフリカ54カ国の場合、CO_2の排出量では対アジア比でわずかに7.3%程度である。その総量は日本のCO_2排出量に等しい。他方、ラテンアメリカ33カ国の場合の同排出量は、対アジア比で10.5%程度であるが、1人当たり国民所得の平均はアジアのそれの51.7%である。このように考えていくと、総体的に欧米の後追いをしながら、経済発展を続ける国々からなるアジアの環境問題がラテンアメリカ、そしてアフリカにおいて今後発生することに繋がり、アジア諸国がどう環境問題を克服していくかの成否が、ラテンアメリカやアフリカでの環境問題の将来に影響を与えると考えられる。地球規模での環境問題の拡散と克服を今後考えていくうえで、本書が現代のアジアを取り上げる重要性はそこにこそある。

また、現代のアジアの国々は、特に第二次大戦後に浮上した環境問題に直面することになったが、それはそれぞれの国を取り巻く自然条件に加えて、そこに暮らす人々や社会の歴史的、文化的背景をたずさえながら、環境問題の克服への道を模索しているということができる。言い換えれば、本書はアジア諸国それぞれの静態的な地理的空間における環境問題の検討はもとより、欧米的な経済発展を追求するなかで、個性豊かなアジア各国が主体的にどう環境問題を捉え、その克服への道を探ろうとしているのかを問うことも意識した。そのことから、本書のタイトルでは「現代アジア」、「環境問題」の両者をあえて並列して関係付けたことも、理解していただければと考える。

次に、本書の特徴的な諸点を指摘しておきたい。まずこれまでに日本でも

「アジアの環境問題」を検討した書籍が数多く刊行されてきている。しかし、それらの多くは主として東アジアや東南アジアまでを、「アジア」として取り上げる場合が多く、広く南アジアや西アジアまでも視野に入れたものは皆無に等しいということができる。本書も残念ながら、48 カ国にも及ぶアジア諸国のすべてを取り上げたわけではない。本書はそうしたアジア諸国のなかで、そこに見られる環境問題が個性的であり、また深刻であることを念頭に検討対象を選び出した。そのことは類書にない本書の特徴のひとつであるということができる。

それと無関係ではないが、本書の執筆者の大半がアジアの国や地域の変化を長年見続けてきた地域研究者であることも、特徴的なこととして挙げられる。それは、一方で環境問題の専門家ではないという弱みがあるとしても、他方で各地域の政治的、社会的、文化的な特性に精通する研究者であるからこその現場目線の気付きと独自の分析視角に関わる強みがあることを意味する。こうしたことから、本書は主として地域研究による環境問題アプローチの先駆け的性格を色濃く有しているということができる。さらに、本書は環境問題に関わる最新のデータを巻末に収録しているほか、各章の内容に関連したトピックを題材に据えたコラム（16 編）も適宜本文中に配置する工夫も施した。

したがって、本書を読み進めるにあたり、序章から順次読んでいただくことにこだわる必要もない。まずは身近な日本やその周辺の東アジアの国々へと読み進めても、そうではなくまずはご自身のもっとも関心のある国や地域、あるいはコラムをまずは選んでお読みいただいても良いように思う。あるいは、項目ごとのデータに眼を通していただき、そこで国や地域の特性を把握したうえで、気になった章から読み進めていただいてもまったく構わない。こうした読み方をつうじても、副題として掲げた現代アジアが直面する環境問題の「多様性とダイナミズム」を、少なからず発見してもらえれば、私たち執筆者にとってこれ以上の喜びはない。

（吉村慎太郎）

アジア地図

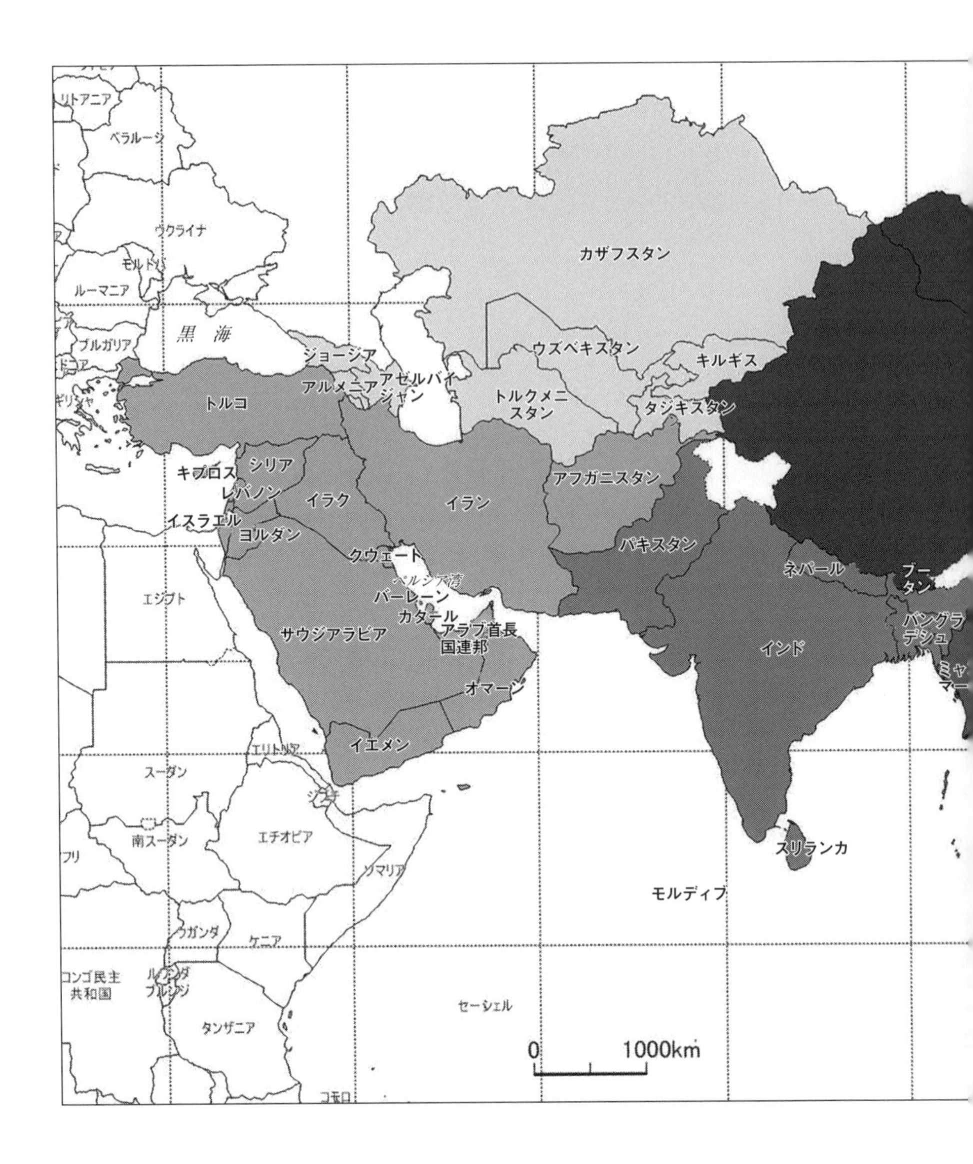

リトアニア
ベラルーシ
ウクライナ
モルドバ
ルーマニア
黒 海
ブルガリア
ギリシャ
カザフスタン
ウズベキスタン
キルギス
ジョージア
アルメニア
アゼルバイジャン
トルクメニスタン
タジキスタン
トルコ
キプロス
シリア
レバノン
イラク
イラン
アフガニスタン
イスラエル
ヨルダン
パキスタン
クウェート
ペルシア湾
バーレーン
カタール
ネパール
ブータン
エジプト
アラブ首長国連邦
サウジアラビア
バングラデシュ
インド
オマーン
イエメン
スーダン
エチオピア
南スーダン
ソマリア
スリランカ
モルディブ
ウガンダ
ケニア
コンゴ民主共和国
タンザニア
セーシェル
0
1000km

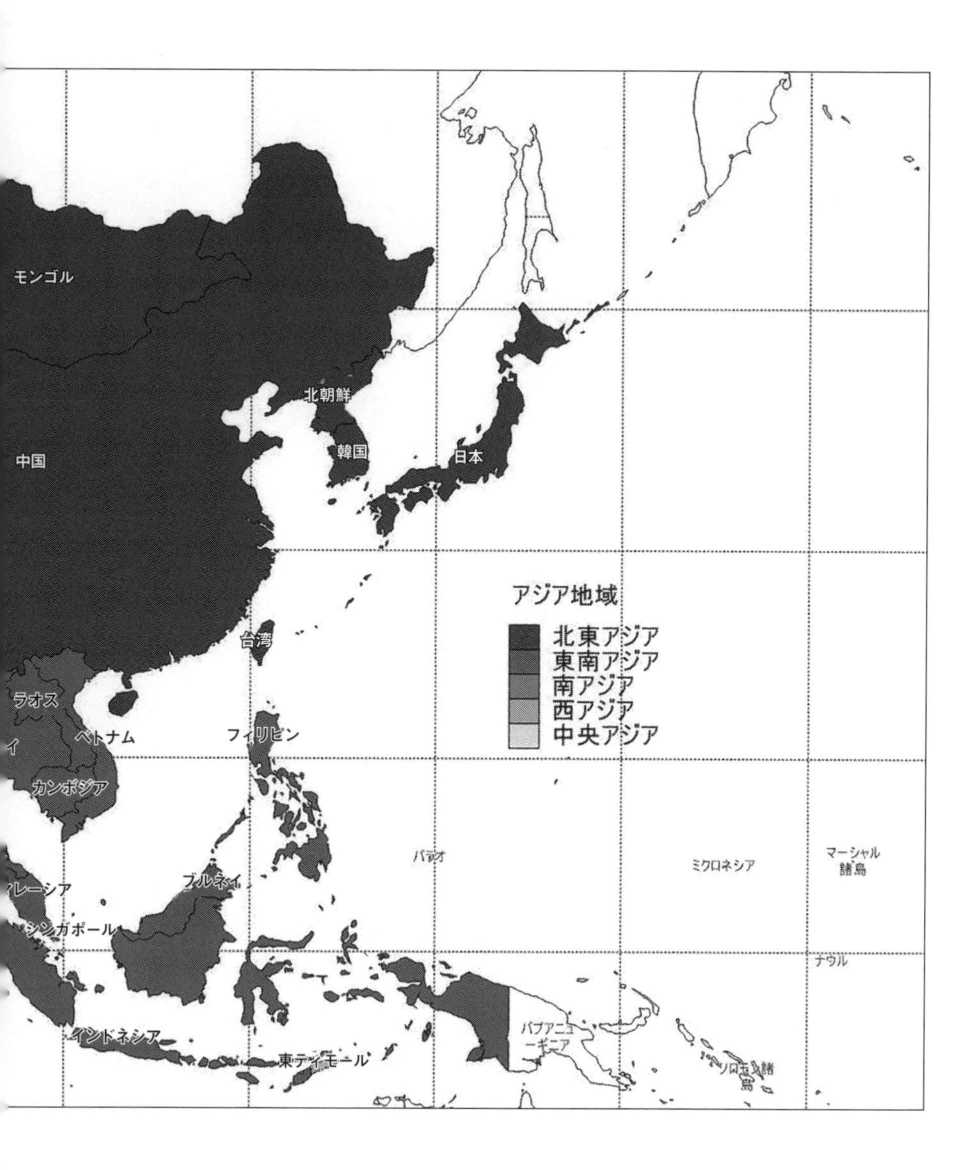
モンゴル
中国
北朝鮮
韓国
日本
台湾
ラオス
ベトナム
カンボジア
フィリピン
レーシア
シンガポール
ブルネイ
インドネシア
東ティモール
パラオ
ミクロネシア
マーシャル諸島
ナウル
パプアニューギニア
ソロモン諸島
アジア地域
北東アジア
東南アジア
南アジア
西アジア
中央アジア

現代アジアと環境問題——多様性とダイナミズム◆目次

第Ⅳ部　現代西アジアと環境問題

……………コラム……………

序章
アジアの環境問題：地域比較の視点

沖村理史

はじめに

広大なアジアは、世界最大の人口を抱える地域である。多様な自然環境のもと、様々な民族、宗教が存在し、経済発展の進度にも大きな違いがみられる。そのように広大なアジアの環境の全体像をとらえることは容易ではない。アジアにおける環境問題については数多くの先行研究があるが、社会科学的観点からその多くは東アジアの環境問題、とりわけ急速な経済発展に伴う環境悪化に注目している。そのうえで、経済発展方式を持続可能な発展を実現するものに転換する必要性から学術的な分析を進めている。あるいは、アジア各国の環境政策や、環境ガバナンスに注目する分析も多い。

本章では、アジアの多様性を意識しつつ、各地域にみられる環境問題の共通性について検討することにしたい。その際、本書で用いる東アジア、東南アジア、南アジア、西アジアという四つの地域ごとの特徴を可能な限り明らかにしたい。そのために本章では、まず環境問題の多様性と環境問題発生の背景について、筆者なりの類型化を試みる。そのうえで、国際機関のデータなどを用いながら、アジアの環境問題の現状を紹介し、アジアの各地域の違いの有無を検討する。最後に、環境問題の現れ方の違いと環境問題発生の背景について、筆者なりの考察をまとめることとしたい。

1　環境問題の多様性

環境問題として認識される問題は、きわめて多様である。本節ではここで取り上げる環境問題について、大まかに四分類して紹介したい。

まず、自然破壊と自然資源の減少である。人為的な要因により、直接的・間接的な自然破壊がアジアでも進行している。自然破壊それ自体も問題であるが、社会経済的観点からみると、自然破壊による自然資源の減少が課題となっている。具体的には、森林資源、漁業資源等への悪影響があげられよう。また、人口稠密地域であるアジアにおいては、多様な要因による利用可能な水資源の減少が大きな問題となっている。自然破壊の原因としては、産業化や人口増加による資源利用増加という直接的なものもある。しかし、それ以上に問題となっているのは、間接的な要因である。特に、産業化が著しいアジアにおいては、他産業への転換による自然破壊が課題となっている。たとえば、農地開発による森林伐採、エビ養殖によるマングローブ伐採、観光産業振興に伴う自然破壊、灌漑農業の進展による農業用水や地下水需要の拡大と水不足などがあげられよう。

次が、産業由来の環境汚染である。特にここで指摘したいのは、第二次産業や第三次産業の拡大によって生じる、大気汚染、水質汚染、土壌汚染等の多様な汚染である。日本の環境問題として典型的な例として知られる四大公害は、いずれも産業由来の環境汚染といえる。産業由来の環境汚染の原因は、工業化による多様な汚染が典型であるが、日本における足尾鉱毒事件のような鉱業由来の多様の汚染も現在アジアでは進行中である。さらに、工業、鉱業に関連する運輸部門からの汚染や、サービス産業に伴う汚染も課題である。

第三が、生活由来の環境汚染である。人口増大や都市化が進展しているアジアでは、それに伴う様々な資源消費の拡大や廃棄物の増大が課題となっている。たとえば、水利用量と水利用用途の拡大は、汚染水の増加と汚染形態の多様化をもたらすが、下水処理が追いつかなければ、水質汚染が拡大する。生活部門でのエネルギー利用の増大は多くの場合、化石燃料や低質のバイオマス燃料によってまかなわれており、屋内・屋外大気汚染をもたらす。電気需要の拡大は、発電所の建設ラッシュを引き起こし、多くの国では安価な石炭火力発電所の増加を生み、屋外大気汚染をもたらす。経済発展や都市化に伴って一般廃棄物は増加しており、廃棄物処理過程での土壌汚染や水質汚染も深刻である。また、都市部ではモータリゼーションが進行中で、低質な燃料利用ともあいまって屋外大気汚染が深刻である。これらの問題は、人口増加、経済発展による資源利用の増大と多様化、都市化などが直接的な原因として引き起こされている。と同時に、水質・大気汚染対策、廃棄物対策、都市対策などの遅れにより、問題はより深刻化している。

最後が、突発的な出来事による自然破壊や環境汚染である。アジアにおいても、環境管理上の課題から事故が発生し、周辺の大気汚染、水質汚染、土壌汚染などを引き起こす事例は数多くみられる。たとえば、インド・ボパールの化学工場の事故では、周辺住民に多数の死傷者が出た。さらに、アジアではいまだに戦争・紛争も発生しており、それに伴う自然破壊や環境汚染も発生している。また、記憶に新しい東日本大震災では、津波による福島第一原子力発電所がメルトダウン事故を起こし、放射性廃棄物による土壌汚染は今なお続いている。気候変動の進展により、将来的には自然災害の拡大も予測されており、環境リスクは今後増大すると考えられている。

これらの環境問題の多くは、局所的に発生している。自然破壊はある地域で発生し拡大する。産業由来の環境汚染は、鉱工業の立地する周辺で発生し、大気、水などを通じて拡大する。生活由来の環境汚染は、都市化が進んだ地域で深刻化し、産業由来の環境汚染同様、大気、水などを通じて拡大する。突発的な事故による自然破壊や環境汚染も、まずは当該事故が起こった周辺で自然破壊や環境汚染を引き起こす。これらの局所的に発生する自然破壊や環境汚染は、多くの報道で取り上げられ、その背景にある自然的、社会的要因を解き明かすために多くの研究が進められている。

2　環境問題発生の背景

前節で取り上げた自然破壊や環境汚染の背景も様々であるが、本節ではアジアの環境問題を考えるにあたって重要な五点を指摘したい。

第一に、自然破壊問題を考えるうえで極めて重要な対象地域の気候・地形などの要因である。気候・地形による降水量や水資源賦存量の差異や気候による植生の違いによって、自然破壊問題の現れ方は大きく異なる。特に、アジアは広大であり、東アジア、東南アジア、南アジア、西アジアで大きく気候や地形は異なり、さらにそのなかでも国ごとに状況は大きく変化している。これらの気候・地形といった自然要因により、その現れ方も著しく左右される。

第二に、自然破壊問題・環境汚染問題を考えるうえでは社会的要因も考慮する必要がある。なかでも、人口増加は人為的な環境負荷の増大を考えるうえで大きな要因となる。農村地域における人口増加は、社会生活の拡大による自然破壊につながる。都市化は上下水道利用の拡大、都市インフラ建設拡大、モータリゼーションなどを引き起こし、大気、水質、廃棄物等、人為的な環境負荷を増大させる。

第三に、経済発展に伴う産業化である。気候・地形にあった食料生産を続けてきた地域では、持続可能な農業が進展し、生産量の上限があったとしても、自然破壊の度合いは少なかったと言える。しかし、商品作物栽培などの新たな生産様式を求める農業では、人為的に環境を改変し、その結果多様な自然破壊が生まれた。また、漁業の近代化に伴う乱獲の拡大や養殖の拡大に伴う自然改変などによる自然破壊も課題となっている。このように、環境負荷を生む第一次産業の拡大は、自然破壊を生んでいる。

アジアにおいても発展している第二次産業は、先進国に遅れて発展した。先進国における数々の環境汚染問題という痛い失敗から教訓を得ることなく、環境汚染対策が未整備のままに産業化が進んだため、鉱業においても工業においても環境負荷を生む産業化が進んでいる。その結果、大気汚染、水質汚染、土壌汚染などの多くの環境汚染が深刻化している。さらに、産業化に伴う各種インフラ整備の過程で、自然破壊や環境汚染も進んだ。これらの産業化の過程では、その受益者と環境被害の受苦者にずれがあり、社会的弱者に環境汚染のつけが押しつけられている。アジアの環境問題に関する研究の多くは、この産業化による経済発展と環境汚染の関係性に注目したものが多い。

アジアの中でも都市化や経済成長が進んだ地域では、第三次産業が発達している。第三次産業の発展により、多くのエネルギーが使われるようになり、電力需要が増大する。この結果、火力発電の増加による大気汚染、水力発電の増加に伴う自然破壊なども進展している。

第四に、経済発展による生活の変化である。経済発展によって豊かになると、消費の拡大と廃棄物の増加が進む。アジアにおいても大量消費社会が拡大しており、それに伴う大量廃棄社会が到来し、一般廃棄物の増加が課題となった。また、生活に必要な水の消費拡大と汚水の増加は、生活排水の富栄養化などの水質汚染を生み出している。また、エネルギーの消費拡大は、屋内外の大気汚染をもたらしている。

そして最後に、戦争・紛争・災害といった環境リスク要因がある。湾岸戦争によって油まみれになった鳥の写真は、多くのメディアが取り上げ、戦争や紛争によって環境汚染が引き起こされることの象徴的存在となった。また、東日本大震災による福島第一原子力発電所の事故は、災害が深刻な環境汚染を引き起こすことを示している。さらにこの事故は、テロなどの人為的な攻撃の目標が原子力発電所に向かう危険性も示している。

3　アジアの環境問題

第1節で示したとおり、アジアの環境問題は多様な側面があり、局所的に発生している。これまでの研究の多くは、個々に発生した、あるいは研究対象国で発生した環境問題を取り上げ、その背景にある構造的要因を検討し、実施されている環境政策を分析するものが多かった。本節では、そのような局所的な環境問題や国別の環境政策ではなく、本書で対象としている東アジア、東南アジア、南アジア、西アジアの環境問題の状況を俯瞰的に示し、アジアの各地域の特徴を示すこととする。

(1) 森林

森林面積は、世界全体では減少傾向にあるが、アジア地域では過去15年間回復傾向にある（表0-1参照）。しかし、地域ごとに様相は異なり、東南アジアでは森林面積は減少、西アジアでは微増、南アジアと東アジアでは増加している。特に東アジアの森林面積の増大には、中国の植林の進展が貢献している。また東南アジアの森林減少を検討するうえで、世界の他地域で森林率が大きく減少しているサブサハラアフリカとラテンアメリカ・カリブ海のデータを参考のために表に加えた。東南アジアの森林減少（2000～2015年で2.3ポイント減）は、森林率がほぼ同等のラテンアメリカ・カリブ海の森林減少（2000～2015年で2.6ポイント減）に比べるとやや低い。また、森林率が東南アジアの6割程度のサブサハラアフリカの森林減少（2000～

表 0-1　地域別森林率

単位：%

	2000	2005	2010	2015
西アジア	3.7	3.8	4.0	4.1
南アジア	13.8	14.3	14.6	14.7
東南アジア	50.9	50.0	49.4	48.6
東アジア	19.6	20.9	21.7	22.2
サブサハラアフリカ	29.2	28.5	27.8	27.2
ラテンアメリカ・カリブ海	49.1	47.9	47.0	46.5
世界平均	31.2	31.0	30.8	30.7

出典：UN, *Progress towards the Sustainable Delevopment Goals,* E/2018/64, p.94, より筆者作成

2015年で2.0ポイント減）を踏まえると、森林減少の相対的な深刻度は、東南アジアに比べアフリカやラテンアメリカの方が厳しい状況にある。とはいえ、アジアのなかで森林率が低下しているのは東南アジアだけであり、アジアのなかで森林減少という環境問題が進展している地域だととらえることができる。また、ここからは各地域の気候条件、地理的な条件により、森林が豊富な東南アジア、森林面積がきわめて少ない西アジアの違いも明らかになっている。

アジアの各地域では森林政策がとられている。表 0-2 は、長期管理計画の対象森林の比率を示している。これによると、2010 年の段階で世界平均を下回っているのは南アジアだけであるが、この 10 年間に長期的森林管理計画を制定する動きが高まっていることが分かる。東アジアや西アジアについては、2000 年から 2010 年の伸びが非常に大きく、これらの計画の拡大が表 0-1 に見られるような森林率の向上に貢献している。他方、森林率が減少している東南アジアでは、2000 年から 2005 年に計画の増加は見られ

表 0-2　長期管理計画の対象森林の比率

	2000	2005	2010
西アジア	67.3	71.2	75.4
南アジア	38.8	41.1	43.0
東南アジア	82.4	88.1	87.3
東アジア	33.0	57.0	63.0
サブサハラアフリカ	9.0	10.4	19.8
ラテンアメリカ・カリブ海	12.8	14.0	16.5
世界平均	50.9	53.9	56.5

出典：UN, *Progress towards the Sustainable Delevopment Goals,* E/2018/64, p.98, より筆者作成

たものの、2005年から2010年にかけて森林率は微減している。森林率が減少しているサブサハラアフリカとラテンアメリカ・カリブ海では、長期管理計画下の森林面積は拡大しているが、まだ20％以下であり、計画の未整備が問題であることがわかる。これに対し、東南アジア地域では、いずれの年も80％以上の森林が長期管理計画下におかれていることから、計画の実施面に課題がある可能性がある。

（2）PM2.5

PM2.5とは、2.5μm以下の大気中を浮遊している微粒子状の物質のことであり、ばいじんや粉じんなどが小さくなったものや、硫黄酸化物、窒素酸化物、揮発性有機化合物などの大気汚染物質が大気中の化学反応などで粒子状になったものである。PM2.5は、土壌や火山の噴火などの自然起源のものや、産業活動や人間生活に伴う社会経済活動による人為的な起源によるものがあり、近年は、工業、火力発電、モータリゼーションに伴う大量の化石燃料の燃焼による大気汚染の指標の一つとなっている。

表0-3では、アジアと各大陸ごとのPM2.5濃度を示した。

このデータからは、東南アジア地域のPM2.5濃度はほぼ横ばいで、低位で安定していることがわかる。東南アジア地域は乾燥地域が少なく湿潤気候であるという自然条件と、工業化が東アジアに比べ遅れていることが原因だと思われる。とはいえ、参考までに示した西欧地域よりも高い濃度であり、産業由来や生活由来のPM2.5は一定程度発生していると考えられる。北アフリカ・中東地域は、2014年までは安定していたが、その後多少高くなっ

表0-3　地域別PM2.5濃度（中間値）

単位：μg/㎥

	1990	1995	2000	2005	2010	2011	2012	2013	2014	2015	2016	2017
東アジア	58	59	61	66	69	70	64	65	60	59	52	53
東南アジア	25	26	25	27	27	26	26	25	24	23	22	21
南アジア	77	79	80	85	90	92	84	86	84	84	83	84
北アフリカ・中東	50	49	50	50	51	50	51	51	50	56	55	55
西アフリカ	58	56	55	49	45	44	47	43	42	61	58	59
西欧	16	15	15	14	14	15	14	13	13	13	12	12

出典：Health Effects Institute. *State of Global Air 2019,* のデータより筆者作成

ている。参考までに示した西アフリカ地域も2015年以降高くなっていることから、何らかの原因があるとみられる。また、西アフリカは東南アジアに比べて高い数値となっているが、これは、乾燥地域にあたる自然起源の原因に加え、石油・天然ガスの産出過程での燃焼や、産業活動による化石燃料の燃焼が高いことが原因だと推測される。東アジアと南アジアは高い数値となっており、ともに1990年から2011年までは濃度が高くなり、その後減少傾向にあることが分かる。これらの原因は産業活動や社会生活による化石燃料の燃焼が原因だと推測される。この時期は、両地域ともに冷戦後の経済発展が進んだ時期であり、両地域を代表する中国、インドの両国は、産業化や生活水準の向上が進み、エネルギー消費量も極めて伸びた時期である。2011年をピークに濃度が低下しているのは、両国を中心に大気汚染が社会問題となり、対策が講じられるようになったことが背景にあると考えられる。

さらに、アジアの各地域の代表的な国のPM2.5濃度の経緯を図0-1に示した。突出して濃度が高いのがサウジアラビアである。これに対し、同じ西アジアのイランは、ほぼで横ばいとなっている。南アジアのインドも近年PM2.5濃度が高くなっている一方、東アジアの中国では2010年をピークに近年は微減状況にある。これは、中国政府の対策が進み始めたことが原因と考えられる。

図0-1　アジア主要国のPM2.5濃度の推移

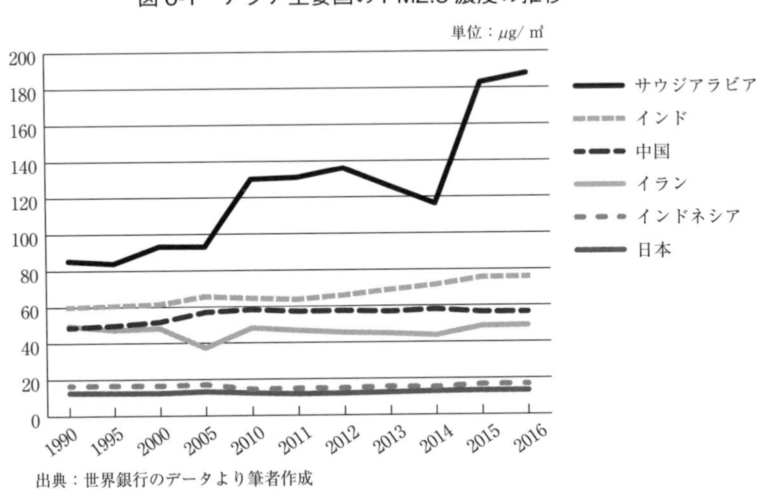

出典：世界銀行のデータより筆者作成

サウジアラビアを含む西アジアのPM2.5濃度の高さは、WHOの調査からもわかる。図0-2は、2016年のPM2.5の年間平均濃度の比較であるが、乾燥地帯であるサハラや西アジアは極めて濃度が高い。同様に濃度が高いのが、インド中部・北部、および中国のチベットを除く地方である。南北アメリカやヨーロッパ、太平洋地域は濃度が低く、日本を除く東アジア、南アジア、西アジア、及びアフリカ北部のPM2.5濃度が高いことが分かる。

PM2.5の年間平均濃度が高い地域でかつ人口密度が高いのは、中国やインドである。その結果、図0-3の通り、国別の大気汚染死者数は、インドと中国が大変高い結果を示している。また、死者数では、西アジアより東南アジアの一部地域と日本の方が高い数値となっている。これも人口との関連が大きいことを示している。

図0-2　2016年の年平均PM2.5濃度

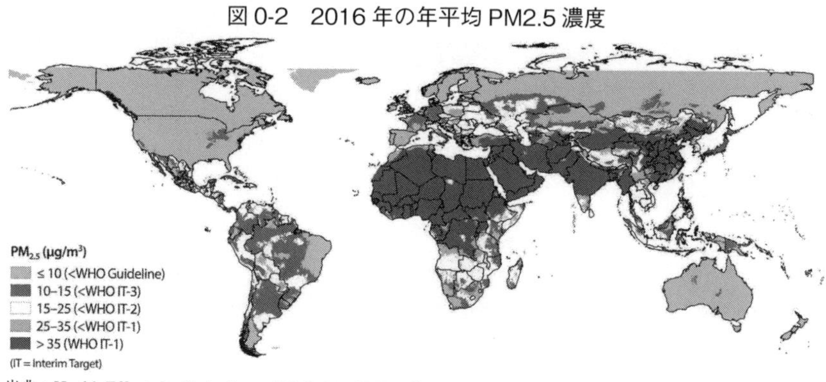

出典：Health Effects Institute. *State of Global Air 2018*, p.3.

図0-3　PM2.5による推定死者数

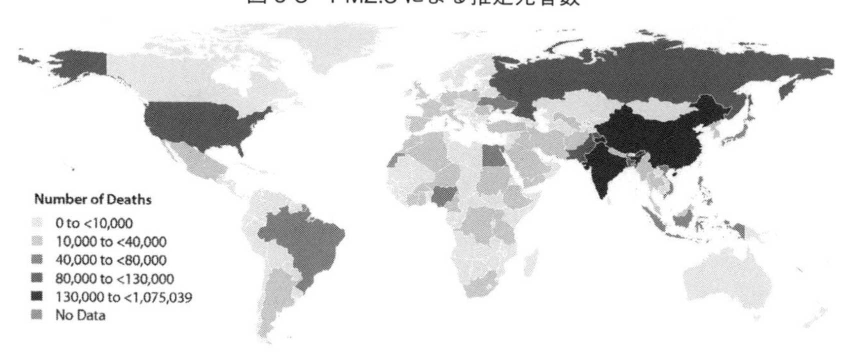

出典：Health Effects Institute. *State of Global Air 2018*, p.12

（3）屋内大気汚染

大気汚染は、屋外にとどまらない。屋内大気汚染による健康被害は屋外大気汚染を上回るとされている。図 0-4 は、固形燃料燃焼に伴う屋内大気汚染にさらされる人口比の推計を示している。1990 年代は、南アジア、東アジア、東南アジアのいずれの地域でも世界平均（64%）を超える 74-87%もの人口が、固形燃料燃焼に伴う屋内大気汚染にさらされていたと推定されている。いずれの地域でもその後改善はみられるが、南アジアと東南アジアに比べ東アジアの改善速度が速く、2010 年には世界平均を下回り、その後も継続的に改善している。この改善には中国が大きく貢献している。

他方、南アジアでは、世界平均を上回る 61%もの人口がいまだに屋内大気汚染にさらされていると推測されている。インド、パキスタン、バングラデシュといった国々の改善の度合いは中国に比べて遅い。これらの国々の人口は非常に多く、屋内大気汚染に苦しむ人々が南アジアに数多く存在することが推察される。東南アジアでは、改善の度合いは国ごとにまちまちである。北アフリカ・中東では、アジアの他地域ほど固形燃料に依存していないせいか、比較的低い数値となっている。参考までに、住宅設備が整っている西欧では、固形燃料による屋内大気汚染に苦しんでいる人口は極めて少ない。

図 0-4　固形燃料燃焼に伴う屋内大気汚染にさらされる人口比の推計

単位：%

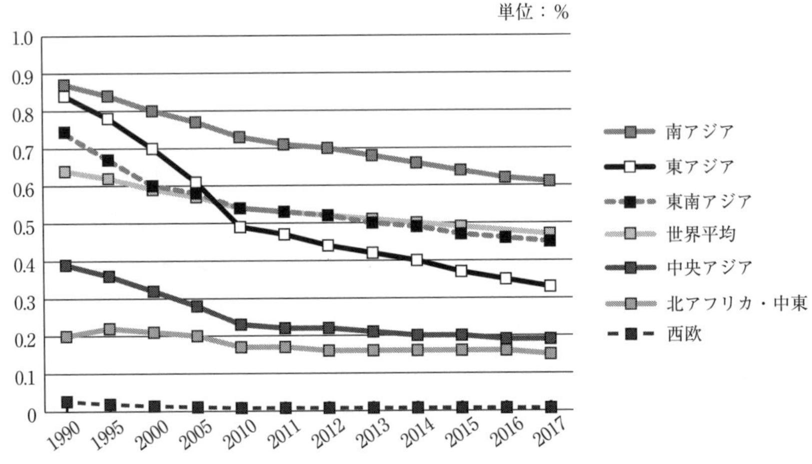

出典：Health Effects Institute. *State of Global Air 2019*.

（4）生物化学的酸素要求量（BOD）による水質汚染

水質汚染を測る指標として用いられる化学的酸素要求量（COD）と生物化学的酸素要求量（BOD）のうち、河川の有機汚濁を測る指標として用いられるBODについて検討する。

表0-4は、BOD濃度に応じた河川長とその比率を大陸別に比べたものである。BODは、生活排水と工業排水による汚染を測る指標である。三大陸を比べると、BOD濃度の高い流域比率が最も高いのがアジアであり、最も汚染が深刻であることを示している。

BOD汚染度に応じた河川は、以下の図0-5に示すとおりである。東南アジアの河川は相対的に汚染度が低いが、ガンジス川、インダス川、長江以北

表0-4　BOD濃度に応じた河川長と比率

汚染度	BOD濃度(mg/l)	ラテンアメリカ(min,max)	アフリカ(min,max)	アジア(min,max)
低	x ≦ 4	959,000-1,038,000 86-91%	1,238,000-1,349,000 81-89%	1,237,000-1,342,000 78-85%
中	4 < x ≦ 8	33,100-52,000 3-4%	44,000-53,000 3-4%	72,000-77,000 4-5%
高	x ＞ 8	60,000-117,000 6-10%	132,000-234,000 7-15%	168,000-268,000 11-17%

出典：UNEP. *A Snapshot of the World's Water Quality: Towards a global assessment*, p.33.

図0-5　BOD濃度の推計（2008-2010）

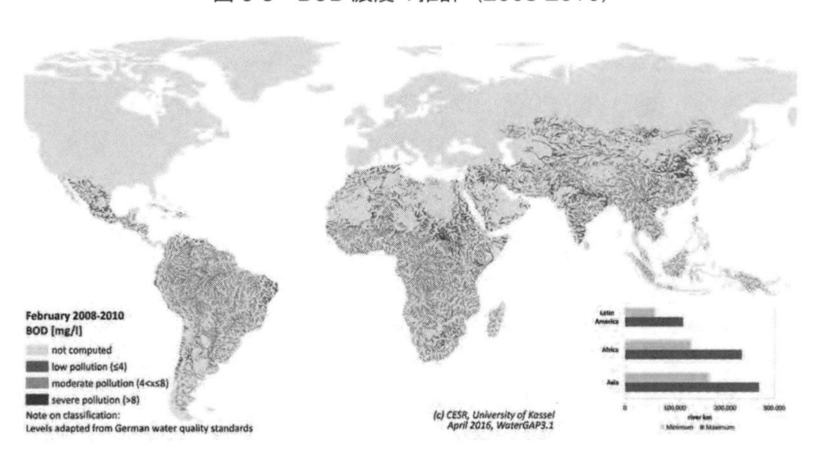

出典：UNEP. *A Snapshot of the World's Water Quality: Towards a global assessment*, p.33.

図 0-6　ラテンアメリカ、アフリカ、アジアの BOD 負荷（1990-2010）

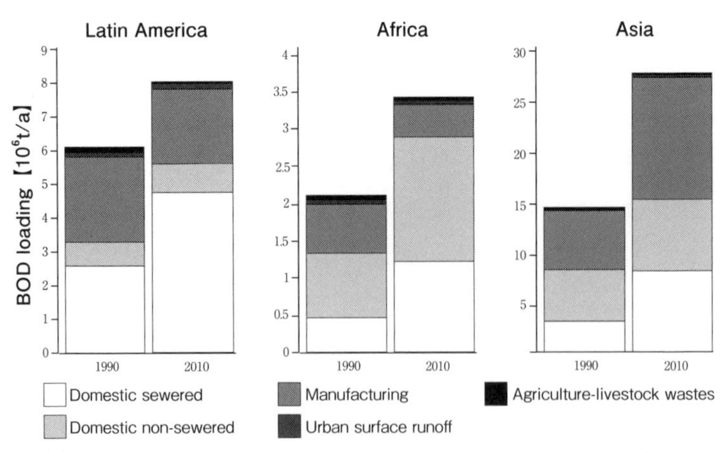

出典：UNEP. *A Snapshot of the World's Water Quality: Towards a global assessment*, p.36.

の中国の河川の汚染度が非常に深刻である。これに対し、ラテンアメリカではメキシコやブラジル東部を除き、比較的汚染は少ない。ガンジス川、インダス川、長江以北の中国の河川の汚染に関しては、人口稠密地域にあるため、生活排水による汚染も考えられるが、中国においては産業化が進んでいるため、工業排水が原因の可能性もある。また、黄河に関しては、かつては上流地域の灌漑用水利用のため、河口地域では断流も生じていた。現在は最悪の状況を脱しつつあるが、流域の水量が少なくなれば、汚染濃度が高くなることも考えられる。

三大陸の汚染の違いは、汚染源が異なることにあると考えられる。図 0-6 は、地域別の BOD 負荷の変化を示したものである。1990 年から 2010 年にかけて、BOD の負荷はラテンアメリカでは 30%、アフリカでは 65%、アジアでは 95%伸びている。このうちラテンアメリカやアフリカは生活排水が原因で汚染度が増加しているのに対し、アジアではそれに加えて製造業からの汚染もほぼ倍増しており、1990 年には最も BOD 負荷が少なかったアジアが 2010 年の段階では最も BOD 負荷が高くなっている。

（5）病原菌による水質汚染

続いて、主に生活排水の未処理によって生じる水質汚染に関して、病原菌

表 0-5　糞便性大腸菌濃度に応じた河川長と比率

汚染度	糞便性大腸菌濃度 (cfu/100ml)	ラテンアメリカ (min,max)	アフリカ (min,max)	アジア (min,max)
低	x≦200	722,000- 785,000 60-65%	965,000- 1,122,000 63-74%	553,000- 886,000 35-56%
中	200＜x≦1,000	157,000- 160,000 ～13%	203,000- 216,000 13-14%	203,000- 236,000 13-15%
高	X＞1,000	261,000- 327,000 22-27%	200,000- 343,000 13-23%	493,000- 793,000 31-50%

出典：UNEP. *A Snapshot of the World's Water Quality: Towards a global assessment*, p.20.

図 0-7　糞便性大腸菌濃度の推計（2008-2010）

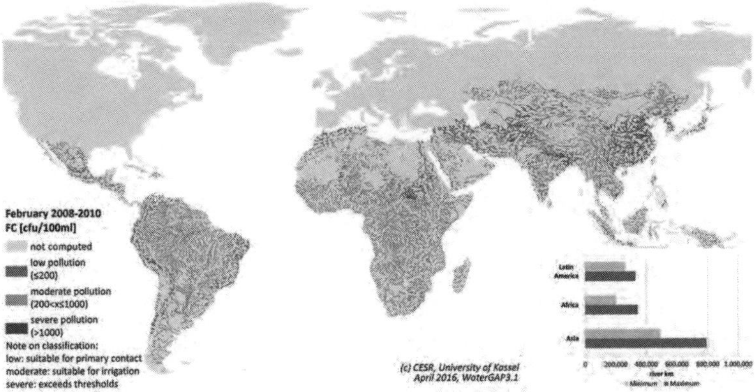

出典：UNEP. *A Snapshot of the World's Water Quality: Towards a global assessment*, p.20.

汚染度合いを指標として検討したい。表 0-5 は、病原菌汚染度合いに応じた河川長と比率を大陸別に比べたデータである。糞便性大腸菌とあるとおり、生活排水の処理が反映されている。三大陸を比べると、アジアが最も汚染が深刻で、ついでラテンアメリカ、そしてアフリカとなっている。BOD に比べて、汚染度が高い流域が長い。

病原菌汚染度合いに応じた河川（2008-2010）は、図 0-7 に示すとおりである。東南アジアの河川は相対的に汚染度が低いが、西アジアの河川、ガンジス川、中国の河川の汚染度が非常に深刻である。ラテンアメリカでは人口の多い沿岸部の汚染が深刻で、都市化による影響が深刻である結果を示している。また、乾燥地域である西アジアの濃度の高さは、河川の流量が少ない結果、汚染による影響を受けやすいことも考えられる。

(6) 廃棄物

アジアでは、経済成長が進むにつれて、個人消費も拡大している。表 0-6 は、1人当たり国内総物質消費量を示したものである。国内総物質消費は、天然資源等も含む各種資源の年間消費量を指し、様々な物質消費、エネルギー消費等の総計である。経済成長が進んだ西アジアと東アジアでは、社会インフラの建設、エネルギー消費の拡大により、世界平均を上回るペースで物質消費の拡大が進んでいる。他方、東南アジアの物質消費拡大は緩やかで、南アジアは世界平均の半分以下の物質消費にとどまっている。参考までに物質消費量が最も多い北アメリカでは、2000 年時点では世界平均の 3.5 倍もの物質を消費していたが、その後減少し、2017 年時点では世界平均の 1.7 倍となり、東アジアに追い抜かれている。

経済成長による物質消費は、国民による消費、社会的インフラ建設、エネルギー使用など多方面に渉る。図 0-8 は、このうち廃棄物に焦点を当て、1人当たり1日平均廃棄物排出量を示したものである。これによると、東アジア・太平洋と南アジアはほぼ変わらず、中東・北アフリカは高い。また、2030 年と 2050 年の排出量についても、各地域ともに同様の傾向がみられる。参考までに、最も排出量が多い北アメリカは、2016 年の段階でアジア地域の倍以上の廃棄物を排出している。

しかし、人口要因を加味すると異なった状況が見えてくる。地域別の廃棄物発生量を示したのが図 0-9 であるが、廃棄物の発生量は、すでに東アジ

表 0-6　1人当たり国内総物質消費量

(単位：t／人)

	2000	2005	2010	2015	2017
西アジア	8.9	10.5	13.0	13.9	14.4
南アジア	3.8	4.1	4.7	5.3	5.4
東南アジア	5.8	7.0	8.3	8.0	8.3
東アジア	9.6	12.6	18.0	21.4	22.8
中央アジア	9.5	11.5	12.6	13.7	14.1
北アメリカ	29.9	29.8	23.0	20.7	19.6
世界平均	8.6	9.7	10.8	11.4	11.7

出典：UN, *Progress towards the Sustainable Delevopment Goals*, E/2018/64, p.88.より筆者作成

図 0-8　平均廃棄物排出量

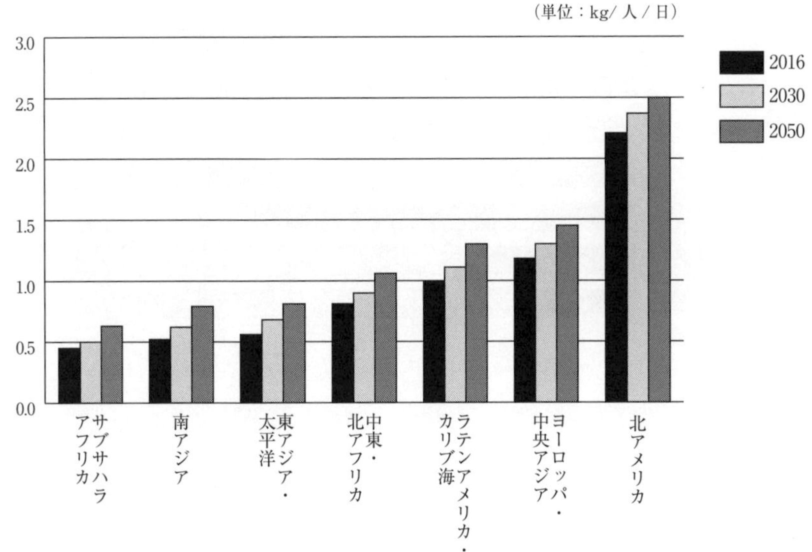

出典：Kaza, Silpa, et.al. *What a Waste 2.0: A Global Snapshot of Solid Waste Management to 2050*. p.22.

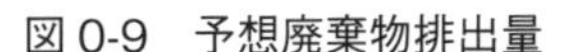

図 0-9　予想廃棄物排出量

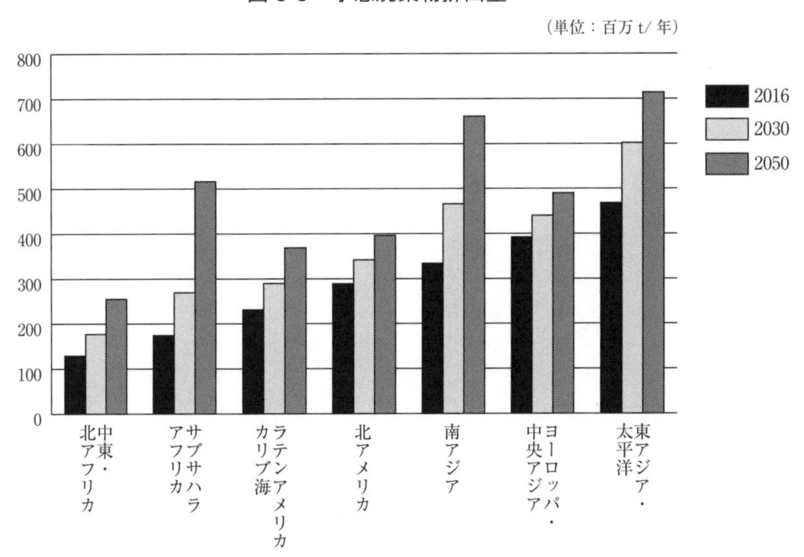

出典：Kaza, Silpa, Lisa Yao, Perinaz Bhada-Tata, and Frank Van Woerden. 2018. *What a Waste 2.0: A Global Snapshot of Solid Waste Management to 2050*. Urban Development Series. Washington, DC: World Bank. p.28.

図 0-10　地域別廃棄物処理方法

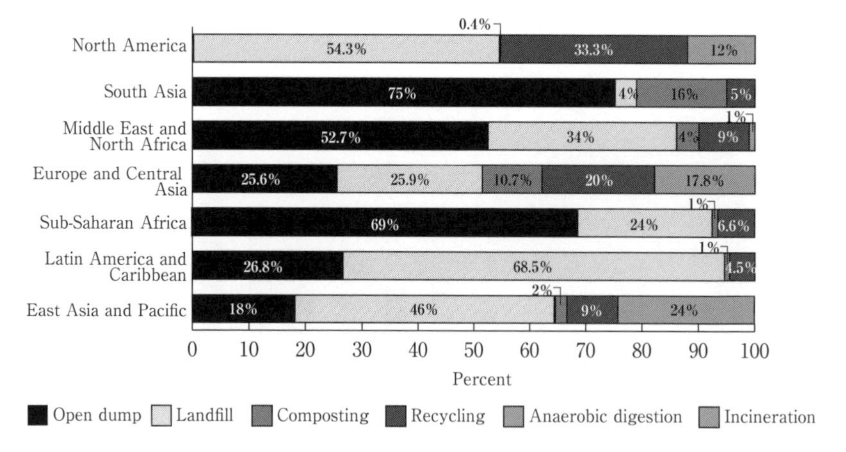

出典：Kaza, Silpa, Lisa Yao, Perinaz Bhada-Tata, and Frank Van Woerden. 2018. *What a Waste 2.0: A Global Snapshot of Solid Waste Management to 2050*. Urban Development Series. Washington, DC: World Bank. p.35.

アが最も高く、南アジアもすでに北アメリカを抜いている。これは、東アジア、南アジアの人口が北アメリカを大きく上回っているためである。さらに2030年と2050年の予測では、人口増大に対応して南アジアの伸びは高く、廃棄物問題は、今後より大きな課題になることが予測されている。

さらに、地域別の廃棄物処理方法を示したものが図 0-10 である。先進地域である北アメリカは、焼却やリサイクルが進んでいるのに対し、南アジアと中東・北アフリカでは屋外での埋立てがそれぞれ75%と52.7%となっており、土壌汚染や水質汚染が懸念される。他方、東アジア・太平洋は、焼却処分が進みつつある。

4　考察

本節では、前節で概観した環境問題について、第２節で環境問題発生の背景として取り上げた五つの視点ごとに考察をまとめることとしたい。

まず、気候・地形要因である。気候要因がPM2.5の濃度に影響を与えていることが認められた。具体的には、乾燥地域の西アジアではPM2.5の濃度が高いのに対し、湿潤地域の東南アジアでは低かった。また、乾燥地域の西アジアでは湿潤地域の東南アジアに比べ河川の流量が少ないため、生活排水の濃度が上昇する傾向も見られた。

次に、社会的要因としての人口要因は、人口規模と人口増加、および都市化という三点から考察できる。大気や水質において、汚染濃度が高いことによる被害者は、人口規模が大きい東アジア、南アジアで顕著であった。また、将来の人口増加は、アジア全地域における廃棄物の増大をもたらし、環境負荷が高まることが予想された。さらに急激な都市化による未処理生活排水の増加は、東南アジアを除く全アジアの河川を汚染していることがわかった。

第三に、産業化による環境破壊は、大気汚染、水質汚染を発生させていることが、本研究のようなマクロデータからも確認できた。特に、河川のBODの汚染の進行は、アジア地域では製造業の進展が原因となっていることが明らかになった。また、PM2.5に見られる大気汚染は、1990年代から2000年代にかけて、南アジアと東アジアで深刻化したが、その後の対策が奏功してか、2010年代以降は改善傾向がみられる。

最後に、経済発展による生活の変化は、多様な影響を与えている。経済発展による生活の変化の結果、アジア全域で資源使用量が今後増えていくと予想されている。その結果、廃棄物も増大すると予測されており、土壌汚染等の拡大が懸念されている。他方、経済発展に伴い、家庭部門でのエネルギー消費のあり方が変化することにより、屋内大気汚染が減少する傾向にある。しかし、経済発展や社会構造変化の進展には地域ごとに違いがあるため、東アジアでは屋内大気汚染は急速に改善されつつあるが、南アジアではその歩みは遅い。

5　おわりに

本章では、世界で生じている自然破壊問題や環境汚染問題について、アジアの各地域にみられる特徴を、可能な限り抽出することを試みた。その結果、産業化が進んでいる東アジアでは環境汚染が深刻化しているが、たとえばPM2.5や森林面積のように改善傾向もみられる。また、南アジアでは、東アジアと同等の深刻な環境汚染が発生しつつあり、他地域に比べ相対的に遅い改善傾向がみられた。東南アジアでは、気候要因からか、他地域に比べて環境汚染は低いが、森林面積に見られる自然破壊はいまだに改善されていないことが確認された。西アジアでは、大気汚染や水質汚染が深刻であるが、屋内大気汚染については、他地域と比べ被害が少ないことが分かった。

このように、地域ごとの違いがみられるが、その背景については、定性的な分析にとどまっており、今後定量的な分析に基づく詳細な考察が必要である。また、実際にアジアの各所で深刻な問題となっている局所的な環境問題は、本章では取り上げなかったので、相対的に環境問題が少ない地域にも、重大な環境問題が生じている可能性もある。とはいえ、アジアの地域間比較を通じて、自然要因、社会要因、経済要因等が環境問題に影響を与えていることが、本章の分析を通じて明らかになったといえよう。

【参考文献】

Kaza, Silpa, Lisa Yao, Perinaz Bhada-Tata, and Frank Van Woerden. 2018. *What a Waste 2.0: A Global Snapshot of Solid Waste Management to 2050*. Urban Development Series. Washington, DC: World Bank.

Health Effects Institute. 2018. *State of Global Air 2018*. Special Report. Boston, MA: Health Effects Institute.

Health Effects Institute. 2019. *State of Global Air 2019*. Boston, MA: Health Effects Institute.

UN, *Progress towards the Sustainable Delevopment Goals,* E/2018/64.

UNEP 2016. *A Snapshot of the World's Water Quality: Towards a global assessment*. United Nations Environment Programme, Nairobi, Kenya.

column

持続可能な発展

持続可能な発展（sustainable development）とは、西側陣営を中心にグローバル化が進展し、経済発展の一方で環境破壊も目立つようになってきた1980年代から提起されてきた概念である。1980年発表の「世界環境保全戦略」で提起され、1987年刊行のOur Common Futureで、「将来世代のニーズを満たす能力を損なうことなく、現世代のニーズを満たす発展」と定式化された。1992年開催の国連環境開発会議（地球サミット）の成果文書であるリオ宣言やアジェンダ21でも中心的な位置を占め、経済発展政策や環境政策の基盤概念として、各国が認めるものとなった。

国連環境開発会議やその後の国際会議での議論等を通じ、持続可能な発展は現在、環境面、経済面、社会面の３つの価値を持つとされている。環境面では自然資源と環境の保全であり、資源の有限性を再認識した適切な利用と、環境負荷をできるかぎり抑制する発展のあり方を提起している。経済面では世代間の公平性であり、将来世代への資源維持の必要性を説く。社会面では世代内の公平性であり、世界レベルでは発展途上国への配慮、国内レベルでは社会的弱者への配慮が重要とされている。

2015年には国連総会で「持続可能な開発のための2030アジェンダ」が採択され、ミレニアム開発目標（MDGs）の後継となる持続可能な発展目標（SDGs）が合意された。SDGsは17分野で目標を定め、具体的なターゲットとして数値目標を含む169個の政策目標を掲げている。MDGsは、貧困、教育、ジェンダー、幼児死亡率の削減など、主に発展途上国を対象としたものであったが、SDGsはこれにエネルギー、作る責任・使う責任、気候変動、平和と公正なども加わり、世界全体の環境・経済・社会の３つの側面を調和させる統合的取り組みとして作成されている。SDGsの達成目標となっている2030年まで、国連会議などで、政府のみならず企業、市民セクターなどが参加して、達成状況のレビューがされている。

このように、持続可能な発展は21世紀の国際社会において、政府、企業、市民の各セクターが考慮すべき重要な概念となっている。（沖村理史）

【参考文献】

UN(2015), Transforming our World: The 2030 Agenda for Sustainable Development. United Nations Organisation.

column

人間中心主義・合理主義と環境

啓蒙思想と資本主義社会を特徴とする近代は、人間の解放を志向する時代だった。ホルクハイマーとアドルノは言う。「もっとも広い意味での啓蒙が追求してきた目標は、人間から恐怖を除き、人間を支配者の地位につけるということであった。(中略) 神話を解体し、知識によって空想の権威を失墜させることこそ、啓蒙の意図したことであった」[1]。かつて人間は、自然や神といった人間をこえた存在を畏怖し、自らを大きな秩序の一部として認識していた。しかしおおむね17世紀以降、人間は合理的な知識によって自然を理解し手なづけることによって、自らをそのような秩序から解放された自律的な主体だとみなすようになっていく。自然を支配し乗り越えることで人間は自由な存在になると考えられるようになり、それが人間にとって決定的に重要なことだと理解されるようになったのだ。

そこでは自然は〈意味〉を剥奪され、客観的に理解され道具として活用される純粋な客体になる。物事に意味を与える主体はあくまで人間である。しかもその人間は、外部の権威に依存しない自己完結した存在とみなされている[2]。このような世界観によって人間の創造性が解放され、自然科学が根源的に発展し技術が急速に進歩して、経済発展や生活水準の向上がもたらされた。またそのような人間理解は、人権や平等の概念を浸透させるのにも大きな役割を果たしたといえる。しかし一方でそうした人間中心主義とそれにともなう道具的な自然観は、資源の濫用を招き、公害や気候変動に象徴される環境破壊を生んだ。また、人間による人間の搾取や虐待にもつながった。

「人間の心が自ら作った鉄鎖の呻きを、私は聞く」[3]。産業革命期イギリスの詩人ウィリアム・ブレイクが、そうした状況をきわめて的確に表現している。人間中心の世界観が成立したことで、人間は解放されて創造性を発揮できるようになった。しかしそのために今度は、人間が自らの存在を脅かす状況をつくりだすことになったのである。つまり近代は、人間を中心としてプラスとマイナスの両面で社会に大きな変化を生じさせたのだ[4]。とりわけ20世紀の2つの戦争と大規模な環境破壊は、人間の理性の限界と人間中心主義の危うさを明らかにした。「自然に対する遍き支配は逆に思考する主観そのものへ向けられるということであり（中略）主観と客観とは、双方とも空虚になる」[5]。外部に意味や価値の参照点を失った人間は、もっぱら功利性だけを価値基準として動き、自然もほかの人間もともに手段として道具的に扱う。それが自然に対しても人間に対しても破壊的な結果をもたらしたのである。20 世紀にその帰結が極端なかたちで表出したことで、人間中心主義へは根源的な批判が向けられるようになった[6]。

とはいえ人間が人間である以上、完全に人間の外部に立ち自然と一体化することはできない。一定の人間中心主義を避けることはできないのである。だが人間の理性には、過去から学ぶ力や人間の利害にとらわれずに物事を省察する力がある。また自らと異なるものに対する想像力と共感力がある。自らを外部に開く力がある。極端な人間中心主義と道具的理性に抗いながら、人間の理性、想像力、創造性を動員して格闘をつづけること、おそらくその先にいまとは異なる人間と環境の関わり方が見いだされるのだろう。

（新井健一郎）

【注】

1 マックス・ホルクハイマー、テオドール・W・アドルノ『啓蒙の弁証法——哲学的断想』徳永恂訳、岩波書店、1990 年、3 頁。

2 チャールズ・テイラーはこれを「自己定義的な主体」「自己決定的自由」と呼ぶ。たとえば次を参照。Charles Taylor (1975) *Hegel,* Cambridge, Cambridge University Press, Chapter 1; チャールズ・テイラー『ほんものという倫理——近代とその不安』田中智彦訳、産業図書、第三章。

3 ウィリアム・ブレイク「ロンドン」平井正穂編『イギリス名詩選』岩波書店、1990 年、143 頁。

4 近代の両義性については、たとえば次を参照。Marshall Berman (1989) *All That is Solid Melts into Air: The Experience of Modernity,* London, Verso.

5 ホルクハイマー&アドルノ、前掲書、33 頁。

6 環境倫理学における人間中心主義とその批判については、たとえば、藤原保信『自然観の構造と環境倫理学』御茶の水書房、1991 年、とりわけ第 5 章；北尾宏之「自然と人間—環境倫理学の視点から—」池田善昭編『自然概念の哲学的変遷』世界思想社、2003 年、285-300 頁などを参照。

【参考文献】

チャールズ・テイラー『ほんものという倫理——近代とその不安』田中智彦訳、産業図書、2004 年。

藤原保信『自然観の構造と環境倫理学』御茶の水書房、1991 年。

マックス・ホルクハイマー、テオドール・W・アドルノ『啓蒙の弁証法——哲学的断想』、徳永恂訳、岩波書店、1990 年。

第Ⅰ部　現代北東アジアと環境問題

冷戦的対立状況や国家の分断が一向に解消しない北東アジア。そこでは「危機」を背景とした形振り構わぬ開発が進行し続け、今なお「危機」を言い訳にその手を緩めることができないままに、国際社会の流れとは逆行して石炭火力発電や原子力発電、核開発に執着する。そのツケとして払わされることとなるまた別の「危機」に対して、この地域を挙げてなすべきこととは何だろうか。

（写真上から）朝鮮・平壌火力発電所（福原撮影）／台湾・シャマン＝ラポガン氏（福原撮影）／韓国・慶州原発（福原撮影）／日本・福島第一原発（濵田提供）

第１章
熟議的民主主義の可能性
――日本の高レベル放射性廃棄物最終処分場立地選定をめぐる合意形成

濵田泰弘

はじめに

高レベル放射性廃棄物（High Level Radioactive Waste、以下 HLW）の最終処分方法及び最終処分場立地選定問題が核エネルギー使用国にとって重要な環境問題となって久しい。しかしながらその最終処分については決定的な方法が確立されていない。HLW 処分問題はいわゆる隣接諸科学にわたる究極の「トランス・サイエンス」という複雑な難題であり、さらに立地選定過程の社会的合意形成において困難性を伴う。

現在の科学的知見によれば、安定した地層を条件とする地下深層における地層処分が最も安全な最終処分方法として一般的には認識されている。だが深層処分を選定するための立地の適性においてきわめて多くの課題が残され、地層処方法自体に懐疑的な説も少なくない。さらに各国の最終処分場立地選定はより困難な問題である。地層や深層の地学的な適性という立地環境の問題も相俟って、当該処分場の立地選定は住民の合意が不可欠であるためである。既にフィンランドやスウェーデン、フランスでは最終処分場選定が進捗しているが、わが国においてはようやく立地場に関する適性マップが公表されたに過ぎない。また処分方法について日本学術会議は 2012 年の政策提言で「深層処分」ではなく「暫定保管」を主張し、最終処分方法を後に決定するまで保管を続けることを要請している。このことは既に他国で始まっている深層処分方法が科学的に唯一の解決策ではないことを明らかとさせた。

本章は HLW 最終処分場立地選定の合意形成という環境問題に係る熟議的民主主義の課題を対象とする。カナダの熟議的民主主義の手法を参考に学術会議が提言した「暫定保管」を有効な選択肢ととらえ、処分方法と合意のための対話の手法を検討することを目的とする。また原子力発電環境整備機構（以下、NUMO）の取り組みは相応の意味があると考えられるがこれまで十分に研究の対象とはされて来なかったためその点にも照射したい。

1　高レベル放射性廃棄物最終処分場の問題

（1）高レベル放射性廃棄物最終処分場の「法的位置づけ」

本章ではまず高レベル放射性廃棄物の定義、そして日本の核廃棄物処分場の選定に関する法制や選定手続、合意形成について概観する。

高レベル放射性廃棄物（HLW）とは何か。これは国立研究開発法人日本原子力研究開発機構法第２条によれば「使用済み燃料から核燃料物質その他の有用物質を分離した後に残存する物（固形化したものを含む）廃棄物」と定義づけられている。すなわちHLWは「再処理過程で生じた使用済み核燃料からプルトニウム等の核燃料物質を取り出した残存物の中でガラス固化されたもの」と解される。この廃棄物（ガラス固化体）は高温であるため地下に埋設することは不可能であり、地上で30～50年程度冷却する必要がある。この冷却用の貯蔵段階が「中間貯蔵」であり、後述する「暫定保管」とは異なるものであることに留意せねばならない。日本では使用済み核燃料の再処理能力に限界があるため、一時的に使用済み燃料を貯蔵する場所を確保することが必要であるが、再処理自体の進捗状況は遅滞しており、中間貯蔵施設の稼働も順調に進んでいるとは言い難い[1]。

一方、「暫定保管」とは「中間貯蔵」のようにガラス固化体の冷却から直接、地層処分を行うものではなく、HLWの最終処分方法に関する適切な処分方法を確立するためのモラトリアムを確保し、合意形成をはかるまでの30～50年程度の期間、地上で暫定的に保管するというものであり、中間貯蔵とは異なるものである。「暫定保管」は飽くまで「最終処分に至るまでのより良い処分方法への合意形成をはかるためのモラトリアム的な保管期間」と位置づけられる[2]。暫定保管は、乾式（空冷）で密封機能を持つ容器での地上保管である。これは地下深層300 m以下に埋設する最終処分方法とは異なるものである。以上のように「中間貯蔵」「暫定保管」「最終処分」はそれぞれ異なる内容を持つことに留意せねばならない。

現時点の日本では中間貯蔵をした後に最終処分を行うことが立法化されて

いる。HLW の処分は経済産業省資源エネルギー庁が担当し、NUMO（原子力発電環境整備機構）が事業の実施主体とされる。現在の科学的知見によれば安定した地層の深層に保管する方法が最も安全な最終処分方法として認知されており、先述のようにフィンランドではこの最終処分場としてオンキルオト（＝オンカロ）が選定され保管作業が進行しており、スウェーデンではフォルスマルクが選定されており処分計画の許可が申請されている。しかしHLW を国内で最終処分する方法を選択したそれ以外の多くの国では依然、最終処分立地場は選定に至っていない。

（2）ＥＵ指令とオーフス条約

放射性廃棄物の処分のための国際的な取り決めとして、2009 年にEURATOM 設立条約の第二次法となる EU 指令「原子力施設の原子力の安全性確保のための欧州共同体枠組みを制定する 2009 年 6 月 25 日の閣僚理事会指令（2009/71/EURATOM）」が提出された。これは原子力の安全上の専門知識、技術、情報公開に関する義務づけを要請する枠組み指令であり、EU 加盟国はこれに従った国内法の策定が求められることになった。同指令前文[3]では「本指令は基本的に原子力施設の原子力の安全性確保に関するものであるが、使用済み燃料及び放射性廃棄物を確実に安全管理することも、また、それらの貯蔵庫及び廃棄物施設における管理も同様に重要である。」と規定され、加盟国に対する原子力関連施設の徹底的な安全自主管理のために加盟国に国内法として策定することが要請された。

その後東京電力福島第一原発事故を受けて、新たに発令された 2011 年「使用済燃料及び放射性廃棄物管理の責任ある安全な管理のための欧州原子力共同体における枠組みを整備する 2011 年 7 月 19 日の理事会指令[4]」の「第４条　一般原則」では次のような規定が定められた。「加盟国は、使用済核燃料管理及び放射性廃棄物管理に関する国家方針を策定し、および維持しなければならない。第２条第３項の規定の適用を妨げることなく、各加盟国は、国内で生じる使用済核燃料管理及び放射性廃棄物管理について最終的な責任を負わなければならない。」。また同指令第 11 条２項で「各加盟国は、領域内のすべての種類の使用済核燃料尾及び放射性廃棄物並びにその生成から処分までのすべての工程を対象とした使用済燃料管理及び放射性廃棄物管理のための国家計画の実施を確保しなければならない。」と規定されている[5]。このEU指令により加盟国は自国内で核廃棄物の最終処分方法を安全かつ責任をもって管理する義務が命じられており、同指令第15条1項で2013年8月23日までに加盟国はそのような規範を国内法として制定若しくは行政措置を行い、2015年8月23日までの早い時期にその計画内容について欧州委員会に通知することが義務づけられた。

さらに注目すべき点は、第10条「透明性」の第2項における市民参加に関する条項である。同2項では、「加盟国は、国内法上の義務及び国際的義務に従って、使用済燃料管理及び放射性廃棄物管理に関する意思決定過程へ公衆が効果的に関与するために必要な機会を確保しなければならない。」とされている。放射性廃棄物処分場の決定過程に係る公衆参加の義務付けは、環境法における市民参加という問題を考えるにあたって重要な意味を持つ[6]。

なおEU指令以前に国際法的次元で、環境問題への市民参加や司法アクセスを加盟国に要請したものとしては、オーフス条約がある。オーフス条約[7]は1998年にUNECE（国連欧州経済委員会）の下で採択され、2001年に発効された。同条約は締結国に対し、国内法上、環境に関する意思決定プロセスへの公衆参加や法的救済等の司法アクセスの権利保障を義務づけたものである。オーフス条約は環境問題に関する政策決定過程への公衆参加や司法アクセス権を保障することを目的とするEUとその他批准国を対象とした条約である。このような流れを振り返ると、2001年のオーフス条約があり、2009/71/EURATOMを経て、2011/70/EURATOMで放射性廃棄物の排出国の自国内での処分責任が規定されており、意思決定への公衆参加及び権利保護が各国に要請されるようになったという経緯が見て取れる。

EU法に基づいたEU指令は加盟国への強い勧告を意味し、実質的に国内法での立法化を迫る決定であり、後述の「ドイツのHLW最終処分場立地選定法（Standortauswahlgesetz, 2013年制定、2017年改正）」はEU指令に即した国内法の立法措置であることが確認される。

日本はEU加盟国ではなく、またEU以外の批准国を対象としているオーフス条約にも批准していない。しかし欧州はじめとする核廃棄物排出国内で個別国家に国内の実質的な最終処分の責任および政策過程への公衆参加と司法的権利保障が要請されたという事実は日本も看過することはできない。日本のもう一方の重要な問題は処分方法の決定プロセスにある。このようなEU 指令の要請を通じて「深層処分の早期実現」を島国で地震国の日本で促進すること、唯一の選択肢として自明視することは全くの早計であり、処分方法の決定まで遡り、改めて公衆や専門家等の多様な利害関係者をまじえた慎重な熟議プロセスが求められる。

2　日本の高レベル放射性廃棄物最終処分場の立地選定問題

(1) 日本の高レベル放射性廃棄物最終処分場の立地選定の現状

HLW 最終処分を定めた日本の最初の立法は、2000 年に制定された「特定放射性廃棄物の最終処分に関する法律」である。同法により HLW の最終処分方法として国内で地層処分とすることが規定された。しかしながら地層処分が真に最良の処分方法であるかどうかということは定かではない。次世代の科学技術の発展によって、現在よりも安全で確実な処分方法が確立される可能性もゼロではない。それも含めて日本は火山の多い地震列島であり、国内において最終処分立地に適した安定した地層を選定する難しさについては、多くの専門研究者によって指摘されてきた。後述するように最終処分ではなく、次世代の処分方法の選択の余地を残す、暫定保管や中間貯蔵等の選択は有力な代替案である。それにもかかわらず、わが国では「はじめに最終処分ありき」という形で議論が進められてきた感が強い。

処分方法に関する根拠規定としては 2015 年 5 月 22 日閣議決定された「最終処分法に基づく基本方針」が挙げられる。同方針は深層処分を採用する重要な決定であり、そのための立地選定の適性調査の実施も規定している。同基本方針の改定のポイントとして、第一に「現世代の責任と将来世代の選択可能性」、第二に「全国的な国民理解、地域理解の醸成」、第三に「国が前面に立った取組」、第四に「事業に貢献する地域に対する支援」、第五に「推進体制の改善等」の 5 点が挙げられている。だが現在でも立地選定は適性マップが公表された段階に過ぎず、実質白紙に等しい状況である[8]。

ここでは特に第一の「現世代の責任と将来世代の選択可能性」に注目すべきであろう。将来世代の問題は核廃棄物処分国の多くの国で共有されつつある懸案事項である。政府もその点を考慮せざるを得ず、一応取り上げられてはいるが、将来世代の選択可能性を考慮するならば、暫定保管という選択肢が現実的ではないだろうか。すなわち将来世代の選択可能性を考慮するとしても、HLW を 300 m以下の深層にひとたび埋設すると、その後の地層の変化等により、事後の取り出し可能性は困難になる。改訂方針には「将来世代の代替案の選択」が盛り込まれているが、深層処分を一度行えば代替案を採用することは困難となる。むしろ「現世代の責任」として次世代に負担を先送りしないことが優先された決定と理解すべきであろう。現在の技術や科学水準では深層処分にすると将来世代の選択の余地は大幅に狭まり、仮に今後新たな代替案が見つかっても代替案の実践が困難となることは容易に想像できる。したがって改訂方針で掲げられている「将来世代の代替案の選択」は深層処分を進める限り、実質的に困難であると思われる。

（2）地方自治体の受け入れ

日本の HLW 最終処分候補地選定の手続きは、公募→①第一段階（文献調査）→②第二段階（概要調査）→③第三段階（精密検査）という段階を経ることになっている。国は 2002 年より自治体への公募を呼びかけてきたが、いまだに文献調査すら行われていない[9]。これまで唯一、候補地として手を挙げた自治体が存在する。それは 2006 年に高知県東洋町町長が町議会を通さず独断で文献調査に応募した事例である。だが町長の一存で決定された HLW 誘致は、東洋町議会、東洋町住民はもとより、高知県内自治体、さらに県外自治体住民を巻き込む反対運動を生じさせた。東洋町町長はリコール署名活動を受け辞職した。その後 HLW 誘致を一つの争点とした町長選挙において、誘致した前町長は落選し、当選した誘致反対派の新町長は正式に HLW の応募を撤回した[10]。

HLW 最終処分場建設用と推察される深地層研究施設が「岐阜県瑞浪市」及び「北海道幌延町」の２か所ある。だが施設のある両自治体とも HLW 最終処分場選定には地方条例により拒否する意向を表明しており、立地選定は容易ではない。

先の東洋町の事例は公募から第一段階に入る直前で頓挫したことになる。この東洋町の例や瑞浪、幌延の事例から、HLW 誘致に際する多くの教訓が得られる。これらの問題は広義の原子力関連施設のようないわゆる NIMBY（Not in my Backyard）の立地選定においても共通する問題でもあり、そこから3つの教訓を引き出すことが出来るであろう。第一に、誘致に際する交付金を目当てとし、環境や生命への影響が大きい原発関連施設の誘致に際し、利害関係者の議論を重ねた熟議的な手続きを踏んでいない処分場誘致決定は失敗に終わる。第二に、住民との民主的な討論と合意形成が不可欠である。第三に、民主的かつ透明、公正な意思決定手続の重要性、換言するならばリスク・コミュニケーションが重要となる、ということが挙げられる。

環境問題をめぐるリスク・コミュニケーションや討議的対話方法に関しては、既にコンセンサス会議、討論的世論調査、世界市民会議の実験等の試行が成されており、当該住民のみならず、国民全般における審議と合意形成の必要性が改めて確認される。HLW 最終処分場立地選定は核廃棄物が山積している現状を見ると危急の課題であるにもかかわらず、その決定に際しては慎重な審議と対話の積み重ねを不可欠とする。この両義性が HLW 最終処分場立地選定問題における困難性を象徴している。日本においてはそもそもの処分方法をめぐる選考過程が筒抜けになっている。既に立法化され立地選定に向けての動きがみられる中、政府は初動対応に欠陥があったことを率直に認め、処分方法をめぐる日本特有の自然環境上の立地的限界を深く考慮して、深層処分以外に、暫定保管や多段階的な処分等の選択肢を見直すべきであろう。

3　日本学術会議の政策提言

（1）日本学術会議の政策提言

2010 年 9 月、内閣府原子力委員会は日本学術会議に対し「HLW の処分に関する取組みについて」と題する審議を依頼した。依頼は第一に放射性廃棄物処分の取組みに関する国民への説明、第二に地層処分候補地の公募の際に政府が調査の申し入れをした地域に対する説明や情報提供、第三に原子力発電環境整備機構（NUMO）の実施上の役割に関する問い合わせが主な内容であった。第22期日本学術会議は2010年9月に「HLWの処分に関する検討委員会」を設置し、人文社会科学、自然科学の専門家からなる文理融合型の委員会を構成した。だが発足後に東日本大震災が発生し数か月の中断を経て委員会の審議は継続され、この契機を経て震災と原発事故の影響が検討委員会の考察内容に織り込まれることになった。最終的に日本学術会議は2012年9月11日に原子力委員会に回答書を提出した。

日本学術会議は原子力委員会への回答として6つの具体的な提言を行った。政策提言として① HLWの処分に関する政策の抜本的見直し②科学・技術的能力の限界の認識と科学的自立性の確保③暫定保管および総量管理を柱とした政策枠組みの再構築④負担の公平性に対する説得力ある政策決定手続きの必要性⑤討論の場の設置による多段階合意形成の手続きの必要性⑥問題解決には長期的な粘り強い取り組みが必要であることへの認識、である。以下で個別内容について検討する。

まず①「HLWの処分に関する政策の抜本的見直し」は原子力委員会に対する政策転換を求めるものでありこれが一つの結論でもある。

②「科学・技術的能力の限界の認識と科学的自立性の確保」は、先述の第二の視線に立つものである。政府が進めている深層処分とはHLWを地下300m以下の深層に埋没するという手法である。現在の手法が行き詰まりを見せている原因として、10万年に及ぶ長期の安全な処分が必要であるにもかかわらず、日本の地層や火山活動、地震等に関する科学的知見には限界があり、特定の地層の安定性を10万年先まで予測できる科学水準には達していないという現状がある。さらに学術会議の提言は、中立的な立場の科学者の判断を政策決定過程に取り入れないと結果的に科学者は政策を正当化する手段に利用されてしまうと警告している。

③「暫定保管および総量管理を柱とした政策枠組みの再構築」は、深層処分という選択ではなく、暫定保管（temporal safe storage）をすべきという対案の提起である。「総量管理」とは原子力発電を続ける限り増え続ける放射性廃棄物は総量が把握できないことを意味するため、まず原子力エネルギー

から撤退し放射性廃棄物の排出をゼロにする目途が立てば放射性廃棄物の総量の上限を把握でき管理できるという考え方である。「総量管理」に関しては「基本的に原子力エネルギーを否定する立場にはない原子力委員会の見解」と「学術会議」の合意が得られない部分ではある。だが放射性廃棄物の処分方法が確立されていない段階で核エネルギーに依存し続けるという矛盾を考えると、必然的に選択肢は定まるのではないだろうか。

ここでは特に「暫定保管」が重要な意味を持つ。暫定保管とはHLWを数十年から数百年の暫定期間に限って、その後の超長期における責任ある処分方法を検討し、決定する時間を確保し回収可能性を前提としモラトリアム期間として安全に厳重の配慮を施し保管することをあらわす。暫定保管する間の猶予期間中に核変換技術の研究開発や容器の耐久性の向上等の処分方法の研究開発や、地層等の地学的な研究と知見の蓄積が期待される。暫定保管の方法については少なくとも全国に2か所の保管施設の設置が必要とされる。これにより重大な事態が発生した場合に廃棄物を他方に移送する手段を備えておくことが可能となる。

また暫定保管により将来世代の選択可能性の余地を確保することが可能となる。この点はHLWの処分を現世代の責任と解して現世代が処分の方法を選択し処分の負担とリスクを負い世代内で解決するという最終処分方法の考え方とは、「世代の責任」という問題においては対照的な考え方である。

④「負担の公平性に対する説得力ある政策決定手続きの必要性」とは、電源交付金等の便益供与による金銭的手段による誘導を手段とせず、立地選定を行うべきであり、負担の地理的な公平を担保するというものである。

⑤「討論の場の設置による多段階合意形成の手続きの必要性」は、HLWのような解決の難しい政策課題を一気に片づけるような手法ではなく、国民間の合意を得られるように公共空間の場に問題を広げ、多段階の合意形成を得るように努めるものである。

このような多段階の合意形成においては公衆の意思決定への参画を必要とするものであることを踏まえると、先述したEU指令「使用済燃料及び放射性廃棄物管理に関する欧州原子力共同体の枠組み指令」第10条第2項の公衆参加に係る条文やオーフス条約の公衆参加に係る条項と内容的に即したものであることが理解される。また学術会議は国民や地域住民の対話の重要性と多様な利害関係者の参加の必要性、討論の調整役としての公正な立場の政府以外の第三者の役割を重視している。

⑥「問題解決には長期的な粘り強い取り組みが必要であることへの認識」は、専門家、政策側、市民や多様な利害関係者をまじえた多段階的な審議を行うためには自ずから時間が必要とされること、その問題について市民の間での理解を深めるためには学校教育のなかでのHLWに関する知識と問題点の啓蒙の必要性が説かれている。現在NUMOが各地で行っている教育啓蒙活動には意味はあるが政府側の姿勢を一方的に押し付けないような配慮が必要であろう。

以上のように日本学術会議の「高レベル放射性廃棄物の処分に関する政策提言――国民的合意形成に向けた暫定保管」ではHLW暫定処分方法に対して、政府の決定した「深層地下での最終処分方法」ではなく、数十年から約100年の間、将来より安全で確実な最終処分方法が実行される可能性に託し、モニタリングを続けながら取り出し可能性を担保する「暫定的保管」が提案された。またその意思決定過程には公衆参加と熟議民主主義的な多段階的合意形成の必要性が説かれている点には注意を払うべきであろう。

(2) フォローアップ検討委員会の政策提言

2012年の日本学術会議の政策提言内容を再検討するため「HLWの処分に関するフォローアップ検討委員会」等が学術会議により立ち上げられ、2015年4月に新たな政策提案を提出した。フォローアップ検討委員会の政策提言の基本方針は2012年の日本学術会議の政策提言と基本的な部分は同じながら、内容的にはより具体的かつ詳細な案が展開されている。例えば暫定保管の期間を原則50年とし最初の30年までを、最終処分の合意形成と立地選定に費やし、その後の20年以内を目途に処分場の建設を行うというものである。この点は暫定保管の構想に対し、さらに一世代30年以内での解決という世代責任を果たす意図が加えられたものと解される。なお暫定保管は電力会社の責任とし、立地は原発立地点以外とする、などの案も示されている[11]。

フォローアップ検討委員会の提言の中では、合意形成の組織の具体案がさらに重要である。そこで提示された3つの組織を整理しておきたい。

第一に「高レベル放射性廃棄物問題総合政策委員会（仮）」がある。これは国民の意見を反映した政策形成を担う委員会であり、独立性の高い政府の第三者機関とし、政府への勧告権などの強い権限が付与されている。委員会は21名よりなり、原子力業界関係者を排除した、多様な利害関係者、全国知事会、市町村会の代表等より構成される。同委員会は以下の「核のごみ問題国民会議（仮）」と「科学技術的問題検討専門調査委員会」を統括する組織である。

第二に原発事故で失われた信頼回復のための市民参加を重視した「核のごみ問題国民会議（仮）」が挙げられている。委員は市民団体、経済界、学界から均等に計15人程度の選抜メンバーにより構成され、任期は5年程度と目されている。

第三に「科学技術的問題検討専門調査委員会」が挙げられる。同委員会は暫定保管及び地層処分の施設と管理の安全性に関する科学技術的問題の調査研究を徹底して行う諮問機関であり、自律性、第三者性、公正中立性を確保する。委員は合計11名程度でそのうちの3分の1程度を公募とする、とされている。このような3つの委員会モデルの提示は日本のHLW処分の合意形成における熟議的民主主義的な試行モデルとして建設的なアイデアであり、合意形成のみを重視するのではなく、第三者的な調整者、コーディネーターの組織化も示されている点で有意である。

（3）討論型世論調査

日本学術会議は2015年に行われた核エネルギーの利用方法や放射性廃棄物最終処分方法、立地選定等に関するWeb上の討論型世論調査という新たな試行を行った。この調査は全国無作為抽出から20歳以上男女101名を選び、6～8人の14グループに分け、参加者にはHLWに関する資料を事前に配布しておいて、Web上で討議を行うものである。専門家は参加者の質問に答えるよう準備をしておく。この討議型世論調査の手法の特徴は、専門家は議論自体には加わらず一般市民のみが主役となり議論を行うという点にある。一般の公衆がHLWをどうすればいいのかという問題について率直に議論をする。討議の前後で、HLW処分に関するアンケート調査を実施し、地層処分や暫定保管、総量管理等の学術会議が提案した重要事項の理解や合意が討議の前後でどのように変化したかを調べる研究調査である。

「討論型世論調査（Deliberative Polling）」はスタンフォード大学J.フィシュキン（J.Fishkin）教授が考案した手法である。これは無作為抽出により選ばれた100名から300名の市民を15人程度の小グループに分けて十分に情報提供を行ったうえで、討論の質が向上するという仮説に基づく実証研究である。

討論型世論調査は、後述する熟議的な多段階に及ぶ包摂的な議論の手続きを重視する「熟議的民主主義」とは異なるものである。だが討議デモクラシーという新たな方法を用いて市民が放射性廃棄物の処分問題に関する理解を深め、当事者としてその対策を考える日本学術会議の試みからは討論型世論調査の応用的発展を期待することが出来る[12]。

上述の討論型世論調査の結果を整理しておきたい。果たして討議の前と後では「地層処分に賛成する」と答えた人の割合は、約33%から約49%に増加した。「処分場を自らの自治体に受け入れることに反対」と答えた人の割合は約63%から約47%に減少している。一方、「地層処分に性急に着手するのではなく、時間をかけて広く国民的議論をすべきだ」とした人は約60%から約75%に増加し、暫定保管の期間については討議前では「10年未満」が過半数（約56%）を占めていたが、討議後には「10年～30年」がもっとも多くなり約42%になった。

以上の討論的世論調査を通じてわれわれが学ぶべき課題として以下２つの要点に集約できるであろう。第一に主体的に考え意見を述べあうことで問題を解決しなければならないという意識を高め、理解を深める効果があった。第二に核のごみの処分方法に関しては専門家がシンポジウムで啓蒙するだけでなくそれ以上に市民同士の議論を深めていく必要があるという点である。

4　NUMO の参加型討論会

2015 年 5 月の「最終処分法に基づく基本方針」発表後、政府は 2017 年 7 月に最終処分関係閣僚会議で科学的特性マップを公表し国民や地域の理解を深めるための取り組みを強化することになり、NUMO が科学的特性マップを公表し説明会を開催している。HLW の選定に関しては国民の間での情報提供と告知が重要であり、選定手続以降でも住民参加が不可欠であるため、経済産業省主導により、最終処分の実施主体である原子力発電環境整備機構（以下、NUMO）による適性マップの紹介が 2017 年に行われたが、それに並行して全国各地で住民のオープン参加による説明会が実施されている。

NUMO の説明会とは「科学的特性マップに関する意見交換会（のち、参加型討論会)」である。2017 年 11 月～ 2018 年 2 月迄の確認し得る範囲で参加者を見てみると 15 都道府県、16 回意見交換会が実施されており、平均参加者は 1 会場あたり平均 47.2 名である。意見交換会は専門家の説明による一部と、住民の質疑を交えた討論会の二部構成となっており、二部の討論会まで参加した住民はのべ 343 名、平均参加者は 21.4 名となっている。参加に際しては専門家が招かれることが多いが、一例として佐賀会場の事例を挙げると、岡本洋平（経済産業省資源エネルギー庁放射性廃棄物対策課課長補佐)、小野剛（原子力発電環境整備機構)、佐々木隆之（京都大学教授)、下田政彦（九州電力株式会社、立地コミュニケーション本部電源地域コミュニケーション部長）等の登壇があった。エネルギー事業者と NUMO 関連職員、大学等研究者が登壇者に含まれることが多い。

住民参加手続を重視する上で、討議の質や内容を検討することが必要であろう。NUMO の「科学的特性マップに関する意見交換会」(2017 年 11 月まで)、「科学的特性マップに関する対話型全国説明会」(2017 年 12 月以降 2018 年 2 月まで）の主な質問内容は以下のようなものが挙げられる 。

質問：世代間公正、情報の格差・東洋町の事例・若者へのアピール、YouTube や SNS の活用・ロンドン条約による国内処分原則―固有地の活用私有地の立地への反対／東洋町の例―隣接市町村の同意は？　法律上は必要なし、しかし不可欠／次世代への教育、高校の出前授業／文献調査で年間10億円、最大20億円の交付／首長の反対→その後のステップに進まないために重要／議論の時間が短い、説明者の中に反対者を入れるべき／このような集会は常時行い、いつでも市民の意見をうかがえるようにするべき／処分場が安全ならNUMO職員も家族ごと処分場に住めばいい。→職員も移住する予定、家族も帯同／海底への処分の可能性は？　ロンドン条約で禁止／謝金による参加者募集は許せない。原子力への信頼も失われている／参加者の公正性への問題／処分場は国内一箇所の予定／謝金問題への批判／対話の重要性／参加しやすい時間帯／スピード感を持って実行すべき／なぜフクシマを除いたのか？／不適切な参加者募集が問題／まちづくりの実現／意見交換会、学生への謝金問題がある／ロンドン条約により海底処分禁止、地層処分が有力／平日開催では人が集まらない。意見討論の時間による打ち切りがあった。意見交換は共有されるべき／宇宙へロケットで運ぶ／法定調査20年は長い、スピード感が必要／文献調査後、概要調査で取り下げは可能か？／政治のリーダーシップが必要／テロ時の対応は？／地層処分は日本でも可能であることがわかった／回答：地層処分の専門家もレビューに参加しており、日本にも地層処分に適した土地があるとの評価が得られている／教育分野への働きかけが必要では？→ワークショップ開催の実績がある／説明資料の内容が難しすぎて一般市民には理解が困難／情報の提供、報道機関への働きかけが必要／対話活動重視／世代間公正の問題／調査のプロセスは？　文献調査2年、概要調査4年程度、精密調査14年程度／知事や市町村長が反対しても意見交換会は続けるのか？→住民に処分場の必要性、安全性理解を説くのが主旨、続けていく／鹿児島県は原発で恩恵も受けている。立地県として他県ではなく県内で処分を実施して頂きたい／テーブルの対話時間が少ない／リピーターが少ない。より交流が必要／NUMOのやらせ問題の処分は？→第三者委員会に調査依頼／フィンランドのポシヴァ社のように株式会社化して責任を明確化していくべきではないか／決定のプロセスを明示すべき／国際的処分、国際条約で国内処分が原則化されている／補償制度→用地確保、事業実施の補償―損失補償（収用）／NUMOの関係者、問題はないのか？／3.11 以降信頼回復は困難では？　組織、技術力を信頼されるよう努力していきたい／スウェーデンのような国民全体で問題意識を共有することが必要／国民との合意形成が必要／もっと広く告発すべき／満足できた／頑張れ／（以上、筆者が整理）。

以上のように NUMO の主催する「科学的特性マップに関する意見交換会」は、HLW の立地の適性地を地図で示した後に全国各都道府県主要都市を回り、市民の自由参加を募り書類の配布や映像鑑賞、さらに専門家の講義等を経て、HLW の問題の見識を深め、現状への理解を促す試みである。そして市民の意見においては上述のようにリスクに対する不安と処分方法への疑問、対話時間の少なさなどの不満が見られる一方で、対話の意義を相応に認める意見もある。さらに交付金等のインセンティヴを期待し HLW 誘致に積極的な意見もごく一部で見られた。また開催日時や時間などの参加アクセスについての意見、フィンランドやスウェーデンの事例への言及も見られた。このような対話説明会の参加者は基本的に市民意識の高い参加者であると推測される。だが情報供与に尽力した NUMO の説明会によっても、HLW 立地選定をめぐる一般市民の不安とリスクへの憂慮は払拭できていない印象が残る。

この NUMO の試みは、専門的な説明や情報供与の後に市民が自由に討論を行うという点では討論型世論調査に手法にも近いものとも言える。原子力事業の出身や専門の市民の参加もあり、時に厳しく糾弾され批判を受けることもある。市民の意見として挙げられている「NUMO のやらせ問題」とは、2017 年の対話集会で大学生に金銭を供与し動員した疑義が発覚した問題である。これによりそもそもの組織体制自体の信頼性が揺らぎ NUMO による意見交換会の取り組みは大きなダメージを受けた[14]。これ以降「科学的特性マップに関する意見交換会」という名称は「科学的特性マップに関する対話型説明会（試行的開催）」に変更された。

その後様々な問題が残るなかで NUMO のこの全国を行脚する地道な取り組みには市民の理解を促し、HLW 処分という困難な問題を共有するための一定の効果が期待される。しかしながら深層処分という方法が立法化された後とは言え、処分方法を最終処分として深層処分をするという選択肢が自明視されている感は否めず、可逆性や世代間責任という問題についての検討を素通りし最終処分立地選定への合意を促すものという批判的な見方も出来るであろう。HLW 処分問題の理解を深めるために NUMO が教材を作成し教育に力を入れている点は興味深いが、現世代での解決を重視した深層処分という既定路線以外の選択肢、すなわち暫定保管や多段階的な処分等を含めた対案を提示し、次世代に複数の選択の余地を残す情報供与と啓蒙活動が今後求められるのではないだろうか。

5　ドイツとカナダの事例

（1）ドイツの HLW 中間貯蔵と最終処分場

日本学術会議は将来世代の処分方法の選択権を保障するために、現世代での最終処分ではなく、暫定的保管を主張した。この場合 30 ～ 50 年間、空冷式で冷やすために地上での保管となる。地層処分と異なり、地質学的に深層処分のために地層選定がきわめて困難な状況にある。そのため決定が困難な HLW という選択肢ではなく、現在の原発施設周辺や敷地内の「中間貯蔵施設」がそのまま継続的に「暫定保管場」となる可能性も否定できない。

ドイツでは既に EU 指令を受けて最終処分場立地選定法（2013 年、2017 年改正）が制定されているが、原発事故後 2011 年の倫理委員会の報告書によれば「原状回復可能性、すなわち進行中の措置の方向転換可能性は、誤謬の訂正を可能にし、将来世代に複数のオプションを残していくために必要であり、それは信頼性醸成に寄与し得る。すなわち廃棄物の取り出し可能性、サルベージ可能性、ないしは決定事項の原状回復可能性がその中心概念である[15]」とされている。この文面はかなり重要な意味を持つ。すなわち廃棄物の取り出し可能性という選択は実質的に深層処分ではなくドイツの中間貯蔵での保管の長期化を意味するものと解釈することも出来るのではないか。世代間正義、最大限の安全、科学の発展可能性という価値を重視するならば、やはり不可逆的となるリスクの高い深層処分ではなく、取り出し可能かつ最高度に安全なレベルでモニタリングを可能とするカナダのような「浅層処分」か、日本学術会議が提言したような「暫定保管」という選択肢になるのではないだろうか。既に2017年に改正立地選定法が施行されたドイツにおいて、中間貯蔵施設を暫定保管場化する余地が残されるとすれば、同国のHLW処分方法に関する今後の動向が注目される[16]。

（2）カナダの核廃棄物管理政策をめぐる熟議的民主主義

カナダでは1962年に原子力発電の操業を開始し原子力エネルギーを利用し続けてきた。1990年以降、核廃棄物管理政策をめぐり原子力発電事業者や多様な利害関係者、公衆を包摂する形で幅広い参加を通じた政策論争が行われ、2005年には核廃棄物管理機構（NWWO）によって「適応性ある多段階型アプローチ（Adaptive Phased Management）」が国民協議を通じて提起された。この決定に至るまでには長い年月の蓄積がある。既に1977年にエネルギー鉱山資源省は、HLWの深層処分の方針と公衆参加を可能とする民主的な手続きの踏襲という二つの論点を重視する報告書を公表している[17]。これがもととなってカナダの放射性廃棄物処分をめぐる意思決定過程では常に公衆が何等かの形で参加する政策形成が行われてきた。1989年にはカナダの連邦政府環境省議長シーボーンが「環境影響評価審査委員会（以下、シーボーン委員会）」を任命し、核廃棄物の環境影響評価の取り組みが進められてきた。シーボーン委員会は1992年に環境影響評価を作成し提出した。このガイドラインに則ってカナダ原子力公社は1994年10月に環境影響評価報告書を提出した。シーボーン委員会は技術的な安全性を重視しながら、社会科学的にさらなる議論が必要とされるとして国民的協議と合意形成のための努力を明示した。2002年には核燃料廃棄物法が制定され核燃料廃棄物管理機構が設置された。同機構は3年間で4段階（対話、広報集会、世論調査、電子対話）からなる国民協議を開始した。同機構は2005年11月に最終報告書として「進むべき道の選択」を提出し、そのなかで「適応性のある多段階型管理（Adaptive Phased Management）を提案した[18]。多段階型管理の内容は、HLWを原発敷地内に最初の30年程度貯蔵し、その次の30年程度で廃棄物を浅い地層に移送し集中貯蔵し、その後は長期間実施される深地層処分（すなわち当初から約60年後以降）を行うという3段階からなるものである。

カナダのこのような管理は、様々な状況、すなわち地層の変化や科学的知見の発展への対応も視野に入れた柔軟な対応を可能とする管理であり、熟議的な段階的手続きを踏んだ意思決定過程を踏まえながら継続的監視を行い、廃棄物の回収可能性を組み込むというものである。またこの期間の間、世代的な交代にも備え、将来世代に一定の選択肢の余地を残しておくことが重要であろう。

カナダ連邦政府は2007年6月に「適応性のある多段階型管理」を政策として採用するに至った。2010年5月には浅地集中貯蔵と深地層処分という二つの段階の処分地の選定手続きの計画を発表している[19]。

カナダの意思決定過程に関してはジュヌヴィエーヴ・フジ・ジョンソンによる『核廃棄物と熟議的民主主義――倫理的政策分析の可能性』で詳述されており、同書は日本でも周知され、先行研究として高く評価されている[20]。

日本のように中間貯蔵の冷却後、即最終処分という手順を踏まえると、不可逆性を伴い事後の柔軟な対処や取り出しが技術的には困難となる。一方カナダは、日本と対照的に柔軟性と可逆性、取り出し可能性を担保した決定であることが確認できる。

このプロセスで注目されるのは、カナダの熟議的民主主義の手法である。先に挙げた核廃棄物管理機構は多くの円卓会議を開催し、2003年9月には、哲学、医学、商業、政治学の各学問分野から専門家を招き倫理円卓会議を設けた[21]。さらに同機構はNGOや産業界、公共セクターを交えたワークショップを開催している。またインターネットを活用した電子対話も実施している。同機構が先住民の団体（Aboriginal Organizations）とも協力し、国内の少数派である先住民の環境への意識を決定に反映させようとした点はこのような熟議的民主主義の包摂性を考えるうえで、特に重要な意味を持つ。核廃棄物管理機構は具体的に先住民族会議（the Assembly of First Nations）、先住民族議会（the Congress of Aboriginal Peoples）、イヌイット・タピリット・カナタミ（the Inuit Tapiritt Kanatami）、メティス国民協議会（Métis National Council）、カナダ先住民女性協会（the Native Women's Association of Canada）、ポクトウイット・イヌイット女性協会（the Pauktuutit Inuit Women's Association）と提携し、先住民が核廃棄物管理政策に参加し協働関係を構築しようとする立場に立った。先住民の環境・土地に対する意識の強さは以下の発言からも察知される。

「大地は伝統的生活様式の基盤であり、また経済的および身体的な生存手段の源泉である。（中略）先住民の発言者は、彼らが生活する土地に対しても、狩りやわな猟に利用する土地に対しても、彼らの土地に流れ込む集水域や河川水系に対しても、それらを保護することに強い責任感を示した。彼らは将来世代のニーズ、伝統的には七世代のニーズを心に抱きつつ、そうしたのである」[22]。

果たして廃棄物処分立地に対し批判的な傾向の強い先住民族の意思がすべて公正にカナダの放射性廃棄物政策に反映されたとは言い難い。だが少なくとも同機構によるマイノリティへの積極的な対話参加の促進、諸団体をまじえた会議やワークショップの開催等を通じたコミュニケーションへの尽力は、熟議的民主主義的観点からも相応に意味のある取り組みであると評価できるであろう。

興味深いことにジョンソンによれば、核廃棄物に関する国民協議による熟議的民主主義の真意は、合意形成ではなく、むしろ共有すべきアジェンダを設定し、問題を可視化させること、さらに対立や争点を明確とさせ、今後の課題として継続的に審議を続ける点にあるとされる[23]。

ジョンソンによれば「熟議民主主義の過程の強みは、さまざまな核廃棄物問題に固有のリスクの大きさ、不確実性の程度、複雑さの性質を目に見えるようにするのに向いているという点にある。このような過程により、合意を形成できる領域とできない領域を照らしだし、また引きつづき対話が必要な争点を特定し、少なくとも暫定的には正当であるような解決が何かについて見通しをえることができるのである」[24]。

熟議的民主主義は暫定的で時間をかけ、幅広い参加を募り、様々な機会を通じて審議を尽くすものであり、実にコストのかかる手続きであるが、そのような地道な歩みと包摂性、そして手続きにかかる時間的、金銭的コストを軽視しない点にこそ、その真価があるに違いない。だがジョンソンが指摘するように、熟議的民主主義は核廃棄物処分場選定のような究極のNIMBY問題解決の特効薬では決してないということは看過できない事実である。むしろ熟議的民主主義から期待されるべき成果とは、問題とされるべきアジェンダが設定され、問題を可視化し、対立点や争点を明らかにすることにあるのではないだろうか。そのためには包摂や平等、相互尊重性の精神や予防原則を確認しながら対話に取り入れていくことが重要である。熟議的民主主義が継続的対話を絶対的に必要なものとみなすならば、時代を重ねて継続的対話をつなぐことにより次世代の意思が決定に反映されていく可能性を持つであろう。熟議的民主主義を実践するには膨大なコストと時間が必要とされ、全国民規模で実践するには費用的にも基本的に中央政府の判断に委ねられることになるであろう。このことを考えると熟議的民主主義の実践には第一に政府の対話への熱意に懸かっていると言わざるを得ない。それが実践された場合、10年、さらに数十年と重ねられた熟議的民主主義の継続的対話、その延長線上には次世代への意思が反映される余地が広く開かれることにもなる。

逆に日本のようにはじめに結論ありきで最終処分を決定し、可逆性を軽視するという手法によれば現世代内の責任は相応に果たせるかもしれないが、次世代の選択の余地は閉ざされてしまう。10万年余に及ぶHLW最終処分に関しては次世代がよりよい処分方法を発見し選択する可能性が担保されるべきであり、将来世代の技術開発の可能性に望みを託すのが最も賢明な方法ではないだろうか。熟議的民主主義の可能性は、現世代の即座の合意形成ではなく、むしろ次世代に判断の余地を残す熟議の継続性のうちにあるのではないだろうか。

結びにかえて

本稿の考察からは以下の論点が確認される。

第一に、日本のHLW立地選定問題は依然進展していないことが確認される。すなわちNUMOによる対話形成は続いているが、合意形成よりもリスク認識と処分場立地の理解を啓蒙化する意図が強く伺える。そのため、はじめに深層処分という結論ありきの決定では真の合意形成からは程遠い。

第二に、高知県東洋町の誘致失敗の後、HLWの自治体公募の例がなく立地選定すら全く進展していない現状があらためて確認されよう。国内の幾つかの自治体では既に防御策としてHLW誘致反対条例が制定されており、その中にはHLW実験場のある北海道幌延町や岐阜県瑞浪市の例も含まれる。

第三に、日本学術会議の政策提言は改めて検討されるべき重要な提案を行っていることが確認できる。特に将来世代の選択可能性を考慮した世代間公正を重視し、日本の不安定な地層の現状を顧慮した「暫定保管」の提案はもっとも現実的な提案と言えるだろう。さらに学術会議が提案した専門家と市民の協働による合意形成の組織モデルもわが国の熟議的民主主義の試行として注目される。具体的には「核の国民ごみ会議」、超領域的な専門家の中立的協議組織「科学的技術専門家会議調査委員会」の二者を「HLW総合政策委員会」が統括するモデルが提案されている。

第四に、カナダの先住民の参加をまじえた「核廃棄物処分場をめぐる国民協議」の先行例からは多くの示唆が得られる。ここで注目すべき点は、熟議的民主主義という手法は合意形成や意思決定の特効薬では決してないという問題であろう。

熟議を通して初めて問題が可視化され争点が明確となり、共有されるが、このことに熟議的民主主義の真の成果がある。多様な利害関係者を包摂しながら継続的対話を続ける作業は、気の遠くなるような労力を要する。熟議的民主主義の実践と継続には「永久革命」のごとき絶えざる継続的な対話を要する。そしてその地平にこそ、真の合意形成への道が拓かれるであろう。日本のHLWの立地選定をめぐる議論はようやく出発点に立った段階に過ぎない。

[注]

1　今田高俊「高レベル放射性廃棄物の暫定保管に関する政策提言」『学術の動向』、2016年6月、11頁。

2　同書、11頁。

3　2009/71/EURATOM COUNCIL DIRECTIVE of 25 June 2009 establishing a Community framework for the nuclear safety of nuclear installations," *Official Journal of the European Union,* L172, 2.7.2009, pp.18-22.; 植月献二訳「原子力施設の廃止措置並びに使用済燃料及び放射性廃棄物のための財源管理に関する2006年10月24日の欧州委員会勧告(2006/851/EURATOM)」、『外国の立法』244、2010年6月、53-55頁。

4　2011/70/EURATOM COUNCIL DIRECTIVE of 19 July 2011 establishing a Community framework for the responsible and safe management of spent fuel and radioactive waste

5 *Ibid*；植月献二抄訳、「使用済燃料及び放射性廃棄物管理に関する欧州原子力共同体の枠組み指令」『外国の立法』252、国立国会図書館調査及び立法考査局、2012 年 6 月、26-49 頁。

6 COUNCIL DIRECTIVE 2011/70/EURATOM of 19 July 2011 establishing a Community framework for the responsible and safe management of spent fuel and radioactive waste; 植月献二抄訳、同書 26-49 頁。

7 オーフス条約（英：The Aarhus Convention）は、「環境に関する、情報へのアクセス、意思決定における市民参加、司法へのアクセスに関する条約」（Convention on Access to Information, Public Participation in Decision-making and Access to Justice in Environmental Matters）の通称であり、EU 加盟国以外の国も含めて合計 45 ヶ国が批准している。

8 小坂直人「放射性廃棄物処分問題はいかに解決すべきか 」（上田慧教授古稀祝賀記念号）、『同志社商学』69（5）；2018 年 3 月、629-650 頁、同著「放射性廃棄物最終処分場の決定過程における諸問題について」『季刊北海学園大学経済論集』64（4）, 2017 年 3 月、61-82 頁。

9 原子力発電環境整備機構「公募にあたって～高レベル放射性廃棄物の安全・確実な処分に向けて～」2007 年 10 月。

10 濵田泰弘「高レベル放射性廃棄物最終処分場選定をめぐる政策的課題――高知県東洋町の事例から考えるリスク・コミュニケーション」『現代社会研究』12 号、2014 年、145-154 頁。

11 日本学術会議 HLW の処分に関するフォローアップ検討委員会（2015）「提言　HLW の処分に関する政策提言：国民的合意形成に向けた暫定保管」『学術の動向』2016 年 6 月、10-18 頁。

12 柴田徳思「【HLW の処分に関する政策提言――国民的合意へ向けた暫定保管を巡って】に関するパネルデイスカッション」『学術の動向』2016 年 6 月、59 頁。

13 NUMO による全国で開催された「対話型説明会」の質疑内容はホームページ内で記録されている。https://www.NUMO.or.jp/iken2017/; https://www.NUMO.or.jp/taiwa/2019.9.30 アクセス

14 「核のゴミ処分地説明会、全国で学生 39 人不適切動員」日本経済新聞、2017 年 11 月 14 日 https://www.nikkei.com/article/DGXMZO23466360U7A111C1CR8000/

15 小野一「放射性廃棄物の「取り出し可能性」をめぐるクロスオーバーな研究の可能性―脱原発後のドイツ政治の展開から示唆を得て」『工学院大学研究報告者』125 号、2019 年 4 月、75 頁；*Endlager Kommission*,2016,S.31,　吉田文和・ミランダ・シュラーズ訳『ドイツ脱原発倫理委員会報告／社会協働によるエネルギーシフトの道すじ』（大月書店）

16 Smmeddinck/Semper は特に立地選定法のような高度な専門的知見を必要とする領域を扱うために法学的な専門的知識よりも、むしろ隣接諸科学の学際的視点により社会と対話を進める役割が期待されることを指摘しており興味深い。これは高レベル放射性廃棄物最終処分場問題が法学を超えるトランス・サイエンス的な問題であることをあらわしている。Ulrich Smeddinck/Franziska Semper, “Zur Kritik am Standortauswahlgesetz”,Achim Brunnenengräber (Hrsg.) *Problemfalle Endlager Gesellschaftliche Herausforderungen im Umgang mit Atommüll,* Nomos Verlag,2016,S.254. 立地選定法 17 年改正法の改正をめぐる審議について、K_*Drs.Zur Zusammenfassung der Ergebnisse;Emmanuel,Der Absclussbericht*

der„Kommission hoch radioaktiver Abfallstoffe" Guter Kompass,wegweisender Laserstrahl oder irrwitziges Irrlicht ZNER 2017,11f.; ドイツの 17 年改正法に対して市民や利害関係者、州や郡、市等の参加組織が複雑すぎるとする批判的な見解も多いが、一方で公衆参加に関する改正法による発展を評価する学説として Smeddinck, *ebenda, StandAG, Kommentar,* 2017, Art9, Rn.21,; Smeddinck, Rechtsfragen zum Eingang der Empfehlungen der Komission „ Lagerung hoch radioaktiver Abfallsstoffe„ aus dem Abschulssbericht Verantwortung für die Zukunft in die letzte Formulierungshilfe des Bundes Umweltministeriums für einen Gesetzwurf der Fraktionen, 2017, S1f. 等がある。

17 ジュヌヴィエーヴ・フジ・ジョンソン著、舩橋晴俊・西谷内博美訳『核廃棄物と熟議的民主主義——倫理的政策分析の可能性』新泉社、2011 年、257 頁（訳者あとがき）; Genevieve Fuji Johnson, *Deliberative Democracy for the Future:the case of the Nuclear Waste Management in Canada*, University of Tront Press Incoporated, 2008, p.169. ; 西舘崇・太田美帆「合意に達しない熟議の価値—原子力エネルギー政策形成における熟議的民主主義の到達点とは—」『論叢』玉川大学文学部紀要、第 56 号、2015 年、145 頁。Verantwortung für die Zukunft in die letzte Formulierungshilfe des Bundes Umweltministeriums für einen Gesetzwurf der Ftraktionen, 2017, S1f. 等がある。

18 ジュヌヴィエーヴ・フジ・ジョンソン、前掲書、260 頁。

19 同書、260 頁。

20 同書、297 頁。

21 *Genevieve Fuji Johnson*, p.99. 同書、191 頁。

22 Ibid, pp.41-42. 同書、87 頁。

23 西舘崇・太田美帆「合意に達しない熟議の価値—原子力エネルギー政策形成における熟議的民主主義の到達点とは—」『論叢』玉川大学文学部紀要、第 56 号、2015 年、149 頁。

24 *Genevieve Fuji Johnson*, p.109. ジョンソン、210 頁。

［主要参考文献］

【邦語著書】

大塚直『環境法』有斐閣（第３版）、2010 年。

小林傳司『誰が科学技術について考えるのか——コンセンサス会議という実験』名古屋大学出版会、2004 年。

高橋滋、住友電工グループ社会貢献基金、一橋大学環境法政策講座編著『福島原発事故と法政策——震災・原発事故からの復興に向けて』（一橋大学・公共政策提言シリーズ№３）第一法規、2016 年。

フランク・フォンヒッペル＋国際核分裂性物質パネル（IPFM）編、田窪雅文訳『徹底検証・使用済み核燃料再処理か乾式貯蔵か——最終処分への道を世界の経験から探る』合同出版、2014 年。

【邦語論文】

大塚直「原子力賠償 平穏生活権概念の展開——福島原発事故訴訟諸判決を題材として」『環境法研究』（特集 原子力賠償 ,気候変動 ,景観・里山訴訟）第８号、2018 年７月、1-45 頁。

滝川康治「“核のゴミ”をどうすればいいのか―北海道幌延町における経緯などを踏まえて―」『経済学論叢』第65巻第3号、2014年3月、353-377頁。
小坂直人「放射性廃棄物処分問題はいかに解決すべきか」（上田慧教授古稀祝賀記念号）『同志社商学』第69巻第5号、2018年3月、629-650頁。
小坂直人「放射性廃棄物最終処分場の決定過程における諸問題について」『季刊北海学園大学経済論集』第64巻第4号、2017年3月、61-82頁。
首藤重幸「ドイツ原子力法をめぐる議論の動向（1）」『比較法学』29号、1996年、47-73頁。
首藤重幸「ドイツ原子力法をめぐる議論の動向（2）」『比較法学』31号、1997年7月、1-21頁。
西久保裕彦・菊池英弘「中心度処分を必要とする放射性廃棄物の処分に関する法制度の現状について」『長崎大学総合環境研究』第20巻第1号、2017年、65-69頁。
【欧文論説】
Genevieve Fuji Johnson, *Deliberative Democracy for the Future:the case of the Nuclear Waste Management in Canada,* University of Tront Press Incoporated, 2008, p.169.
K_Drs.Zur Zusammenfassung der Ergebnisse; Emmanuel, Der Absclussbericht der„ Kommission hoch radioaktiver Abfallstoffe“ Guter Kompass,wegweisender Laserstrahl oder irrwitziges Irrlicht ZNER 2017.
Ulrich Smeddinck/Franziska Semper,“Zur Kritik am Standortauswahlgesetz”,Achim Brunennengräber (Hrsg.) in; P*roblemfalle Endlager Gesellschaftliche Herausforderungen im Umgang mit Atommüll,* Nomos Verlag, 2016, S.254.
Urlich Smeddinck, *StandAG, Kommentar,* 2017, Art9, Rn.21,” Rechtsfragen zum Eingang der Empfehlungen der Komission “Lagerung hoch radioaktiver Abfallsstoffe„aus dem Abschulssbericht Verantwortung für die Zukunft in die letzte Formulierungshilfe des Bundes Umweltministeriums für einen Gesetzwurf der Fraktionen, 2017, S1f.

column

核と原子力

核と原子力の問題は、平和利用における合理性と、核兵器の持つ破滅的暴力という非合理性の両面を内包している。核の問題はテクノロジーの生んだ文明と暴力の両義性を持つ近代合理主義のパラドクスをあらわしている。

原子力開発の歴史は1942年米国のシカゴ大学で核分裂連鎖反応が確認された実験に端緒を持つ。以降米国は「マンハッタン計画」を進め1945年ニューメキシコ州アラモゴルド砂漠にて初めての核実験を実施し、同年8月に広島、長崎で原子爆弾を投下した。核と人類の歴史はそこから始まった。

1949年にはソ連も核実験に成功し現在、核実験を公式に成功させた国は8カ国とされる。そのうち核拡散防止条約（NPT）で核兵器保有の権利を国際的に認められた核保有国は米露英仏中の5カ国である。NPT非批准の核保有国はインド、パキスタン、北朝鮮の3カ国、核保有が確実視されている国にはイスラエルがあり、核開発疑惑国としてイラン、シリア、ミャンマーがある。

NPTは1968年、核兵器の拡散防止のためにできたが、米露英仏中5カ国に核兵器保有を認め、保有しない国は今後も持たせない差別的な条約であった。同条約第4条では「原子力の平和利用」の権利が明記されているが、NPT非加盟国であるもののインド、パキスタンは原子力の平和利用の技術を軍事用に転用して1998年に核実験に成功しており、核の平和利用は軍事利用へと転用されるリスクが露呈した。北朝鮮も核実験を行い（のちNPT離脱）、北東アジアの安全保障上の懸案事項となっている。

その後核兵器開発を疑われていたイランに対し、米露英仏中独は経済制裁解除を条件に「イラン核合意」を締結した。だが同合意ルールには原発保有国であるイランに対する核兵器開発への抜け穴があったことから米国は2018年に離脱を宣言している。NPT非加盟国であるが親米的なイスラエルの核保有が黙認される他方で、反米的な北朝鮮やイランには厳格な規制や監視が行われる実態があり、核をめぐる公正かつ平等な国際ルールは存在するとは言い難い。核軍縮を考えるならば核保有国が率先して削減すべきであるという主張も、核保有を禁じられている国家からはなされ得るであろう。2017年国連総会で採択された核兵器禁止条約の核保有国の批准と、日本を含むより多くの国の批准が望まれる。

一方、軍事利用で始まった核エネルギーは民生にも応用されていった。特に1953年の国連総会における米アイゼンハワー米大統領による「平和のための原子力利用（Atoms for Peace）」演説以降、世界的に原子力平和利用への注目が高まり、1957年には軍事利用への転用を防止するための国際機関としてIAEA（国際原子力機関）が設立された。1954年のソ連の原発稼働成功以降、原子力の平和利用が推進されていき、2017年時点で台湾を含め世界31か国で発電実績がある。

だが2011年3月、東京電力福島第一原発事故という破局事故（シビアアクシデント）が起こり、原発をとりまく環境は大きく変わった。放射性物質の大量拡散により大量の避難民を地域から流出させ、汚染水の流出や土壌汚染をもたらした。原子力の平和利用において、たった一度のアクシデントが環境全体に及ぼす甚大な影響に我々は対峙することになった。

ドイツは日本の原発事故を受けて脱原発を政治的に決定したが、日本では事故直後原発は稼働停止されたものの部分的に再稼働が始まり、さらに安倍政権下で原発プラントの国外輸出が推進される。だが日本の原発輸出計画は英国やリトアニア、台湾、トルコ、ベトナムといずれも中止された。その背景には原子力事業をめぐる環境の変化がある。原発は温暖化対策において長所を持つ一方で、福島原発事故後、安全規制が強化され安全対策の水準が上がった結果、建設コストが1基あたり1兆円規模と事故前の2倍に拡大した。保険金額や事故発生後の補償費用、高レベル放射性廃棄物処分場問題まで考慮すると、3.11以降、原子力発電所建設はもはや民間では賄うことが限りなく不可能に近いシステムとなったと言わざるを得ない。

原子力の平和利用をめぐる利便性の他方で、安全規制コスト、そしてバックエンドと放射性物質の2つの環境問題を考慮する必要がある。人類は核エネルギーを制御し続けてきたとは言い難い。いま、原子力の平和利用の意味はあらためて検討されるべき時期に差し掛かっている。

（濵田泰弘）

【参考文献】

https://www.jaif.or.jp/cms_admin/wp-content/uploads/2019/03/world-npp-development201903.pdf（2019.11.11 アクセス）。

海外電力調査会編著『みんなの知らない世界の原子力』日本電気協会新聞部、2017年、277頁。

第2章
どこにでもある危機
――朝鮮民主主義人民共和国の環境問題

福原裕二

はじめに

朝鮮民主主義人民共和国（以下、朝鮮）の金日成（キム・イルソン）は、1972年12月に自国の「公害防止問題」に触れ、「一部の工場、企業所などでは有毒性物質を川に流し込んでい」ることに言及した。そこでは、「公害防止問題に対して、今一度強調しておきたい…（中略）…我が党が公害防止問題に対してあれほど強調しているのに……」（注：いずれも傍点は筆者）などと述べられ、国内では再三公害の発生に関して注意喚起を払ってきたようだが、対外的にはこの演説によって初めて朝鮮における公害の存在が知られることとなった[1]。

この演説が行われた1972年前後と言えば、朝鮮が自国を社会主義工業国家に転化させることを目標とした「第1次7か年計画（1961～70年）」を経て、71年に始まる「6か年計画（1971～75年）」に着手し始めたものの、同時期に進行した南北朝鮮政府の接触・対話を通じて大韓民国（以下、韓国）の急激な経済成長を目の当たりにすることとなり、韓国を経済発展のライバルとして捉えざるを得なくなったと同時に、それゆえ当初の経済計画を変更して日本をはじめとする西側諸国から工場設備などの資本を導入し、一層の工業化が目指されていた時期にあたる[2]。とは言え、この時点では、統計的には朝鮮の経済力が韓国のそれを大きく上回るほどの経済成長を進展させていた。事実、農村の人口と都市の人口比率は逆転すると同時に、数値的には過去にも現在にも見られないほどの石油による電力生産の比率が高まり、産業別の二酸化炭素排出率では「製造業及び建設業」がもっとも多くの比率を占める状況であった[3]。すなわち、朝鮮もまた、国土の開発や工業化の進展によって、環境問題（ここでは公害）の発生に直面せざるを得なくなった多くの国の一つである。後述するように、朝鮮は、北東アジア諸国の中では面積、人口・経済規模が相対的に小さく、周辺国の中では二酸化炭素やメタンなどの温室効果ガスの排出量も小さいため、日本や韓国、中国などの影に隠れやすいが、現在において深刻な環境問題を抱える国の一つである。

そこで本章では、朝鮮を検討対象地域として取り上げ、現在どのような環境問題に見舞われ、それがなぜ引き起こされているのかを考察したい。そのために、まず次節では朝鮮の自然環境と開発の歩み、そして環境問題をめぐる史的展開を概観する。次いで、朝鮮の環境問題に関わる統計データを示すとともに、『朝鮮版環境白書』と呼ばれる、2003年に国連環境計画（UNEP)、国連開発計画（UNDP)、そして朝鮮の国土環境保護省（NCCE, National coordinating Council for Environment）が共同作成した報告書（DPR Korea: State of the Environment 2003、以下UNEP報告書）を俯瞰する[4]。続いて、筆者が朝鮮現地で行った調査、その地の専門家に行ったインタビューを紹介しつつ、より具体的な朝鮮における環境問題の現在の一端をレポートする。その上で、朝鮮が環境問題として抱える課題やその要因を抽出し、それが浮上する背景を析出する。

1　朝鮮における環境問題の背景と概要

（1）朝鮮の自然環境

朝鮮は北東アジアの中心に位置し、急峻な山脈と亜寒帯の大森林、ステップが広がる乾燥地帯と、温帯から亜寒帯南縁の気温差が比較的小さく、降水量の多い平野部が広がる地帯の二つの顔を有する。そこでは、温暖多湿の南東風と寒冷乾燥した北西風の特徴を持つモンスーンの影響により、四季と雨期・乾期がはっきりとしており、冬季には降雪と乾燥がもたらされる。また、朝鮮の首都である平壌（ピョンヤン）の年間平均気温は11℃前後で、北部の中心都市である清津（チョンジン）のそれは9℃前後、同じく南部の海州（ヘジュ）は12℃前後であり、日本の東北地方・北海道並の気温である。年間平均降水量は、平壌で約800～1,200㎜、降水量のもっとも多い地方都市である東部の元山（ウォンサン）でも1,300㎜余りで東京のそれには及ばない。また、山岳地帯が多く広がる朝鮮であるが、年間平均風速は全国的に3m/sを超えない[5]。

朝鮮の国土面積は12.3万㎢で、その79.3%を山地が占める[6]。したがって、その国土の利用は田畑が15.5％を占めるのに対して、林野等その他が84.5％である。しかし、山林面積は年を追うごとに狭まってきており、1990年に約8.2万㎢であったのが、2015年には約5.0万㎢となった。これは全国土における山林面積の比重で見ると、1990年の68.1％に対して、2000年の57.6％、2005年の52.3％、2010年の47.1％という具合に、山林面積の著しい減少として把握することができる。その主な要因は、年間に全体の２％程度ずつの面積の山林伐採を行っていることにある[7]。

（2）朝鮮の開発、工業化と環境問題の概略

ｉ）前史

朝鮮半島の人びとは、古代・中世期に仏教や儒教（朱子学）が中国より伝来するまでアニミズムを信仰し、自然に畏敬の念を払いつつ生活を営んできた。古代期の三国時代には、人間に及ぼす地気の作用を信じる風水に基づいて、人びとは居住地を選択することもあった。中世国家である高麗王朝が誕生すると、中国式の階級的な中央官制が敷かれ、これに伴い地方制度の整備も進展した。こうした制度に従い社会階層も徐々に形成されてくると、官制及び社会階層に基づく俸禄制度（田柴科）を維持するため、田地の過耕作や柴地（燃料採取地）の過伐採など、初歩的な自然への負荷が進行していった。その後、500年以上も続く朝鮮王朝時代にも、急激な人口増加[8]のために過耕作や過伐採はますます進行したと考えられる。その上、朝鮮半島の北部では山野を焼き払い、その跡地に穀物を栽培して、地力が衰えるとまた別の山野に移動する火田・火田民が増加した[9]。さらに、中央からの朱子学的な儀礼受容の圧力により、全国的な範囲で死者を土饅頭型の墓を形作って土葬する風習も広まった。

朝鮮半島において産業革命的な開発が始まるのは、日本の強圧による開港を嚆矢とする。不平等条約である「日朝修好条規」（1876年）の締結を盾に、欧米列強諸国も次々に朝鮮と不平等条約を結んで交易を開始するとともに、鉄道敷設・通信施設権、金鉱・鉱山採掘権、山林伐採権など利権の侵奪に乗り出し、そのための開発を進めた。また、朝鮮半島を日本が植民地化すると、北部地域の豊富な鉱物資源に目をつけ、火力・水力発電所、製鉄所などの金

属製造工場、機械製造工場、炭鉱・鉱業施設、建材製造工場、化学品製造工場などを次々に建設して[10]、開発・工業化を進展させた。以上のように、こんにちの朝鮮における環境問題の発生には、その建国以前の自然への負荷、開発・工業化の歴史にも着目する必要がある。

ii）朝鮮の建国から現在まで

朝鮮半島は1945年8月15日に日本の植民地から解放され、朝鮮はその後約3年間にわたる米ソ両国の分割統治（軍政）の結果により、分断国家として誕生することとなった。朝鮮が韓国とともに自国主導の統一を至上命題とする分断国家として形成され、韓国と排他的な対抗関係を続けてきたことは、極めて多くの国力や人力、資源がその対抗・競争のために注がれてきたという点において、環境問題の発見とそれへの意識、その把握と対応、注力、努力に悪影響を及ぼしてきたと言える。

さて、朝鮮は1948年9月9日に建国されたが、解放半年後の46年2月には朝鮮半島北部に進駐したソ連軍政によって「北朝鮮人民会議・人民委員会」が創設され、朝鮮へと引き継がれていくことになる政権機関がすでに形作られていた。この時期、平壌の中心を流れる大同江（テドンガン）の支流である普通江（ポットンガン）の改修工事が行われている。工事の激励演説を行った金日成は、「この工事が……自然改造事業の最初ののろし（烽火）」（カッコ内は筆者）だとした上で、「市民らの生命、財産を保護して」、「民主首都平壌を模範的に建設するため」、「自然改造事業で偉大な力を発揮する」と述べた[11]。その翌年の47年4月には、同じく平壌に位置する紋繍峰（ムンスボン）一帯の植樹が造林事業の一環として行われた。そこでも金日成は、「この植樹事業は民主首都を緑で覆い尽くすための誇らしい自然改造事業の一つ」であるとした上で、「こんにち我が人民らには山林を大切にし、愛する精神が欠けて」いるが、「山林を愛護するか否かは愛国心があるか否かに関わる問題」で、「全ての山々を樹木が生い茂り、豊かな資源を持つ山に転換させれば、我が人民らに民族的誇りと自負を抱かせ、彼らの愛国心を一層育ててやることになる。そうなれば人民らは祖国を外来帝国主義者の侵略から祖国を守り抜く相当な覚悟を持つようになる」と主張した[12]。未だ分断国家建国以前の時期ではあったものの、北部朝鮮の政権機関を中心にした統一国家形成が意識され[13]、独立と国民統合、そして開発主義を内包する「自然改造事業」が展開され始めていたことが窺える。

その後、朝鮮の建国直後には、分断国家の誕生に起因する未曾有の自然環境破壊が朝鮮半島全土で生じた。それが朝鮮戦争である。この戦争は3年余り続いて、400万人以上の死者を生み出した。「朝鮮半島全体を通じて学校・教会・寺院・病院・民家をはじめ工場・道路・橋梁などが、はなはだしく破壊され」、「南北を問わず社会経済上の基盤はほとんど徹底的に破壊された」という有様であった[14]。朝鮮戦争後、武力による統一実現に挫折した朝鮮は、自国の復興と韓国に対して経済的に有利な状況を確保すること、そして人民経済の社会主義化を推し進めるために、急速な農業協同化と大衆動員に基づく工業化を展開した。急速な農業協同化は開墾による耕作地の拡大とこれを維持するための灌漑設備の増設という自然環境に対するコストともに進行した[15]。また、経済復興と工業化は韓国を圧倒する経済力を一時的にもたらしたが（表2-1）、大小を問わず工業・企業所が急速に建設されたほか、農村人口の都市への流入が拡大して社会構造が一変し、それを受容するための住宅が急ピッチに建設され、都市の開発が一挙に進んだ[16]。

1960年代に入ると、国際政治場裏におけるソ連の言動への不信感の高まりや日韓国交正常化交渉の進展など、自国を取り巻く安全保障環境の変容により、朝鮮は軍事化を加速させた。国土の各所に森林を切り開いて哨所や軍事道路を敷設し、「四大軍事路線」（1962年12月）に基づく「全国土の要塞

表2-1　朝鮮・韓国のGNPの推移（1949～1976年）[17]

年		1949	1953	1956	1960	1962	1964
朝鮮	GNP	934	713	1,500	3,508	4,409	5,308
	Per	97	84	160	325	386	440
韓国	GNP	—	1,353	1,450	1,948	2,103	2,315
	Per	—	67	66	79	87	103
年		1966	1968	1970	1972	1974	1976
朝鮮	GNP	5,822	6,517	9,032	13,202	21,187	28,222
	Per	468	496	650	901	1,374	1,735
韓国	GNP	3,671	5,226	8,105	9,456	18,701	28,550
	Per	125	169	252	318	540	797

原注：（朝鮮の「GNP」、「Per」の数値は）北朝鮮の公式換率で換算したUSドル価値。（韓国「GNP」、「Per」の数値は）10億ウォン単位の経常GNPを100万USドル単位のGNPに分けて計算。なお、カッコ内は筆者、その他の原注は省略。
注：「GNP」は国民総生産、「Per」は1人当たりの国民総生産。
出所：黄義珏『韓国と北朝鮮の経済比較』大村書店、2005年、128-129頁。

化」という要請に従い、軍事施設の拡大と地下化が図られた。また、既述のように、61年に始まる「第１次７か年計画」が実施され、そこでは社会主義工業化のための重工業の優先的発展と自力更生が主張されて、自然環境を顧みない工業化と地下資源の乱用が進んだ[18]。

こうした国土の開発と工業化のツケが冒頭に述べた70年代初頭の公害の発生であると考えられる。**表2-1**のように、こうして進展した開発と工業化（そして公害の発生という代償）により少なくとも70年代前半までは、経済的な国力で朝鮮が韓国を上回った。ところが、国内では工業と農業の跛行性が問題視されて久しく、70年代半ばには穀物の増産目標が打ち立てられるとともに、そのための「自然改造五大方針」が提示された。そこではのちに「主体農法」と呼ばれる、段々畑の造成や農作物の密植栽培が奨励された[19]。農工跛行性の迅速な改善、限られた土地でしかも冷害や病虫害の被害も多発する自然条件の中で、朝鮮が農作物の増産を目指すにはやむを得ない事情が存在したものの、密集栽培は土壌を痩せさせ、段々畑の造成は無理な傾斜地の開墾によって土地の治水能力を奪い、土砂流失と洪水被害を誘発する結果となり、それがやがて山林減少や土砂流出による山崩れを引き起こし、逆に農業の生産力を低下させることとなった[20]。90年代半ばの収穫不足による深刻な食糧難の発生や今なお断続的に引き起こっている土砂・洪水被害が、自然災害であるとともに「人災」であるとしばしば指摘されるのはこのためである。

70年代半ばにはまた、それまでに確立されていた金日成による権力掌握と彼が創始したとされる「主体思想（ジュチェササン）」が国家の唯一指導（権力）・思想として絶対化される動きが進行した。このような動きは金日成の後継者として内定した金正日（キム・ジョンイル）によって担われ、「指導者―独裁党（朝鮮労働党）―人民」の単線的で一方向的な命令体系が構造化し、人びとはこの構造の中で「組織生活」と呼ばれる管理体系に包摂されることとなった[21]。こうして朝鮮では、指導者や党が重視し決定した政策・事柄は重点的かつ迅速に遂行されることが可能となったが、そうでなければ何事も等閑視される硬直的な色合いが濃い政策実行体制となった。環境問題への対応は経済発展や軍事化が重視されるなかで顧みられることは少なく、またこのような管理体系、政策実行体制のなかでは環境問題に限らず、下からの問題提起やNGO・NPOといった民間の活動が展開する余地も絶無となった。

その後も朝鮮では一層の経済発展に拍車をかける開発が進行した。78年に始まる「第2次7か年計画（1978～84年）」中には、「80年代の10大展望目標」という「冒険的な」経済成長の達成目標が設定されたが[22]、環境への負荷に対する具体的な政策が展開された形跡はない。続く「第3次7か年計画（1987～93年）」の実施直前には、「環境保護法」（1986年）が制定されることになるが、このことについては後述する。この計画期間内に「80年代の10大展望目標」を実現するとしたが、同期間中にはソ連・東欧諸国の社会主義市場の崩壊に直面し、その影響の直撃を受けた朝鮮では、目標を達成するどころか経済成長そのものに支障をきたすようになった。

こうした友好国との貿易・経済協力関係の途絶、国内の硬直的な政策実行体制に伴う非効率な生産状況の露呈、冷戦の終結による安全保障環境の急変に起因する国防への多大な資源の投入[23]、そして冷・水害や土砂災害による穀物の収穫不足などにより、90年代を通じて朝鮮では未曽有の経済停滞・食糧不足に見舞われることとなった。そこでは、国家配給制度の瓦解によって自ら食料や燃料を確保する人びとがあふれ出し、過度な収穫・採取や過伐採が全国的に行われた。こうしてこの時期にはますます山林減少を促すこととなった。

以上のように、朝鮮の環境を悪化させてきたと考えられる諸要因の第一に、韓国との対抗関係を前提にした自国の経済成長のための開発と工業化が挙げられる。そして第二には、「自然改造事業」や「全国土の要塞化」、「自然改造五大方針」など、政策的に自然環境へ負荷を強いてきた史的展開を指摘することができる。そして第三に、朝鮮戦争による自然破壊や冷戦終結を遠因とする食糧不足に対応するための過大な採取・伐採など、半ば不可避で半ば人為的な事態を挙げることができる。加えて、南北朝鮮の分断対峙の現実と国内における上意下達なシステムが環境問題の認識や対応を遅らせている点も諸要因の一つに数えることができるであろう。

（3）環境をめぐる史的展開の概略

他方で、朝鮮では場当たり的対応は否めないものの、環境問題対策に腐心してきた事実も垣間見られる。自然環境を含む自国の豊かな資源を強調することは、人びとに民族的誇りと自負を抱かせ、愛国心を育てると認識する朝鮮では、建国以来断続的に自然保護区を設定し、景勝地や動植物、海岸資源等を保護してきた。1954年に妙香山（ミョヒャンサン）を自然保護区に指定したのはその嚆矢であり、63年には国際自然保護連盟（IUCN）に加盟している。

その後、1970年代初頭に公害問題が持ち上がってきていたことについてはここまでで幾度か述べたが、この際には工場・企業所の分散配置、住宅と工場の隔離建設、工場に水質汚染・煤煙防止設備の設置を行うなどで対応したことが金日成の演説から窺うことができる[24]。その数年後には、「公害科学研究所」が設立されていることから（77年12月）、その後も公害が深刻化したものと考えられる。またこの時期には対外的な環境協力も始まり、78年3月には中国と「豆満江汚染防止条約」を締結し、80年には平壌にUNDPの事務所を開設している。

こうした初歩的な対応に比して、朝鮮で環境問題が本格的に認識され、対応が取られ始めた起点は86年4月9日に「環境保護法」が制定されたことに求められよう。制定翌日に金日成は、「環境保護法が採択されたことにより環境保護分野ですでに成し遂げた成果を法的に打ち固め、わが人民らに自主的で創造的な生活を享受させ、立派な自然環境を保証してやるとともに、後代に対して一層美しい祖国江山を引き継ぐことのできる法的な担保が整いました」と述べ、法令制定の意義を主張している[25]。この法令では、自然環境保護区・特別保護区の指定が明記されているほか、環境汚染観測所・気象水文観測所の設置、下水処理施設の設置、主要連合企業所での公害防止施設の設置など環境汚染防止のための具体的な措置が定められている。さらに環境保全のための機関ごとの指導管理体制やその保全に反する行為の罰則も取り決められている[26]。また同年にはロシアとの間で「気象水門及び自然環境分野共助協定」を締結している。

90年代に入ると、環境保護秩序に関わる犯罪や罰則を刑法に補充するとともに（1990年12月）、92年に憲法を修正補充した際には環境汚染防止、自然環境保全に関わる条文を制定するなど（第57条）、その後の環境に関わる各種法令化の体系準備が進められた。また、同年中には国連環境開発会議に初めて参加して、「国連気候変化枠組条約」と「生物多様化条約」に調印するとともに（1994年10月批准）、中国との間で「環境保護及び国土管理総局間の協力協定」を締結した。さらに、その翌年には政務院（内閣）の下に「環境保護委員会」が設置され、法令の実質的な運用が図られることになった。

このように、「環境保護法」の制定を端緒として環境関連の法制化は進行したものの、前項で述べた同時期の経済停滞・食糧不足による過度な採取や伐採、またこのことによる土砂流出、山崩れによって山林の荒廃は一層進んだ。したがって、96年8月11日には金正日が国家行政（内閣）を指導する朝鮮労働党中央委員会において「党の国土管理政策が満足に貫徹されていません」と苦言を呈することとなった。とくに山林の荒廃は深刻であるとしながら江・河川や道路管理にも言及し、環境保全を通じた国土管理事業の改善強化を主張した[27]。この談話を契機に、翌月には「国土環境保護部門及び関連部門活動家大会」が開催され、10月23日を「国土環境保護記念日」に制定することとした。また、10月には内閣に省庁級の「環境保護部」が新設され、その後数年をかけて国土環境保護、水・漁業・農業の各資源保護、公衆衛生、動物保護に関わる法令が制定された。さらに、98年には中国との間で「環境協力協定」を結んだ。

続く2000年代初めには、国際会議に参加して「生物多様性条約履行の歩み」と題する報告書を発表するとともに、UNEP報告書を公表している。その後、UNEP報告書に記載された勧告に従い、各種環境関連法令を充実させる[28]とともに、内閣を中心とした指導体制の拡充を図ってきたものの、朝鮮の核兵器開発問題をめぐる朝鮮と国際社会との衝突や国際制裁に対する朝鮮の反発によって、国際制裁下における経済運営や国防への偏りのある資源の投下、環境分野を含む多くの国際協力の減退が生じ、環境改善の実効性は高くない現状となっている。事実、2015年2月26日には金正恩が「苦難の行軍」時期（1996年1月～2000年10月）からの山林資源の著しい減少を認め、樹林化・園林化を中心とする10年内の「山林復旧戦闘」を指示しているような状況にある[29]。

2　統計データ・UNEP 報告書に見る朝鮮の環境に関わる現状

（1）統計データに見る朝鮮の環境に関わる現状

本節では、公開情報として利用可能な統計データ[30]と UNEP 報告書を手掛かりに、朝鮮の環境状況を素描してみることにする。

朝鮮には、12.3 万㎢の国土に 2,513.2 万人の人びとが生活を送っており、人口密度は約 205 人／㎢である。これに対して韓国は 5,160.7 万人の人口を擁し、人口密度は約 514 人／㎢であるから、比較すれば人口は韓国の約半分、人口密度は 4 割程度である（以上、2018 年現在）[31]。だが、既述のように国土の約 8 割は山地であるため、朝鮮もまた人口の密集度は高いと言えよう。他方、国民総所得（GNI）を指標に経済力を比べてみると、朝鮮が全体で約 174 億ドル、1 人当たりで 686 ドルなのに対して、韓国は同様に 9,200 億ドル（朝鮮の約 53 倍）、17,671 ドル（同約 26 倍）であり、数十倍の開きがある。このような非対称性は、経済力に準じた産業構造やエネルギー供給量にも見て取ることができ、朝鮮の産業構造は、第一次産業が 23.3％（2.0％）、第二次産業が 40.7％（37.3％）、第三次産業が 41.5％（60.7％）の割合である[32]。また、一次エネルギーの総供給量は 1,124 万 toe（30 億 2,065 万 toe）で、1 人当たりでは 0.45toe（5.87toe）である（以上、2018 年現在。いずれもカッコ内は韓国の数値）。これをエネルギー種別でみると、石炭が 603 万 toe で全体の 53.7％を占め（8,618 万 toe、28.5％）、以下同様に水力が 298 万 toe で 26.5％（149 万 toe、0.5％）、薪炭・廃棄物加熱が 126 万 toe で 11.2％（数値なし）、石油が 97 万 toe で 8.6％（1 億 1,940 万 toe、39.5％）となっている（以上、2017 年現在。いずれもカッコ内は韓国の数値）。つまり、朝鮮の電力供給は温暖化対策の「諸悪の根源」とみなされている石炭を利用した火力発電に多くを依っていること、家庭や自力更生による工場・企業所の燃料消費と思われるが、温室ガスを発生させやすい薪炭・廃棄物加熱による供給量が多いことなどの特徴を有している。

こうした非対称な経済規模に応じて、朝鮮の二酸化炭素の排出量は総量で

2,540万トン（5億8,920万トン）、1人当たりでは1.0トン（11.5トン）である（2016年現在。いずれもカッコ内は韓国の数値）。これは韓国に比べてエネルギー消費が圧倒的に少なく、とくに石油の供給量は韓国に比べ100分の1以下であることが作用しているものと思われる。また、例えば排ガスの発生要因である自動車の登録台数を比較すると、韓国の2,252.7万台に対して朝鮮は28.4万台である（2017年現在）。なお、二酸化炭素の排出率を産業別に見てみると、電力及び熱生産が16.2%、製造業及び建設業が61.4%、運輸業が3.5%、住居用建物・産業及び公共サービスが0.3%、その他が18.5%となっている[33]。他方で、朝鮮のメタン排出量は189億8,342万トン（265億4,700万トン）、総体としての温室ガスの排出量は1,098億9,497万トン（6,871億2,600万トン）であり、存外韓国と大きな開きはない（2012年現在。いずれもカッコ内は韓国の数値）。この主な要因は、先述したように石炭火力発電に偏ったエネルギー供給を行っていること、家庭用等の燃料供給手段として薪炭を多用していること、温室ガスの発生を抑制する措置や技術が未熟なことなどが考えられる。その他の朝鮮における統計データに関しては、巻末の「アジアの環境問題関連データ集」を参照していただきたい。

（2）UNEP報告書に見る朝鮮の環境に関わる現状

次に、『朝鮮版環境白書』と称されるUNEP報告書を通じて、朝鮮における主要な環境問題を整理しておこう[34]。UNEP報告書は、パートⅠ～Ⅴの4章＋付録で構成されており、それぞれの章は、「要約」、「環境をめぐる主要な開発や動向の概観」、「鍵となる環境問題」、「結論（優先的課題と提言）」と題されている。要約では、森林の減少、水質の悪化、大気汚染、土壌の劣化、生物多様性の5つが朝鮮における主要な環境問題として挙げられており、パートⅢ（3章）ではその環境問題順に現地調査・研究で得られたデータや成果が記載されている。

森林の減少では、その要因を食糧需要の増大または食糧難による過剰な開墾、エネルギー需要の増大による薪の採取、森林火災による消失、急斜な森林地帯での豪雨に伴う地滑りや干ばつなど自然災害の多発による喪失、そして害虫被害であるとしている。具体的には、食糧難が進行していた90年代

表 2-2　季節ごとの大同江の汚染状態（1999.12-2000.9）

	冬1999.12	春2000.4	夏2000.7	秋2000.9	年間平均
COD（化学的酸素要求量、mg/l）	0.73	2.14	1.33	0.78	1.25
NH_4-N（アンモニア態窒素、mg/l）	0.20	0.27	0.87	0.08	0.35
Cl（塩素、mg/l）	10.0	7.2	8.4	8.4	8.7
大腸菌群（no./l）	68,500	311,666	4,847	2,300	96,828

原出所：Hong Chun Gyong, *Study on assessment of water environment and improvement of water quality in a confined water basin,* Pyongyang, DPR Korea, Environment and Development Center, 2000.
出所：UNEP報告書、30頁。

に薪の消費量が 90 年の 300 万㎥から 96 年の 720 万㎥に倍増したほか、外貨獲得のため木材を伐採して中国向けに輸出されるようになったことを挙げている。また、森林火災は 96 年と 97 年の 2 年間に 911 件発生し、その結果 460㎢の森林が消失したという。

水質の悪化では、とくに 90 年代末ごろからの河川の汚染が深刻であるとし、未処理の工場排水並びに生活排水の大量排出、河川流量の減少による自然浄化力の弱化がその原因であると指摘している。加えて、国家に財政的余裕がなく、排水処理施設が未整備であることも遠因になっている。また、河川の汚染では、とりわけ平壌の中心を流れる大同江が深刻で、下流部では赤潮や青潮が発生しているという（表 2-2）。

大気汚染では、朝鮮における主要エネルギーとしての石炭消費が主な汚染源であると主張され、二酸化硫黄（SO_2）、窒素酸化物（NO_x）、浮遊粒子状物質（SPM）、降下煤塵が汚染物質の主体であるという。具体的には、二酸化硫黄の場合、89 年から 98 年にかけて平壌市の船橋（ソンギョ）区域、平川（ピョンチョン）区域、牡丹峰（モランボン）区域北塞（プクセ）洞、中（ジュン）区域蓮花（リョンファ）洞、大城（デソン）区域龍興（リョンフン）洞、大同江区域清流（チョンリュ）洞の 6 つの地点で観測が行われ、すべての地点で環境基準を超えた年が見られるような状況であるとしている。また、二酸化窒素（NO_2）は 94 年から 98 年までの平壌市の観測データが掲げられており、98 年を除けばすべての年で環境基準を超えていることが分かる。さらに、浮遊粒子状物質は 93 年から 98 年までの間に、平壌市では平均して 62.6％減少したものの、2000 年夏の濃度は 0.14ppm 前後、冬の濃度は 0.35ppm 前後と、環境基準の 0.05ppm を大き

表 2-3　平壌周辺の農地の酸性化レベル

（%）

	pH4以下	pH4～5.5	pH5.5～6.5	pH6.5～7.5	pH7.5以上
湿地	0.5	4.8	13.17	77.1	3.9
乾燥地	1.6	6.6	14.7	66.4	0.5
果樹園	25.4	22.6	18.1	29.7	4.2
桑農地	13.6	20.4	15.4	45.4	5.2
平均	3.7	7.6	14.8	66.9	7.0

原出所：Park Ok In, *Study on Soil Pollution by Heavy Metal in Pyongyang and Nampo Area,* Pyongyang, DPR Korea, Environment and Development Center, 2000.
出所：UNEP報告書、47頁。

く上回る結果になっていることを明らかにしている。ちなみに、冬の濃度が夏の倍以上高いのは、暖房の燃料として石炭または練炭の消費が急増するためであると考えられる。

土壌の劣化では、とくに農地が化学肥料の使用によって酸性化し、肥沃度を弱めていることが指摘されている。また、その他の土地では洪水や地滑りなどによって劣化が激しいという。表 2-3 は平壌周辺のみのデータであるが、農地の酸性化レベルを示している。

生物多様性では、断続的に発生している洪水や地滑りなどの自然災害による土壌侵食、農地の拡張や薪採取の増加、山火事の多発等による山林の減少、そうした生息地の浸食のほかに人口増加や気候変動などが遠因となって、生物種の多様性が失われているとしている。もとより、朝鮮は韓国と比べても生物種が豊富な地域であり、脊椎動物が 1,431 種確認されているなかで、魚類が 865 種、両生類が 17 種、爬虫類が 26 種、鳥類が 416 種、動物種が 107 種に上る。また、植物種は 8,875 種を数え、このうち固有種は 315 種に上る（ハイブリッドなどを含めると 542 種）。このなかで絶滅危機野生生物とされるのは、哺乳類で 36 種、鳥類で 100 種、両生・爬虫類で 14 種、魚類で 33 種である。加えて、絶滅の危機に瀕している希少植物 158 種のうち、48 種が固有種である[35]。

以上が UNEP 報告書のパートⅢ（3 章）の概要であるが、その次章の結論では改めて前章で挙げた環境問題順に重点課題を列挙するとともに、いくつかの提言を行い、報告書を締めくくっている。そのいくつかの提言とは、第一に環境関連法制の制定と補充、第二に環境管理メカニズムとその機能の改善・強化、第三に環境分野への財政投資、第四に優先課題に焦点を合わせた環境をめぐる科学技術研究、第五に環境モニタリングと統計システムの確立、第六に獲得した環境データ・情報の国家の政策や計画への活用、そして第七に環境分野における二国間または多国間の国際協力である。これらが総合的には朝鮮の環境問題対策における課題であるとみなすことができる。

3　朝鮮現地での初歩的な実見観察・聞き取り調査の紹介

本節では、筆者自身が朝鮮現地で行った初歩的な実見観察、聞き取り調査で得た成果を記述することにする。とはいえ実見観察で言えば、移動時や数多くの訪問先で目にしたすべてが対象となり得るが、それをここで紹介することは困難なため、一部の工場・企業所で観察した内容を記載するにとどめる。また、聞き取り調査も同様で、ここでは2018年7月に国家科学院科学技術交流局で行ったインタビューの内容を紹介するにとどめる。

ところで、朝鮮では現地の人びとでも組織生活に従い、任意の国内移動や調査活動が制限されているように、外国人である筆者が単独で自由な移動・活動を行ったり、特定の人物・組織にアクセスしたりすることは非常に困難である。それでも、対外的な窓口となっているいくつかの組織・機関を通じて、事前にアクセスしたい人物・場所を目的とともに申請し、許可が得られれば、特定の地域や場所、農場や工場・企業所、研究所などを訪れ実見観察をすることができ、必要な人物と面談を行うこともできる。その際に、単独であれ複数であれ、朝鮮に滞在中の間は必ず窓口組織・機関から派遣された案内員が２名随行する。この２名は穿った見方をすれば監視役と言えるが、もとより現地では自由な移動が制限されていて平壌市への出入りや道（日本の都道府県に該当する行政単位）の境には哨所が置かれており許可がなければ通過できないほか、組織生活により極度な縦割り社会となっている朝鮮ではどこを訪れるにせよチェックが厳しいので、訪問者である外国人をスムーズに活動させるための潤滑油的な存在であるとも言える。ともあれ、こうした独特な制約を受けながら実施した実見観察、聞き取り調査であることをあらかじめお断りしておきたい。

（1）実見観察

平壌の300㎞程度北東に位置する咸興（ハムン）市郊外の興南（フンナム）区域に所在する「興南肥料工場」は、その前身が朝鮮窒素肥料の興南工場（1927年設立）であり、解放直後から朝鮮の化学肥料の供給を担ってきた。そこでは農業用肥料の素となるアンモニアを主に生成しており、それにより尿素、窒安、硫安の３種類の肥料を１日当たり約1,500トン生産している。アンモニアを生成する大規模工場にそびえ立つ巨大なアンモニア塔の煙突からは黄色がかった少し臭いを発する煙が濛々と排出されている。筆者からするとそれは嫌な臭いと煙たさを感じさせるが、現地で案内を乞うたアンモニア生成工場の元技術班長によれば、「国際基準規定に適合した防塵・排煙装置を煙突に設置しており、環境汚染はない」と言い切る。また、アンモニアの生成やそれを用いて肥料を生産する際に排出された廃棄物質、例えば灰は自己資源による自力更生が称揚されるなかで、工場内の管やタンクなどを作る際に再利用され、外部に廃棄して環境に負荷を与えることはないという。

平壌市とその南西の南浦（ナンポ）市との境に位置する南浦市千里馬（チョルリマ）区域に所在の「千里馬製鋼連合企業所」は、その前身が三菱鉱業平壌製鋼所であり、この連合企業所の中核に位置する旧降仙（ユンソン）製鋼所も解放直後から出鋼を担ってきた。なお、朝鮮における連合企業所とは大まかに言えば、生産工場・企業とそれを利用して生産を行う工場・企業の連合体のことである[36]。この連合企業所では、鋼鉄生産能力・鋼材生産能力ともに60万トンを誇っており、鋼種は180種、品種は150種の生産を行っている。鋼鉄生産では電気炉を用いているのがこの製鋼所の特徴であり、「電気だから環境に有害な粉塵は発生しない」と現地の案内員は言う。しかし、電気炉が稼働している間中、灰色の煙が工場内に立ち込め、周囲にも漏れ出している。その煙が有害かどうかは判断できないが、何の措置もなしに排出していることは明らかであった。電気炉が設置されている工場内の床には粉塵が堆積しており、工場内の環境に配慮するよりは生産優先であることが垣間見られた。

平壌市楽浪（ランラン）区域に所在する「平壌ナマズ工場」は、環境に配慮した模範工場として2002年４月に竣工式が行われた朝鮮では比較的に新しい水産工場である。環境に配慮した工場と称されるのは、温水を好む2,000トンのナマズを養殖する水を、隣接する火力発電所の排水を用いて温めているからである。また、火力発電所の排水は必ずしも一定温度ではないため加熱が必要となるが、その際に熱加熱、太陽光加熱、熱ポンプ、自動熱供給の４つの手法で行っており、そのいずれも電力源が隣の火力発電ではなく、太陽光発電によるものだからである。工場内にはナマズを養殖する野外飼育場や食用ナマズの加工施設のほか、食用に処理されたナマズを保管する巨大な冷凍設備も並んでいるが、それらの電源も太陽光発電で賄っているという。

(2) 聞き取り調査

朝鮮では環境をめぐる問題に対して、それが問題提起されれば党中央委員会で大まかな対応が協議され、その上で内閣に解決が委ねられる。内閣ではその傘下の国土環境保護省が政策立案を行い、その下にある山林保護総局、河川局、道路局、国土計画局、自然監督局、環境保護局、自然災害防止委員会などの各部局・委員会が政策を執行する。これらは行政組織であり、このほかに研究組織として国土環境保護省傘下のいくつかの研究機関、そして国家科学院各局傘下の研究所があり、そこで国土と資源の保護管理、環境汚染防止などの研究が行われている。筆者が聞き取り調査を行ったのは、このうちの国家科学院科学技術交流局研究所の所員であるＡ氏である。なお、Ａ氏との面談の際、同院対外協調局の責任部員であるＢ氏、同局の部員であるＣ氏が同席した。Ｂ氏によれば、国家科学院でも環境関連の研究を幅広く行っているほか、国土環境保護省傘下の環境工学研究所、地球環境情報研究所とも連携して研究を進めているという。

Ａ氏には、第一に朝鮮の環境保全・問題をめぐる現状をどのように認識しているかについて、第二に朝鮮が重視しとくに取り組んでいる環境保全分野について、第三に朝鮮特有の環境技術について、そして第四に朝鮮における国際環境協力について尋ねた。第一の点については、「現状認識を明らかにする前に、朝鮮では環境保護に着目した先覚者は金日成主席であり、その業績についてまず話したい」と述べた。その上で、朝鮮における環境保全・問題を認識した契機は環境保護法の制定（1986年）であり、これは60年代の急激な経済開発が一段落し、「すべての法を環境保護的に、また山海を利用して等しく発展する方向を打ち出し、さらに生態観光を射程に収めた環境保護的な観光開発が世界的な趨勢であり、その流れに乗ったものであろうと思う」との見方を示した。また、朝鮮の環境問題については、「UNEPに提出した報告書を参照してもらえばよい」、「そんなに大きく変化しているところはなく、先ごろ国家の機関として『自然エネルギー研究所』が創設されたが、そこで風力、バイオ、地熱発電の研究が進められるようになった。新たな動向はそのぐらいだろう」と語ってくれた。

第二の点については、水質保全の分野と山林保全の分野であるという。前者の分野では、「とくに水質汚染が深刻であり、大同江問題が提起されている。これは支流から工業排水が流れ込む汚染を如何に遮断するかという問題で、都市における環境汚染問題である」。「また地域で起こる環境汚染もあり、これを朝鮮では『点汚染』と呼んでいる。生活水がもたらす汚染も問題で、下水は地域ごとに分割して浄水場に流しているが、浄水場が弱化すると、河川へ流れ込み汚染源となる」。こうした状況に対して、政府は「工場排水を浄化する装置を手当てしたり、浄水場を強化する措置を行ったりしている」そうであるが、実態は次のように自力更生が称揚されている。「自力で汚染を食い止めた事例として、大同江麦酒工場がある。そこではあるときに浄水器の異臭が1か月ほど治まらず問題となった。工場では技術長が日本から新しい技術を取り入れ、酸素を注入する方法で異臭騒ぎを解決した。技術長の仕事の半分は、こうした工場からの点汚染を食い止めることである。これができなければ、工場には罰金が科せられる」。

後者の分野では、「『田舎』のほうでこっそりと過伐採や薪採取などの破壊が行われている」そうであり、これを政府が取り締まっている。また、「UNEP報告書で指摘されているように、山火事や山崩れなどの山林破壊問題が引き続き提起されており、これに対処するために金正恩同志が10年計画の『山林復旧戦闘』を指示するとともに、7年間の山林普及活動を展開している」ということである。

第三の点については、A氏が生態環境の専門家ということで「よく分からない」とのことであったが、「聞いたところでは、平壌火力発電所の防災害工場では機関や単位ごとに汚染防止の技術開発が行われ多くの成果を得ているという。またゼロエネルギーに成功した事例として、ポンプを使わずに川の流れを利用して、水車で水をくみ上げ灌漑水として利用するという研究成果が知られているが、そうしたことなどが朝鮮特有の環境技術ではないか」と語ってくれた。

そして第四の点については、「リオの条約、気候変動条約、生物多様性条約に参画して協力に努めている。条約に関連する議論の場に出席して討論を行ったり、報告書を出したりしている。もちろん、環境問題に関わる国際的なプロジェクトにも参加している。UNEP や EU（欧州連合）が 2000 年ごろから主導している活動にも参画していたが、経済制裁の影響でストップしている。そのほか、海外の小規模な NGO 組織、IPCC（国連気候変動に関する政府間パネル）、国際鳥類連盟などとの交流がある」とのことである。また、A氏自身も「ナイロビにおいて主導的に行われている IPCC の生物多様性の部会に参加したことがあるほか、渡り鳥調査の国際会議で日本野鳥の会などとの交流を持った」という。さらに、「開発と環境保護の両立という問題は大変厳しい問題で、世界にはその先進的な取り組みがあるだろうから、世界の技術者や研究者と連携して、国内の活性化を行いたいのだが、今の情勢ではそれが叶わない。とりわけ日本とは隣国だから、環境方面での交流を行いたいと考えている。実際、1980 年代末から 90 年代にかけては盛んな交流があった。しかし、日本は朝鮮に対する敵視政策を行っている。朝日関係については日本側が解決する問題だと考えている」と語った。

以上のように、初歩的な実見観察では、現地で許可された特定の工場・企業所ながら、一方では環境保護法に規定されるように、点汚染を食い止めようとする工場・企業所なりの努力を、他方では生産を優先せざるを得ない環境への考慮と増産要請のせめぎ合いの現実を垣間見ることができる。また、当然のことではあるが、環境に対して徹底的に思慮した工場も朝鮮において現れ始めていることが明らかとなった。そして、聞き取り調査では、UNEP 報告書に記載された環境問題が 15 年を経た現在でも変わらず問題視されているが、政府の対応は後手に回っており、汚染の発生もその防止もともに現場に集約している現実を確認することができる。政府もまた汚染防止のための措置を施したり、研究開発を進めたり、また環境破壊に対する取り締まりに尽力したりしているが、穿った見方をすれば、国際環境協力の現況のように、「今の情勢」を言い訳にして、その場しのぎ的対応となったり、現場任せの対処になったりしている現実が潜んでいるのではないか。

おわりに

朝鮮の環境問題には、過剰な収穫・採取と過伐採、山崩れ、森林火災などによる森林の減少、工業・生活排水の垂れ流しと浄化能力の欠如による水質の悪化、石炭火力発電と薪炭を燃料とすることによる大気汚染、密植や化学肥料の多用、土砂災害による土壌の劣化、そして人間が生態域を侵食してきた結果としての生物多様性の危機といった難題が存在する。これらは総じて国土の開発と経済論理を優先した工業化の史的展開がもたらしたものである。その過程では、戦争による大規模な自然破壊や政策的な自然改造も行われた。また、国土の開発や工業化の背景には、分断国家であるがゆえの韓国との対峙・対抗関係が潜んでおり、その関係への対処が最重要視され、莫大な国力と人力、能力と資源が注がれ、加えて軍事化されてきた現実がある。さらに、分断国家という現実のなかで社会主義・共産主義を掲げる自国主導の統一を至上命題としてきた過程では、国家の指導者を中心に単線的で一方向的な命令体系が構造化され、人びとは社会主義・共産主義建設のための生産または管理を追求する国家と関係なく生きる自由を厳しく制限する「組織生活」に包摂されてきた。

以上のように、朝鮮の環境問題をめぐる状況を概括すると、北東アジア地域の環境問題の背景として等しく見られる長年の人間中心主義に基づく自然改造と開発優先主義、石炭火力発電に傾斜したエネルギー供給体制などのほかに、朝鮮特有の環境問題を放置させてきた要因を見出すことができる。環境問題は、しばしば国内・国際政治状況とは関係なく、国際協力・提携可能な分野であると主張される。だが、朝鮮の環境問題は国内・国際政治状況と複雑に絡み合っており、環境問題に注視した対症療法では問題が解消することはないだろうと展望せざるを得ない。

[注]

1　金日成「我が国の科学技術を発展させるための幾つかの課業：自然科学部門幹部協議会で行った演説（1972年12月5日）」『金日成著作集18』朝鮮労働党出版社、1984年、521-522頁［朝鮮語］。

2　三村光弘『現代朝鮮経済：挫折と再生への歩み』（ERINA北東アジア研究叢書6）日本評論社、2017年、22-24頁。

3　南北朝鮮の経済力比較の推移に関しては、黄義珏『韓国と北朝鮮の経済比較』大村書店、2005年、128-129頁を参照。また、朝鮮の農村人口・都市人口の推移、電力生産比率の推移、産業別二酸化炭素排出率の推移に関しては、韓国統計庁ホームページ「北韓統計」http://kosis.kr/bukhan/statisticsList/statisticsList_01List.jsp（2019年9月10日アクセス）を参照。なお、これら統計の出所は世界銀行（World Bank）である。

4　UNEP報告書は以下のサイトで閲覧・ダウンロードすることができる。UN environment Document Repository、https://wedocs.unep.org/bitstream/handle/20.500.11822/9690/-DPR_KOREA_State_of_the_Environment_Report-2003DPRK_SOEReport_2003.pdf.pdf?sequence=3&isAllowed=y（2019年9月10日アクセス）。

5　以上のデータの出所は、注3に同じ（韓国統計庁ホームページ「北韓統計」）。元山の年間平均降水量は1980～2017年のデータを筆者が平均したもの。

6　キムチャンソン『朝鮮に対する理解（自然）』外国文出版社、2015年、1-3頁［朝鮮語］。

7　注5に同じ。

8　1400年代初頭に600万人足らずの人口であったのが、1600年代半ばには1,000万人を突破し、1700年代中葉には1,800万人以上の人口を擁したと推定されている。韓国教員大学歴史教育科、吉田光男監訳『韓国歴史地図』平凡社、2006年、108頁。

9　火田は植民地時代にも継続して行われ、森林被害・林野荒廃の一因として植民地行政に認識されていたようである。一方、この被害・荒廃の対抗策として打ち出された植樹・植林に対して朝鮮の人びとは、「永年公山無主の観念の下に生活し」、「愛樹愛林の念が極めて薄く、かつ植林の利益を理解せず、かえってこれをいやしみきらう風習」を有していたという。財団法人土井林学振興会編『朝鮮半島の山林―20世紀前半の状況と文献目録―』財団法人友邦協会、1974年、65-67,71頁。

10　日本が植民地時代に朝鮮半島北部に建設・所有した生産施設は、解放前後に一部が日本人による破壊に遭い、またソ連軍による没収を余儀なくされたが、その多くは朝鮮に移譲され、今なお活用されている施設もある。中川雅彦『朝鮮社会主義経済の理想と現実：朝鮮民主主義人民共和国における産業構造と経済管理』アジア経済研究所、2011年、56-65頁。なお、同書の59-62頁には、「北朝鮮における日本人所有の主要生産施設」のリストが掲載されている。

11　金日成「普通江改修工事着工式で行った激励辞（1946年5月21日）」『金日成著作集2』朝鮮労働党出版社、1979年、228-230頁［朝鮮語］。

12　金日成「山林造成事業を全群衆的運動に力強く広げよう：紋繡峰での植樹に参加した幹部に行った談話（1947年4月6日）」『金日成著作集3』朝鮮労働党出版社、1979年、202-207頁［朝鮮語］。

13　解放後の朝鮮半島では、米ソ両国の分割統治（信託統治）により統一独立国家を形成することが目指されていた。だが、1946年3月に「米ソ共同委員会」が決裂し、この時点で事実上、信託統治構想は挫折していた。

14 金学俊著、Hosaka Yuji 訳『朝鮮戦争：原因・過程・休戦・影響』論創社、2007年、394頁。

15 この時期、播種面積は1946年を100として、1953年までに119%の拡大であったのに対して、1960年までには143%拡大した。また、灌漑施設は1953年から1960年にかけて貯水池が6.1倍、揚水場が4.4倍、堰が70.0倍増設され、灌漑面積は1949年を100として1960年までに510%拡大した。『朝鮮民主主義人民共和国 国民経済発展統計集（1946-1960）』外国文出版社、1961年、74, 80頁［日本語］。

16 この時期、国営工業企業所は1954年の742箇所から2,254箇所に増加した。また、農村・都市人口の構成は、1953年12月1日の農村人口82.3%：都市人口17.7%の比率から、1960年末には59.4%：40.6%に急変した。さらに、住宅建設は都市・農村を問わず、1954年から1960年にかけて5.8倍もの面積で拡大した。同上、20,36,119頁。なお、同時期には、同じく「自然改造事業」の一環として造林も継続実施された。造林面積は1946年を100として1960年には445%の拡大を見たほか、植樹本数は1946年の7,600万本から1960年には4億7,300万本に増加した（1946年を100として621%の増加）。同上、100頁。

17 この統計によれば、朝鮮のGNPを韓国が追い抜くのは1976年のことである。また、同様に1人当たりのGNPが追い抜くのは1986年のことである。

18 1964年5月2日、慈江道（ジャガンド）を訪れた金日成は、「慈江道一帯は地下資源開発において処女地であると言える……慈江道では党の方針通りに、地質探査事業（探鉱）を全群衆的運動として展開しなければなりません」（カッコ内は筆者）と述べている。金日成「山と河川を上手く利用しよう：慈江道 道、市、郡党責任幹部協議会で行った演説（1964年5月2日）」『金日成著作集18』朝鮮労働党出版社、1982年、304-305頁［朝鮮語］。

19 金日成「1,000万トンの穀物生産目標を達成するための自然改造事業を力強く展開することについて（1976年10月14日）」『金日成著作集31』朝鮮労働党出版社、1979年［朝鮮語］。なお、朝鮮における「主体農法」という用語の初出は、1974年11月27日のことである。飯村友紀「北朝鮮農法の政策的起源とその展開―「主体農法」の本質・継承を中心に―」『現代韓国朝鮮研究』第2号、2003年2月、47頁。

20 金成勲・金致泳共著、三浦陽子訳『北朝鮮の農業』農林統計協会、2001年、29-32頁。

21 朝鮮の人びとは、唯一指導・思想体系のなかで、社会主義・共産主義建設のための生産または管理組織に必ず所属することになっている。その所属内での集団生活を「組織生活」と言い、組織生活は人びとの公私にわたる活動領域のほぼすべてを規定している。

22 前掲、『現代朝鮮経済』25頁。

23 同上、25-26頁。

24 注1に同じ。

25 金日成「環境保護事業を改善強化することについて：国家行政経済機関責任幹部らに行った談話（1986年4月10日）」『金日成著作集39』朝鮮労働党出版社、1993年、376頁［朝鮮語］。

26 『朝鮮民主主義人民共和国法典（大衆用）』法律出版社、2004年、957-965頁［朝鮮語］。

27 金正日「国土管理事業で新たな転換を巻き起こすことについて：朝鮮労働党中央委員

会責任幹部らと行った談話（1996年8月11日）」『金正日全集14』朝鮮労働党出版社、2000年、203-208頁［朝鮮語］。

28　少なくとも、2012年には4本、2013年には10本、2014年には5本、2015年には3本の環境関連法令が新たに制定されるか修正補充されている。『朝鮮民主主義人民共和国法典（増補版）』法律出版社、2016年［朝鮮語］。

29　金正恩『全党、全軍、全人民が山林復旧戦闘を力強く繰り広げ、祖国の山々に青々とした樹林を生い茂らせよう：党、軍隊、国家経済機関の責任幹部らに行った談話（2015年2月26日）』朝鮮労働党出版社、2015年、1-14頁［朝鮮語］。

30　ここで使用する統計データは、すべて韓国統計庁ホームページ「北韓統計」http://kosis.kr/bukhan/statisticsList/statisticsList_01List.jsp（2019年9月10日アクセス）からのものである。

31　こうした人口状況のなかで、朝鮮の都市化率は61.9%、韓国の都市化率は81.46%である。

32　朝鮮の第二次産業40.7%のうち、鉱業10.6%、製造業18.8%、電気・ガス・水道業5.4%、建設業5.9%である（韓国の第二次産業37.3%のうち、鉱業0.1%、製造業29.2%、電気・ガス・水道業2.1%、建設業5.9%である）。また、朝鮮の第三次産業41.5%のうち、政府機関が24.6%を占め、卸・小売業、飲食業、宿泊業、運輸業、通信業、金融・保険業、不動産業などが8.5%を占める。

33　小数点以下3位までの数値を小数点以下1位で四捨五入し表示しているため、必ずしも合計が100%にはなっていない。

34　UNEP報告書を参照し、朝鮮の環境問題を論じた研究は日韓ともに数多い。とりわけ朝鮮の環境問題を取り上げた日本の先行研究は、ほぼUNEP報告書に依拠しているといっても過言でない。かかる研究の代表的なものとして、川名英之「北朝鮮の環境問題」『資源環境対策』第41巻第1号（通巻557号）、2005年1月、132-135頁。川名英之「続・世界的環境問題 北朝鮮」『INDUST』第20巻第1号（通巻207号）、2005年1月、50-53頁。崔順踊・山下英俊「朝鮮民主主義人民共和国：知られざる環境面の実態」日本環境会議／「アジア環境白書」編集委員会『アジア環境白書 2006/07』東洋経済新報社、2006年、169-188頁。川名英之「北朝鮮の環境の現状」川名英之著『世界の環境問題―第8巻 アジア・オセアニア―』緑風出版、2012年、392-402頁。また、韓国における代表的な先行研究として、ソンギウン「北韓の環境観と環境政策」北韓研究学会編『北韓の社会（北韓学叢書5）』景仁文化社、2006年、511-549頁［韓国語］。この項ではUNEP報告書の内容をごく概括的にしか紹介していないため、詳細は報告書及び以上の先行研究を参照していただきたい。

35　UNEP報告書には、朝鮮の多様な生物種の記載は見られるものの、このうち絶滅危機野生生物が幾種類あるのかについては明記されていない。そこで、絶滅危機野生生物種の具体的な数字については、韓国統計庁ホームページの「北韓統計」を利用した。

36　連合企業所について詳しくは、中川雅彦「連合企業の形成と発展」中川雅彦『朝鮮社会主義経済の理想と現実―朝鮮民主主義人民共和国における産業構造と経済管理―』アジア経済研究所、2011年、159-211頁。

［主要参考文献］

『金日成著作集』（第 2 巻、第 3 巻、第 18 巻、第 31 巻、第 39 巻）朝鮮労働党出版社、1979 ～ 1993 年［朝鮮語］。

『金正日全集』（第 14 巻）朝鮮労働党出版社、2000 年［朝鮮語］。

UNEP, DPR Korea: State of the Environment 2003, 2003.（https://wedocs.unep.org/bitstream/handle/20.500.11822/9690/-DPR_KOREA_State_of_the_Environment_Report-2003DPRK_SOEReport_2003.pdf.pdf?sequence=3&isAllowed=y）。

川名英之「北朝鮮の環境問題」『資源環境対策』第 41 巻第 1 号（通巻 557 号）、2005 年 1 月、132-135 頁。

川名英之「続・世界的環境問題 北朝鮮」『INDUST』第 20 巻第 1 号（通巻 207 号）、2005 年 1 月、50-53 頁。

崔順踊・山下英俊「朝鮮民主主義人民共和国：知られざる環境面の実態」日本環境会議／「アジア環境白書」編集委員会『アジア環境白書 2006/07』東洋経済新報社、2006 年、169-188 頁。

ソンギウン「北韓の環境観と環境政策」北韓研究学会編『北韓の社会（北韓学叢書 5）』景仁文化社、2006 年、511-549 頁［韓国語］。

川名英之「北朝鮮の環境の現状」川名英之著『世界の環境問題―第 8 巻 アジア・オセアニア―』緑風出版、2012 年、392-402 頁。

三村光弘『現代朝鮮経済：挫折と再生への試み』（ERINA 北東アジア研究叢書 6）日本評論社、2017 年。

column

国境と環境問題：厳格な国境管理のなかで（朝鮮半島）

朝鮮半島には、極めて厳格な国境管理がなされている特異な「国境」が３つ存在する。北方から中朝国境、軍事境界線（MDL）ないしは非武装地帯（DMZ）、そして竹島／独島（以下、竹島）である。

中朝国境はその名の通り中国と北朝鮮を分かつ国境であり、その全長は1,400㎞にも及ぶ。白頭山（中国名：長白山）を基点に、東は豆満江、西は鴨緑江が境界を形作っている。そうした自然国境で隔てられているものの、元来河川の両岸は行き来が頻繁な生活圏が形成され、河川の両側には国境と地形に沿って道路が伸長しているほか、鴨緑江岸には５箇所、豆満江岸には７箇所の口岸（出入国管理所）が設置されている。夏場には、河川で水浴びや洗濯をする人びとの姿、川幅の狭いところでは白昼堂々と密貿易のために対岸へ泳いで渡る猛者を見かけることができる。他方、埋め立てや砂利の採取などの開発に起因する河川の氾濫もしばしば引き起こされる。

河川の氾濫による被災から逃れる北朝鮮の人びと

軍事境界線は、朝鮮戦争（1950-53）の結果として韓国と北朝鮮を隔て画定した分割線である。それが「国境」でないのは、戦争が未だ終結していないからである。従って、軍事境界線を挟んで両側２㎞には、軍事的な敵対行為の再発を防ぐための緩衝地帯である非武装地帯が設定されている。この非武装地帯は、東西155マイル（約248㎞）、幅４㎞の帯であり、面積は907㎢の広大な領域である。その領域からさらに南北へ10㎞遠ざかった北方・南方限界線までを含めて、民間人の立ち入りは基本的に禁じられ、厳格に軍事統制されている。このため、他方で非武装地帯は「生態系の宝庫」として知られ、実際に朝鮮半島に生息する2,900種以上の植物のうちの1/3、70種余りの哺乳類のうちの1/2、320種の鳥類のうちの1/5がそこで発見されている。また、真鶴の渡来地でもあるが、開発の影響で干潟と湿地が

埠頭より見上げた竹島（東島）

減少し、えさを失い、次第に消えかかってもいる。そんな一面も覗かせる非武装地帯だが、推定200万個以上（北朝鮮側約80万個、韓国側約127万個）の地雷が埋設されており、軍事的緊張の絶えない場所でもある。

竹島は、日本と韓国（または北朝鮮）が相互に領有権を主張し合う日本海（韓国名：東海）上の島嶼である。元来、人の常住に適さない孤島であるが、1954年以降守備隊（現在は警察庁の独島警備隊）が常駐し、韓国が実力支配を行い現在に至っている。竹島は日本と韓国の境界ではあるものの、その両国を隔てる国境線や分割線が存在しない点で中朝国境や軍事境界線とは異なる。それゆえ、竹島周辺水域は比較的豊富な漁場が形成されるが、境界画定できないままに、日韓間では暫定水域（竹島周辺12海里を除き、相互通報による入漁が可能）が設定されている。また、竹島は植生に乏しいが、地質学的かつ海鳥の繁殖地としての学術的価値が高いことから、1982年以降韓国では天然記念物に指定され、環境的に保護されてきた。そこでは、入島者による楽器・マイクの使用、定められた場所以外の立ち入り、土壌・岩石・動植物・水産物の持ち込みと持ち出しが厳しく禁じられている。他方で、竹島問題の再燃に伴い、2005年からは「独島観光」が始まるなど、徐々に人の手が加わりつつある。

（福原裕二）

【参考文献】

環境部『2019環境白書』環境部、2019年。
福原裕二「中朝国境の動向に見る“北朝鮮”」『NEAR News』第45号、2014年3月、6-8頁。
福原裕二『北東アジアと朝鮮半島研究』国際書院、2015年。

column

韓国の環境問題と日本：「環境災難学」の着想

韓国の環境問題をめぐる展開は、しばしば日本の経験の後追いであるとか、その圧縮した形であるとか言われる。無論日本のそれもまた、欧米の経験の後追いであるに違いない。ともあれ、韓国の経済近代化の契機、環境問題の発生や気づきの類似性、そして環境対策の参照体系としての日本の存在が大きく、韓国の環境問題をめぐっては日本が頻繁に引き合いに出されることとなる。たとえば、「漢江の奇跡」と称される開発主義的な高度経済成長の起点は、日韓国交正常化に伴う両国間の経済連携と三位一体（直接投資、原材料の輸入、ODA）型の経済協力関係の形成にある。韓国ではこれに応じて重化学工業化のための工業団地を造成していった。そして、そこで引き起こされた産業公害（たとえば、イタイイタイ病に類似した「オンサン［温山］病」の発生）が環境問題を「発見」させる契機となった。また、産業公害の発生に備えて講じられた「公害防止法」（1963年）は、日本の大阪市条例を参考にしたものであったという。

他方で、韓国特有の展開にも目配りする必要がある。韓国では急速な経済発展とともに、都市化が一極集中的に進行し、1970～80年代にかけてはそこでの都市生活排水による水質汚濁や車両の排ガスによる大気汚染、各種廃棄物処理の問題が深刻化した。また、国土の分断と対立は、戦争（朝鮮戦争：1950-53）による未曾有の環境破壊をもたらしたほか、開発独裁・権威主義体制を国家に生み出し、自然環境に対する人びとの認識と対応、そして環境被害の訴えを長期にわたって阻害してきた経緯がある。韓国において「環境政策基本法」（1990年）が制定され、行政府（内閣）の機関としての環境処が設置（1990年。省級の環境部発足は1994年）されて、さらに中央と地方との行政的な横の連携が図られる（1991年地方議会選挙）ようになるまでには、「民主化」（1987年）を待たなければならなかったのである。

さらに、このような韓国における圧縮した環境悪化の推移、国土の分断と対立という現実、そして抑圧の果てに成立した市民社会は、人びとの急速な環境問題に対する認知と積極的な行動を促すことに寄与した側面もある。1990年代には環境に関わる幾多の住民運動が形成され、その後半から2000年代にかけては、政権交代による革新政権の誕生も相まって、環境関連のNGO・NPO団体が数多く組織された。こうしたなかで2006年には、在韓米軍が漢江に大量のホルムアルデヒドを流出させた事件を風刺した映画（『グエムル［怪物］』）も公開された。

このように環境被害に対して敏感となった韓国では、引き続き日本の動向に注意が払われていた。とりわけ2011年3月の「東日本大震災」は、韓国に大きな衝撃と教訓を与えた。たとえば、東日本大震災を契機に「反原発運動」（韓国では「脱原電（核）運動」）が高潮となり、2015年には住民運動が功を奏して、かねてから設計寿命の延長が問題視されていた「ゴリ（古里）原発1号機」を廃炉とすることに成功した。また、第一に「ソンス（聖水）大橋崩壊事故」（1994年10月）、「サンプン（三豊）百貨店崩落事故」（1995年6月）という社会的構造が引き起こした「人災」から20年後に、またしても「セウォル号沈没事故」（2014年9月）という複合的な「人災」に直面して、「失われた20年」を省察したこと、第二に「慶州地震」（2016年9月）、「浦項地震」（2017年11月）により「地震がない国」という安全神話が崩壊したこと、第三に北朝鮮の核実験による白頭山噴火の問題やMERS（中東呼吸器症候群）の越境的医療（感染病）災害の対応に追われたことなどにより、韓国では自然災害による被害、環境破壊や「人災」による被害、第三者を発生源とする越境的災害による被害への危機管理（リスク・マネージメント）を網羅した持続可能な「環境災難学」の重要性が提起されている。そこでは数多くの災害被害を経験し、「レジリエンス（強靭性・耐久性・柔軟な回復力）」や「事前復興」の概念を基にして、被災後の復興を図ろうとしてきた日本の歩みや試みが常に参照される事例であったのである。

（金暎根・福原裕二）

【参考文献】

金暎根「韓国災難学を始めよう」『ハンギョレ21』第1014号、2014年6月9日、28-33頁。

鄭特秀・寺西俊一「韓国」日本環境会議／「アジア環境白書」編集委員会編『アジア環境白書 1997/98』東洋経済新報社、1997年、113-135頁。

韓国環境部ホームページ（http://me.go.kr/home/web/main.do）。

第３章
中国の大気汚染問題とその対策

豊田知世

1　中国の経済発展と環境問題

中国では急速な経済発展と人口増加、加速する都市化や自家用車やエネルギー消費量の急増によって、複数種類の環境問題が発生している。環境問題には、地域的な問題から地域や国境を越えて影響を与えるもの、黄砂や水不足など気象条件を伴うことで被害が深刻化するものなど、原因や与える影響は複数分野にわたる。

経済の発展に伴って、どのような環境問題が起こるのだろうか。複数の国の経験的なデータをみると、経済の成長に伴い産業の高度化や都市化が進み、モータリゼーションが進展し、大量生産大量消費の生活スタイルへと変わってきたことがわかる。このような産業や社会経済の変化に対応して、異なる種類や量の環境汚染物質が排出されている。図 3-1 は所得水準（１人当たりGDP）と環境汚染の関係を示した図だが、所得水準の上昇と環境汚染との関係は、環境問題の種類によって異なっている。

水道の質や衛生状況などは、所得水準の上昇に伴い改善する傾向がみられ

図 3-1　所得水準と環境問題の関係

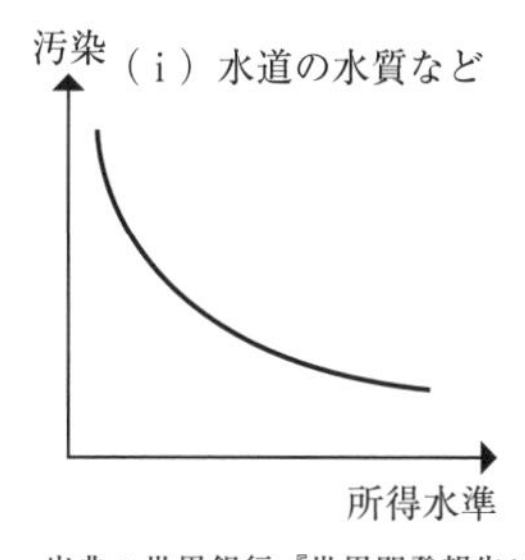

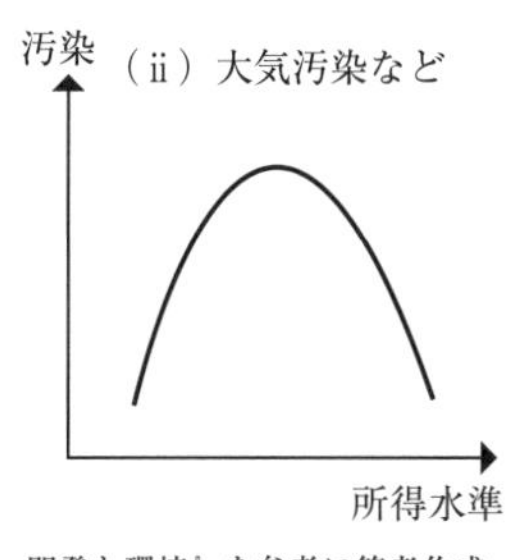

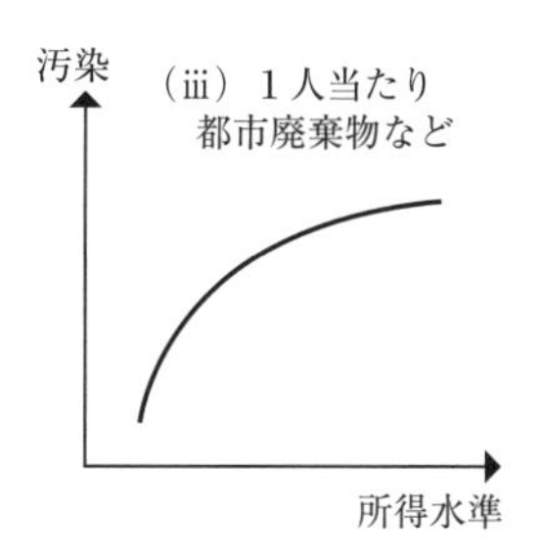

出典：世界銀行『世界開発報告1992　開発と環境』を参考に筆者作成

る。経済発展に伴い、基本的なインフラや衛生施設が整備されることによって、環境の質が向上するパターンである（図 3-1(i)）。反対に、所得の増加に伴い環境負荷が増加を続ける環境汚染物質もある（図 3-1(iii)）。豊かになればなるほど、エネルギーや物の消費量が増えていき、１人当たりの温室効果ガスや廃棄物の排出量が増えるためである。

さらに、所得の向上とともに一度環境汚染が悪化したのち、改善を見せるパターンもある。図 3-1(ii) は、産業の高度化に起因する環境汚染物質の排出量の変化を表している。主要産業が第一次産業から第二次産業に移行する工業化の過程では、工業化に起因する環境汚染物質が増加し、主要産業が第二次産業から第三次産業へと移行する過程では環境負荷が改善する。このような逆U字曲線は、一般的には環境クズネッツ曲線と呼ばれ、所得の水準の増加とともに一度悪化するが、のちに改善することが知られている。

環境クズネッツ曲線が観測される汚染物質は、所得が上昇することで自動的に環境が改善するわけではない。第二次産業から第三次産業へと移行する過程で、汚染型産業を国外や地域外に移し、環境負荷を国外や地域外に負担させることで、環境汚染を改善させる側面も持っており、狭い範囲では改善するが、広い範囲で見ると、汚染の排出源を移動させているだけで、根本的な解決にならないことがある。

図 3-1 に示した所得と環境問題との関係をみると、どの所得水準でどのような環境問題が発生するのか、おおよそ推測することができる。しかし、中国は広大な土地を有しており、13 億人以上の膨大な人口を抱えている。人口が 1,000 万人以上の巨大な都市が 10 以上もあり、国内総生産（GDP）は世界第２位の経済大国である。またグローバル経済を牽引しており、輸出額は世界第２位のアメリカよりも 1.5 倍以上も多い。一方で、中国国内の地域間格差は大きく、たとえば上海や北京では１人あたり年間所得水準が５万ドルを超えているが、貴州省や甘粛省では１万ドルに満たない。また、権力集中制の政治体制をとっていたり、石炭に特化したエネルギー構造だったり、特殊性の強い国でもある。

環境問題への対策は、図 3-1 に示すように、ほかの国の経験から経済発展のパターンと環境問題との関係を推測し、先駆けて対策を行うことが有効である。しかし、中国のような、地域間格差が大きく特殊性の強い国では、これまでの先進国の経験が使えない可能性がある。さらに、地球規模の環境問題に対する取り組みが国際社会から求められるようになったり、環境に対する認識を高めた市民が主導する環境保護運動が始まったりと、従来型のモデルでは対応できない時代に入りつつある。経験的な経済発展パターンと環境との関係を整理することは、後発の利益を享受する意味で重要だが、特殊性の高い地域や、環境に対する認識が大きく変化しつつある今日、本書のような地域的な事情を考慮したうえで、環境問題に対する地域ごとの事情を改めて整理する作業が必要となってくる。

さて、本章は深刻な問題となっている中国の大気汚染を事例に、中国がどのような対策や政策をとってきたのか、また市民の大気汚染に対する認識がどのように変化したのか、いくつかの既存研究を紹介しながら整理する。健康に著しい被害を与える大気汚染問題について簡単に解説したのち、中国環境問題の発生および対処の特殊性についてまとめていきたい。

2　中国の大気汚染

中国では人口と経済の急激な増加に伴い、エネルギー需要が急増し、深刻な大気汚染が問題となっている。2013 年 1 月上旬には、北京市を中心に大気汚染物質である PM2.5 [1] の濃度が急激に増加し、大気汚染問題が世界中で話題となった。

深刻な大気汚染は、健康問題や経済的損失、国境を越えて大気汚染物質が移動することで発生する国際問題など、さまざまな問題を引き起こす。中国は世界で最も大気汚染が進行している国のうちの一つであるが、経済規模も急速に拡大を続けている。経済や産業の基盤を整備しながら、環境問題に対する技術開発や制度の構築を進めなくてはならないという難題に挑んでいる。特に大気汚染の発生要因とその影響は、非常に複雑であると同時に、国内外を含む複数分野の関係機関と歩調を合わせながら取り組まなければならない課題であるため、解決が難しい。例えば中国の大気汚染濃度が急増した時期、日本でも西部を中心に PM2.5 が環境基準を超える日が続くこととなった。

日本国内での深刻な大気汚染濃度の上昇は、主に西日本で発生していること、九州西端の離島でも大気汚染濃度上昇が観測されたこと、また大気シミュレーションの結果などから総合的に考えると、中国などの大陸からの越境大気汚染の影響を受けていることが示唆された（環境省、2013）。

大気は国境を越え移動し、他の国や地域へと広範囲に影響するため、特定の国で環境保護の法整備や規制を進めても、他の国の環境汚染物質の排出によって被害を受けることがある。そのため国際的な枠組みを作って解決していかなければならず、問題の解決に時間がかかる。また、グローバリゼーションの進展によって、だれが汚染の責任者であるのかが曖昧になっている。たとえば、日本は中国と経済的な結びつきが強く、多くの日本企業が物価や人件費が安い中国に、汚染を排出する工場を移転させてきた。日本の経済を支えるために、中国で大気汚染物質を排出しながら製造されたモノを輸入していることや、日本の経済活動が中国の環境汚染を引き起こしている点について、消費者の責任の観点から考慮しなければならない[2]。

次節からは、大気汚染と健康との関係を整理した後、中国の大気汚染対策および現在の大気汚染に関する課題や、大気汚染防止に対する今後の政策課題と市民レベルの環境意識や行動変化について、複数の先行研究をレビューしながら読み解いていく。

3　大気汚染と健康被害

（1）大気汚染物質の種類

大気質の環境基準は、国によって使われるデータや指標、基準となる数値は異なっている。主な大気汚染物質は、石炭や石油などの化石燃料に含まれる硫黄が燃やされる際に発生する硫黄酸化物（SO_x）、燃料を高温で燃やすことで窒素や酸素と結合して発生する窒素酸化物（NO_x）、自動車や工場から排出された NO_x や揮発性有機化合物が紫外線と反応して生じる光化学オキシダント（O_x）などがある。SO_x は、雨に溶けて酸性雨の原因となったり、気管支や肺などの高級系に悪影響を与えたりする。NO_x も呼吸器系に悪影響を与える物質であり、O_x は光化学スモッグとも呼ばれ、目の痛みや吐き気、頭痛などの健康障害の原因となっている。

近年話題になるPM2.5などは、固体や液体の粒からなる粒子状物質（PM）の一部であるが、PMは工場などの埃から出る煤塵、工事現場や鉱物体積場からでる粉じんや土埃、ディーゼル車の排ガスに含まれる粒子など、さまざまな場所で発生している。PM2.5の細かな粒子は、気管や肺の奥深くまで入りやすく、また血液で体中に運ばれることで、異なる複数の健康被害を引き起こす要因となっている。

（2）中国の大気質指標

中国は環境保護部が定める大気質指標（Air Quality Indix、AQI）を設定している。AQIは硫黄酸化物（SO_X）、窒素酸化物（NO_X）、一酸化炭素（CO）のほか、PM2.5やPM10などの微小粒子状物質など、複数の汚染物質の濃度から算出される（表3-1）。大気の環境基準値は何度か見直しされており、PM2.5は2011年から加えられた。基準Ⅰが最も厳しい基準であり、国立公園や公園などで適用されている。基準Ⅱは通常の都市部の工場や住宅、商業地および農村地帯に適用されている。基準Ⅲは重工業地帯や特別工場地帯に適用されるが、2016年にはその基準が外されている。

大気環境基準は設定されているが、中国のほとんどの地域で環境基準が守られていない。たとえば、PM2.5およびPM10の環境基準Ⅱの基準を満たす地域に住んでいる人は、それぞれ7％および17％のみだった（Song et al.、2017）。とりわけ、中国経済の中心的な工場地帯である京津冀地区（北京市・天津市・河北省）、揚子江デルタ地区（YRD）、珠江デルタ地区（PRD）では、しばしば非常に深刻な大気汚染が問題となる。

表3-1　中国の大気環境基準

年	基準	SO_2	NO_2	TSP	CO	O_3	PM10	PM2.5
2000年	I	20	40	80	100	160	40	—
	II	60	80	200	100	200	100	—
	III	100	80	300	200	200	150	—
2016年	I	20	40	80	100	160	40	15
	II	60	40	200	100	200	70	35

出典：Li and Chen（2018）[3]

（3）大気汚染と健康への影響

前述した通り、大気汚染物質は健康に深刻な影響を与えており、中国を含むさまざまな国や地域を対象に、大気汚染が健康に与える具体的な影響に関する研究が進められている。

世界保健機構（WHO）は2005年に大気ガイドラインを作成し、健康にリスクをもたらす大気汚染物質の数値を公表したが[4]、世界のほとんどの地域で大気の質は悪化を続けており、深刻な健康被害を引き起こしている。アメリカの健康影響研究所（HEI：Health Effects Institute）による報告では、2017年には世界の90％以上の人はWHOが定める大気質ガイドライン（Air Quality Guideline）に適さない空気を吸っていることが報告された[5]。大気汚染は世界の主要な死因の上位に挙げられており、栄養関連や空腹時の血糖グルコース濃度、喫煙、高血圧に次いで、世界の死因の第5位になっていることも明らかとなっている。

HEIの報告によると、2017年には大気汚染物質が要因となって、全世界で約490万人が死亡しており、国別では中国とインドが最も多く、それぞれ120万人だった。また近年の研究では、大気汚染が起因となって死亡する主な死因は、肺や気管の疾患だけでないことも指摘されている。例えばPM2.5のような粒子の細かな有害物質が血液に入ると、有害物質が体中に巡り、体内の内臓や脳に影響を与え、内臓疾患や脳卒中の原因となっている。また、妊婦が大気汚染の深刻な地域で生活することで、出生時の胎児が低体重の原因になっていることなども報告されている（Geng et al.(2013)[6], Dominici et al.(2015)[7]）。

PM2.5は、工場や自動車から排出される排ガスに含まれる微小場粒子状物質や、工事現場から発生した粉じんや黄砂が、大気中で化学反応を起こして有害物質となっている。そしてその有害な微粒子が体内に巡ることで、深刻な健康被害を引き起こす。国際がん研究機関（International Agency for Research on Cancer、IARC）は、PM2.5などの大気汚染物質が原因となる発がんのリスクは、たばこやアスベストと等しいレベルの、最悪のリスクとして分類している。

（4）室内大気汚染

大気汚染は屋外だけではなく、屋内大気汚染による被害も懸念されている。屋内大気汚染は、住居の中で牛糞や木材などのバイオマス燃料、石炭などの化石燃料を使って調理をしたり暖房したりすることが原因になっている。直火や非効率的な調理用ストーブを使用し、換気が悪い調理スペースで固体燃料が燃やされた場合、一酸化炭素（CO）や粒子状物質（PM）を含む排気ガスが排出される。このような屋内大気汚染によって、世界の約41％（およそ30億世帯）が健康被害のリスクにさらされている。屋内大気汚染リスクは低所得国ほど多く、2016年には約380万人の死亡に関連していることが報告されている。

家庭内の屋内大気汚染を改善するための対策の一つとして、有害な排ガスが屋内に排出されにくい、改良型の調理用ストーブの普及が進められてきた。しかし、過去30年間に発展途上国を中心に何百万もの改良型調理用ストーブを流通させてきたにもかかわらず、屋内大気汚染の問題は解決していない[8]。中国は、貧困対策として石炭を無料で家庭に配っていたが、石炭の質が悪かったり、家庭用ストーブの質が悪かったため、有害な排ガスが家の中に漏れており、屋内大気汚染によるリスクが非常に高い状況だった。そのため、1980年から1990年初頭にかけて、中国国内全体に改良型の家庭用ストーブを普及させるプログラムが実施された。このプログラムによって、全国におよそ1億3,000万台の改良型ストーブが配布されたのだが、いまだ家庭内の大気汚染の質はWHOの基準よりも高い状況のままである。

4　エネルギーの構造と大気汚染

中国で大気汚染が深刻となった原因の1つは、高い石炭使用量にある。中国は世界の主要な石炭産出国の1つであり、中国国内のエネルギー供給源の半分以上は石炭を使用している。図3-2は1990年以降の中国のエネルギー供給源の内訳を示している。人口増加と経済成長によって、中国国内のエネルギー需要は急増しており、2015年は1990年と比較して4倍近くエネルギー供給量が増えている。この中で最も多い割合を占めているのが、3分の

２を占めている石炭であり、温室効果ガスの原因にもなっているが、大気汚染の原因ともなっている。

図 3-2 の中国国内のエネルギー供給量の推移をみると、2000 年以降から中国国内に対するエネルギー投入量が急増しており、経済成長を後押ししていることが分かる。中国は 2019 年に GDP が世界２位になったが、2006 年には世界第１位の温室効果ガス排出国となり、同時に深刻な汚染の問題が発生してきた。石炭は安価であるが、エネルギーあたりに含まれる炭素の量が多く、また大気汚染の原因となる有害物質の量も多い。中国で排出される PM2.5 のおよそ 40％は、石炭を主要な燃料として使用する鉄鋼やセメント産業から排出されている。なお、中国では大気汚染対策や気候変動対策として、電力のエネルギー源の切り替えを行っており、再生可能エネルギーの導入を積極的に進めてきた。そのため、たとえば風力発電の発電容量は世界でもっとも大きいのだが、それでもまだ世界的に見ても石炭依存度が高いため、大量の石炭消費国となっている。

図 3-2　中国のエネルギー供給量と供給源の推移

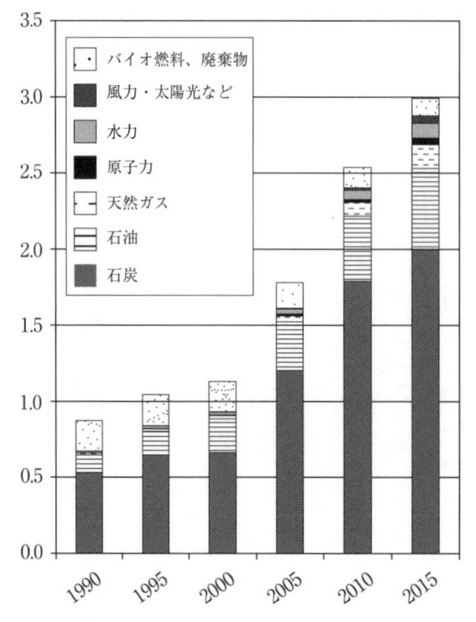

出典：IEA 2019より筆者作成

図 3-3 は、発電の燃料に石炭が占める割合を示している。世界全体の平均はおよそ４割程度であるが、中国は 2015 年時点でも 70％近くを石炭によって発電している。2005 年頃の 80％をピークに徐々に減ってきつつあるが、この率は世界的に見てもかなり高いことが分かる。エネルギーの需要は、人口増加だけではなく、経済発展に伴う電力需要や自動車の需要の増加に影響している。図 3-4 は中国の GDP と１人当たり GDP（所得水準）である。こ

の図からも、2000年以降から所得水準と同時にGDP全体が大きく増加していることが分かる。

図3-3　石炭由来の発電割合

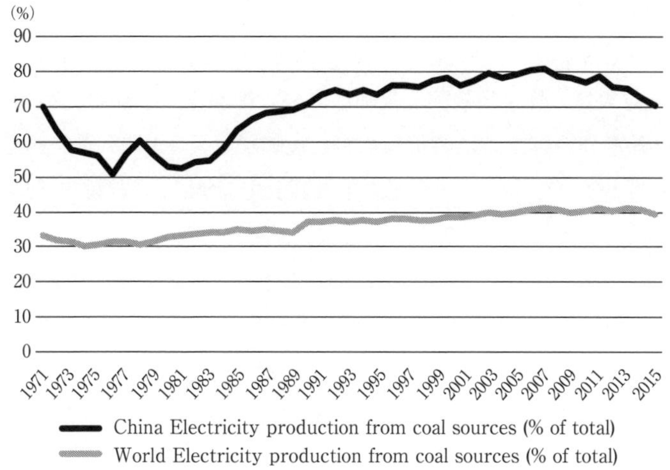

(%)
China Electricity production from coal sources (% of total)
World Electricity production from coal sources (% of total)

出典：IEA2019より筆者作成

図3-4　中国全体のGDPと1人当たりGDPの推移

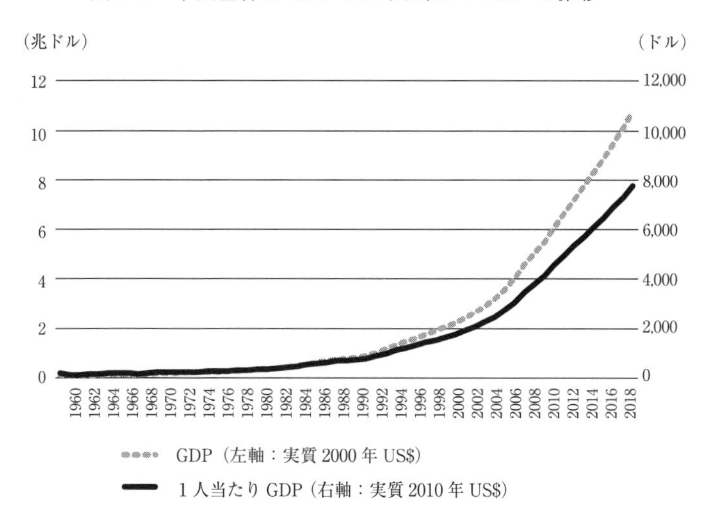

出典：WDIより筆者作成

5　政策レビュー

（1）中国の大気汚染対策

中国の大気汚染対策[9]は、1987年の「大気汚染防治法」から始まった。主にSO_xを対象に、総排出規制と規制地区の設置が導入された。2000年代に入り、自動車等の排ガスに関する基準と規制が導入され、「第十一次五ヵ年計画」ではSO_2が、「第十二次五ヵ年計画」ではNO_xの総排出量削減目標が掲げられた。大気汚染に関する政策整備が進められる一方で、中国の大気汚染は年々悪化していた。2008年には北京オリンピックが開催される前も、汚染した大気の中でオリンピックが開催されることによる健康への影響が懸念されていた。PM2.5の危険性についても懸念されていたが、中国が公表する大気の環境基準にはPM2.5が含まれていなかったため、在中国アメリカ大使館が観測したPM2.5濃度が基準にされていた。

2011年にやっと中国の大気汚染指標にPM2.5が加えられたが、大気汚染は一向に改善されなかった。反対に、大気汚染はどんどん悪化を続け、2013年1月には京津冀地区（北京市・天津市・河北省）を中心に、観測史上最悪の大気汚染濃度が観測された。北京市内では、中国のPM2.5の環境基準値としていた75μg/㎥を大きく超えた700μg/㎥が観測されており、汚染のひどかった京津冀地区の年間平均PM 2.5濃度は106μg/㎥だったことも推計されている（Cai et al.、2017）。

悪化の一途をたどる大気汚染の状況を受けて、国務院は2013年9月に「国家大気汚染防止行動計画」（「行動計画」）発表した。行動計画では、中国で初めてPM2.5とPM10の削減に向けた具体的な行動計画が設定された。この中で、中国の主要な工業地帯かつ汚染が深刻だった京津冀地区や揚子江デルタ地区（YRD）、珠江デルタ地区（PRD）を対象に、これらの地域から高汚染施設を排除すること、エネルギー構造を最適化すること、電力や産業、住宅部門での化石燃料の投入量を減らすこと、クリーンエネルギーの割合を増やすことなど、主にエネルギーに関連した、大気汚染物質の排出を削減するための具体的な計画が設定された。行動計画が導入された後、中国全体の年間PM 2.5濃度は平均して30%以上減少しており、汚染が深刻だった主要工場地帯の大気汚染は改善されつつある。加えて、2017年6月に国務院が策定した「青空保護勝利戦3年行動計画」のなか、同9月の生態環境部等12部門及び北京、天津、河北省等の地方政府による「北京・天津・河北省及び周辺地域2018～2019年秋冬季大気汚染総合対策攻略行動計画」も策定され、一定の効果がみられた。

（2）中国の大気汚染：現在

生態環境省が公開した最新（2019年1月～8月）の大気汚染状況によると[10]、2019年8月、全国337都市の優良天気の割合（優良天気割合：1年を通じて日平均値の環境基準を達成した日数の割合）は87.1%で、前年比から3.1ポイント減少したが、大気汚染の状況は改善しつつあることが報告された。PM 2.5濃度は、前年比と同様で20μg/㎥、PM 10濃度は前年度から2.6%増えた40μg/㎥、O_3濃度は前年比7.8%増加して151μg/㎥、SO_2濃度が前年比11.1%減少の8μg/㎥だった。中国が基準とする大気汚染の水準値に近づいてきているが、地域によって汚染濃度は異なっている。

重点地域の改善効果は異なっており、例えば北京の2019年8月の優良天気の割合は80.6%（前年と比較して9.6ポイント改善）であり、PM2.5濃度は23μg/㎥（前年比25.8ポイント改善）だった。一方、揚子江デルタ地域の41都市の8月の優良天気の割合は78.2%で（前年比10.9ポイント減少）、PM 2.5濃度は21μg/㎥と、前年比と横ばいだった。

前年度と比較すると、北京は改善したが揚子江デルタ地域では若干悪化している。ただし、暖房用の石炭需要が増加する冬を含めた1月から8月までの、北京の優良天気の割合は61.7%、PM 2.5の濃度は42μg/㎥だった。一方、揚子江デルタ地域の1月から8月までの平日の優良天気割合は75.2%、PM 2.5の濃度は40μg/㎥であった。冬を含めると、中国の環境基準値を満たない日が出ており、冬の大気質については課題が残っている状況である。しかし、重点地域を設定して対策をしたことで、大気質が深刻だった地域は大きく改善している。

改善の兆しが見え始めているが、中国が基準としている大気汚染濃度は、

WHOなどの国際機関や日本が基準とする環境基準値よりも高く設定されているため、平均的な国際基準との乖離も大きい[11]。世界の平均的な汚染濃度よりも高い値であるため、改善しつつあるが、まだ十分ではなく、引き続き大気汚染改善に向けたより一層の取り組みが求められる。

（3）データの信ぴょう性に関する課題

データ上では大気質の改善が見て取れるが、その信ぴょう性と制度の有効性については、課題が残っている。2017年から大気汚染に関する政策がいくつも導入されたが、各行政単位に具体的な数値目標が立てられ、行政の責任の下、その数値目標を達成させることが求められていた。数値目標には問責規定も定められており、もし数値目標が達成できなければ、責任者の辞職も迫られる状況だった。そのため、行政責任者の立場を守るために虚偽の報告が行われていたり[12]、地元政府が強制的に石炭禁止をすることで極寒の中でも暖房が使えず生活に支障が出たりなど、いくつか問題が指摘されている。

また、制度が整備されることと、実際の問題が解決されることは、別の問題になっている。Cao等（2019）[13]の研究では、中国の地方行政のリーダーは、より高いパフォーマンスを行うことができた人が昇進する可能性が高い、というキャリアインセンティブ構造があるため、環境問題の本質的な解決ではなく、数値のみを重視した行動がとられていることを指摘している。例えば地方行政のリーダーは、５年の任期の前半に環境規制を緩和し、地元企業の環境対策にかかる費用を削減させるような経済的インセンティブを与える。これによって、管轄区域外の企業を引き寄せるインセンティブも与える。このような規制緩和が実施されると、環境汚染型の企業が誘致され、その地域での汚染は増加する。しかし、任期満了の直前に一時的な環境規制を導入することで、見かけ上の汚染濃度を小さくすることができる。一時的に環境規制の数値目標をクリアして任期満了の年を迎え、目標を達成したことによる昇進などの利益を得ていることを指摘している。中国の県レベルで2002年から2009年のデータを用いた分析では、一党書記長の在職年数とその平均年間PM2.5レベルに逆U字型の関係ができることを明らかにしている。

6　市民の環境意識と今後の課題

中国国内の大気汚染問題については、政府のみではなく、市民やメディアからの注目が高まってきている。中国国内でも個人がオンライン上で発信するソーシャルネットワークを通じて、大気汚染を含む中国国内の環境問題を取り上げることが増えてきた。

環境問題に対する規制が作られたり、正しいモニタリングが行われたりするためには、市民の役割は重要となっている。これは、中国の大気汚汚染指標に PM2.5 が含まれる経緯をからも言えるだろう。前述したとおり、中国で最初に設定された大気の質を表す指標に PM2.5 は含まれていなかった。しかし、PM2.5 の濃度が急増して視界不明瞭の状況が続くなか、その危険性が明らかになったり、北京オリンピックによって国際的に健康への影響が問いただされるなかで市民の関心が強まっていき、PM2.5 の濃度が観測され、大気の環境基準を決める指標の一つとして組み込まれることとなった。

市民や国際的な要望を受けて、PM2.5 が組み込まれることとなったが、数値に関する信ぴょう性については疑いが残っていた。なぜならば、北京にあるアメリカ大使館は、中国が PM2.5 の数値を公表する前から汚染濃度を測定し、その数値を公表していたのだが、中国側が公表する数値とアメリカ大使館が公表する数値は明らかに異なっていたからである。中国側はアメリカ側よりも低い数値を公表しており、また健康への被害についての説明を行わなかった。これらのことは、国際的に指摘されただけでなく、インターネット上の市民の意見として批判や不信感が表明されていた。

データの信ぴょう性については、政府が新しい基準（GB 3095-2012）を採用し、米国大使館と同様の指標を採用したことで、ある程度の客観性が確保されるようになった。中国では、自国の情報開示や表現について制限が厳しいが、2008 年に規定された政府情報開示規制や 2015 年に設立された EPL などの制度によって、社会と NGO が環境ガバナンスに参加し、環境情報を取得する権利が拡大されている。しかしながら、その活動が社会の安定や国家の秘密に害を及ぼす場合は懲罰の対象になるため、環境情報の公表は制限されている場合があり、十分な客観性が担保されてはいない。

市民の環境意識の変化として、ソーシャルネットワークと環境問題を関連付けた研究もおこなわれている。Yan 等（2019）[14]は、大気汚染の情報に対して人間がどのように反応して行動しているのか、中国の SNS の１つである Weibo の地図情報付きのログイン機能を利用し、いくつかの異なる地域の大気汚染データを用いて、その地域への訪問者や居住者の行動に変化があるのかについて調べている。ある特定の地域にビジネスや観光で行ったりする場合、その地域の大気汚染濃度が人間の行動にどのように影響を与えたのかを調査した。その結果、中国では SO_2 や PM2.5 の濃度が高い場合、その地域への訪問を見合わせたり中止したりしているようである。特に、レジャーではビジネスよりも２倍高い感度を持っており、市民レベルの大気汚染に対する意識の高まりが観測されている。

中国は人口規模や経済の規模が大きいだけでなく、成長スピードも速く、また国内の地域間格差が大きい国である。今後も経済規模の拡大が予測されるが、それに伴う環境汚染物質をどの程度抑えることができるのかが課題となる。環境汚染物質を浄化するスピードよりも速く汚染が進行する場合、甚大な環境問題が発生する。先進国がこれまで経験的に行ってきた経済モデルを踏襲し、同じような生活スタイルを目指す場合、地球全体の自然資源量や環境浄化能力からみると、生物資源量的にも自然科学的にも持続不可能である。持続可能な消費スタイルや経済成長モデルを考えていかなければならないが、そのなかで、環境問題や地球の資源の価値を消費者である市民がどのように認識し、どう変えていくかが問われている。その意味で、市民意識の変化は、環境に対する生産者の取り組みを変える鍵となるだろう。

一方、適切な環境対策を行うためには、やはり正確かつ客観的なデータが必要不可欠である。中国の環境データや環境に関する情報については、信ぴょう性が高く正確なデータを得られることが必要である。また環境政策についても、短期的な環境改善データだけを見るのではなく、長期的な視点で環境政策の妥当性を判断する仕組みが必要である。

経済成長を進める過程においては、産業開発や技術開発が優先されがちであるが、持続可能な開発のためには、環境に配慮した産業開発や、環境負荷の少ない技術開発が不可欠である。中国では地域による経済格差が大きいが、環境に対する共通認識を持つことで、汚染の責任や環境負荷による被害を特定の地域に押し付けない開発の方向性を探っていくべきである。規模が大きく、国内での格差も非常に大きいため、これまでの先進国の経済発展と環境に関するマクロモデルはそのまま適応することが難しいが、環境意識や市民レベルの活動については、日本をはじめ、いくつもの先進事例を参照できる。正確な環境情報が入手できる仕組みを整備しながら、都市や市民間ネットワーク、NPO など、共通認識を持ちやすい単位をベースに、お互いの環境問題を解決するための環境国際協力を進めていくべきである。

[注]

1　大気中に浮遊する小さな粒子のうち、粒子の大きさが直径 2.5μm（マイクロメートル）以下の、非常に小さな粒子。なお、PM10 は直径 10μm 以下の微小粒子状物質。ちなみにスギ花粉は、直径およそ 30μg。

2　2002 年から日本の輸入相手国第 1 位は中国である。総輸入量全体の 2 割以上は中国から輸入している（財務省貿易当局、2013）。

3　Li and Chen(2018), ‘A Revien of Air pollution Control Policy Development and Effection China’, Energy Management for Sustainable Development.

4　たとえば PM10 は 1 ㎥あたり 70 マイクログラム（μg）から 20μg に減らすことで、大気汚染関連の死亡を約 15％削減できることが示されている

5　Health Effects Institute (2019), “State of Global Air 2019”, Special Report, Boston, MA: Health Effects Institute.

6　Fuhai Geng, Jing Hua, Zhe Mu, Li Peng, Xiaohui Xu, Renjie Chen, and Haidong Kan(2013), ‘Differentiating the associations of black carbon and fine particle with daily mortality in a Chinese city’, Environmental Research, 120, pp. 27-32.

7　Francesca Dominici, Aidan McDermott, Michael Daniels, Scott L. Zeger & Jonathan M. Samet (2005) ‘Revised Analyses of the National Morbidity, Mortality, and Air Pollution Study: Mortality Among Residents Of 90 Cities’, Journal of Toxicology and Environmental Health, Part A, 68:13-14, pp.1071-1092.

8　William J. Martin II, Roger I. Glass, John M. Balbus, and Francis S. Collins(2011), ‘Public health. A major environmental cause of death’ Science, 334(6053): 180-181. 要因として、住民が屋内大気汚染問題に帯する認識が欠如していることや、手ごろな価格のストーブが不足していること、汚染が少ない燃料が不足していること、などが指摘されている。

9　Jin Y, Andersson H, Zhang S. Air pollution control policies in China: A retrospective and prospects. International Journal of Environmental Research and Public Health. 2016; 13(12): 1219. DOI: 10.3390/ijerph13121219

10　2019 年 9 月 17 日生態環境部プレスリリース http://www.mee.gov.cn/xxgk2018/xxgk/xxgk15/201909/t20190917_734293.html

11　例えば、PM2.5の中国の大気汚染基準値は35μg/㎥だが、WHOは10μg/㎥を採用している。

12　Li and Chen(2018)

13　Xun Cao, Genia Kostka, Xu Xu(2019), 'Environmental political business cycles: the case of PM2.5 air pollution in Chinese prefectures', Environmental Science & Policy, 93, pp.92-100. https://doi.org/10.1016/j.envsci.2018.12.006.

14　Longxu Yan, Fábio Duarte, De Wang, Siqi Zheng, and Carlo Ratti(2019), 'Exploring the effect of air pollution on social activity in China using geotagged social media check-in data, Cities', 91pp 116-125.https://www.sciencedirect.com/science/article/pii/S0264275118305377

column

人間のエゴとエコ

この地球で環境問題が「問題」と認識されたのは、最近のことである。きっかけは、産業革命以降、爆発的に増加した人口を養うだけの食料供給が可能なのかという漠然とした不安だった。有史以降、地球上の人口は２億人を超えることがなかったが、産業革命以降、指数関数的に増加して、食糧不足への懸念が高まっていった。

豊かになりながら人口が増加していくのと共に汚染も広がり、石炭などの化石燃料も大量に消費されていった。そこで初めて、限りある自然や環境を守っていかなければならないという意識が出てきた。私たちは、自然のように無料で提供されるものは、使い尽くしてしまう可能性がある。これはしばしば、「コモンズの悲劇」として紹介される。無料で使用できる共通資源は管理が十分に行われないため枯渇してしまうという法則である。空気や水、草や木、動物や昆虫など様々な地球上の資源に対しては金銭的価値がつけられていないため、管理がされないと、利益を得ようとする人が優先的に使用し、使い尽くしてしまうのだ。

一方で、人間が無くてはならないと判断したものは優先的に守られる。例えばトラやゾウなどの野生動物が絶滅の危機にあるのに対し、家畜の豚や牛、ペットの猫や犬には絶滅の危機がない。家畜は人間が生きるために必要であり、ペットは人間の癒しのため必要とされているためだ。人間社会に役立つものは、経済のメカニズムの中で使い尽くさないように（滅ぼさないように）保護してきたのである。私たちが、環境を守るという「エコ」の名の下で守ろうとしているものは、実のところ人間にとって有益と判断されたものなのだ。つまり私たちは、恣意的な人間の「エゴ」で選ばれたものを、使い尽くさないような努力を重ねているのである。

（豊田知世）

【参考文献】

Garrett Hardin, ‘The Tragedy of Commons’, *Science,* 162, 1969, pp.1243-1248.

D.H. メドウズ他『成長の限界　ローマクラブ「人類の危機」レポート』大来監訳、ダイヤモンド社、1972 年。

ハーマン・E・デイリー、ジョシュア・ファーレイ『エコロジー経済学　権利と応用』佐藤正弘訳、NTT 出版、2014 年。

column

新型コロナ危機と環境問題

2019年12月以降、新型コロナウイルスの感染症「COVID-19」が世界中で猛威を振るっている。世界保健機構（WHO）は2020年3月11日に「パンデミック」（世界的流行）を宣言し、本コラム執筆中の2020年4月現在、世界のほとんどの国と地域で移動規制、入国規制がとられている。深刻化する一部の地域では、「ロックダウン」（都市封鎖）に踏み切り、人やモノの移動に伴う経済活動が著しく制限されている。失業や廃業を余儀なくされる人びとも数多く出ており、国際通貨基金（IMF）は、景気後退は2008年のリーマンショックをはるかに超えるとの見通しを示した。

この新型コロナ危機のなか、一部地域の環境が大幅に改善している。過剰に人が集まる環境公害が問題になっていたヴェネツィアでは、ロックダウンによって人を閉め出した結果、水路が透明になったことが話題となった。いくら削減の必要性を訴えても増加の一途をたどっていた温室効果ガスも、一時的かもしれないが排出量が減少している。世界でもっとも大気汚染が深刻化していたインドでも、数十年ぶりにインド北部からヒマラヤを肉眼で確認できるほど空が澄んでいることが話題となった。インド全土で外出禁止措置がとられ、車の交通量が大きく減った結果、大気汚染が劇的に改善されるようになったのである。

本文でも触れているが、大気汚染は世界的にみても非常に高い死亡要因である。とくにPM2.5のような有害な微小粒子は、血管に溶け込み全身に有害物質が回ることで肺や気管だけではなく、内臓や脳などにも影響を与える。2017年には大気汚染が原因となって、世界でおよそ490万人が亡くなっている。大気汚染が深刻な地域に住む人たちは、そもそも基礎的な疾患が多いことから、新型コロナに罹患した際の死亡率が高いことも報告されている。新型コロナ対策によって私たちの活動を自粛した結果、大気汚染が改善し、大気汚染起因の健康被害が大幅に減少したことはなんとも皮肉のように思える。

移動や経済活動の自粛によって多くの環境が改善している様子をみると、これまでいかに環境を無視した経済活動を行っていたかを思い知らされる。アジアはとくに地域的な結びつきも強く、国際分業によるグローバル経済の発展によって経済活動が支えられてきた。しかし、モノとカネをやりとりする経済活動の背景には、環境負荷が発生しており、誰もがその環境汚染に対する対価の支払いを無視してきたため、環境問題が発生してきた。

さて、新型コロナ危機から我々が真剣に考えていかなければならないのは、ポストコロナの立て直しの方向性だろう。世界規模の経済損失が発生したリーマンショックでは、その後の経済体制を立て直すため、大規模インフラ投資や大量の化石燃料が投入され、その結果、経済は回復したものの、温室効果ガスや環境汚染物質の排出量も大きく増加することに結果した。ポストコロナでも経済刺激策として同じ道が辿られるとすると、一挙に環境は悪化するだろう。コロナ危機を単に危機と捉えるのではなく、自然環境と共生する新しい社会のあり方や、グローバル経済化における自然資本の取り扱い方法についても、当然見直さなければならない。また、新型コロナの猛威の前に世界各地で発生する医療崩壊という厳しい現実から、経済発展にとって副次的とされる医学・医療分野、とくに今回は感染症に関わる研究と人材育成がいかにないがしろにされてきたかも思い知らされる。こうした点も、新型コロナ危機と環境問題を取り結ぶ経済発展至上主義に対する戒めとして、真剣に考えるべき論点ではないだろうか。

（豊田知世）

【参考文献】

Jos Lelieveld, et al.(2020), Loss of life expectancy from air pollution compared to other risk factors: a worldwide perspective, Cardiovascular Research, https://doi.org/10.1093/cvr/cvaa025.

日本経済新聞朝刊「インド、大気汚染が改善　コロナ対策で全土封鎖」、2020 年 4 月 3 日付。

CNN.co.jp（2020 年 4 月 24 日）「インド北部の大気汚染、20 年ぶりの水準に改善　微粒子減少」（https://www.cnn.co.jp/world/35152924.html）。

第4章
台湾の環境政策とシャマン・ラポガンの文学

三木直大

1　戒厳令解除前後期台湾の環境問題

本章では台湾における「環境と文学」の問題を、台湾本島の原子力発電所施設敷地外に設置された唯一の放射性廃棄物貯蔵所がある蘭嶼のタオ族（旧称はヤミ族）の作家であるシャマン・ラポガン（夏曼・藍波安／Shaman Rapongan）の作品を題材に考察する。シャマン・ラポガンは1957年生まれ。蘭嶼国民中学を卒業後、島を離れ台東高級中学に進学。さらに台北の淡江大学仏文学科に入学。卒業後は台北で働きながら原住民権利促進運動、あわせて反原発運動に参与していく。89年に家族とともに蘭嶼にもどり、90年代以降は作家活動に従事する。

蘭嶼は台湾本島の南東部に位置する離島で、周囲は40㎞ほど、人口は5,100人余り（2020年現在）[1]の小さな島で、人口の大半は台湾唯一の先住海洋民族であるタオ族である。蘭嶼への放射性廃棄物貯蔵は、はやくも1974年に行政院原子能委員会によって計画されていて、82年に台湾電力による施設への廃棄物搬入がはじまった。国際公約で禁止（ロンドン条約、75年に発効）になったものの、原発計画時は低レベル放射性廃棄物の海洋投棄まで計画されていたもので、搬入が明るみにでるとともに反対運動がおこっていたが、さらに96年には高レベルの核廃棄物が持ち込まれた疑いが浮上し、台湾全島的な反対運動がおこっている。現在ではすでに放射性廃棄物の持ち込みは停止されてはいるが、貯蔵所の移転はいまだ実現していない[2]。

当初は2025年と決定された原発廃止年度に曲折は生じているが、国民投票によって大きな方向としては、台湾の脱原発は既定路線になっている。台湾移転後の中華民国国民政府による国営事業としての台湾電力公司によって、

1972年の第1原発1号炉起工以降、70年代から80年代にかけて北部の先端部に2か所、南部の先端部に1か所の原発がつくられた。台湾の原子力発電事業は蒋介石のあとを継いだ蒋経国総統による十大建設事業の一環としてすすめられたものだが、1987年の戒厳令解除に向かう民主化運動のたかまりとともに、反原発運動も活発になっていった。1980年に建設計画がたてられていた第4原発も延期を繰り返し、反対を押し切るようにして99年になってようやく北部に起工されたものの、2000年の民進党への政権交代といっそうの反原発運動のたかまりによって、現在は建設中止になっている。

台湾では冷戦構造下の50年代からのアメリカによる台湾の反共基地化のための経済支援、そして日本の経済進出による工場建設などによる高度経済成長の半面で、工場廃液流出や大気汚染などさまざまな公害問題が発生してくる。70年代には激しい環境汚染や環境破壊がおこり、80年代になって民間からの反公害運動が活発化する。それは民主化に向けての「党外運動」（在野の政治運動）推進とも動きをひとつにしている。国民党独裁下の政府機関でも71年には行政院のなかに衛生署が設置され、水や大気の汚染、工場の廃棄物処理などに関する法令がつくられるが、それを上回る速度で環境汚染がすすんでいた。80年代になり民主化に向かう台湾社会のなかで、そうしたさまざまな環境問題がいっきにクローズアップされてくる。原発はクリーンな電源という目論見で着工されたものでもあったが、第3原発まではアメリカ企業、第4原発は日本企業というように、当初から政治と経済の動向と相関的なものであった。

1986年には大規模な環境汚染が立て続けに表面化し、チェルノブイリ原発事故があり、それは反原発・反核の運動をいっそう活発化させた。そうした動向を背景に環境問題に関する言論を積極的に発表していった雑誌に、『人間』（1985～89）がある。刊行時期は87年7月の戒厳令解除をはさむようにして、85年11月から89年9月にかけてである。この雑誌は70年代からの台湾の「郷土文学」を牽引した作家のひとりで思想運動家でもある陳映真の編集になるもので、反資本主義的な階級的視点という側面が強くうちだされていて、その点での普遍性と有効性を持っていた[3]。彼のほか作家の尉天聰、王禎和、黄春明、詹宏志、詩人の蔣勲、郭楓、舞踊家の林懐民、報道写真家の張照堂、關暁榮などが、本省人か外省人かといった出自（「族群」）を問わず編集顧問として参加している。『人間』は前身にあたる70年代後半期からの雑誌『夏潮』とその系列刊行物の時代から公害による環境汚染問題を取りあげていたが、85年の発刊以降はそれに並んで、特集「核電廠在我家後院（裏庭の原発）」（8期）、特集「核能曝害追踪（核被爆者を追う）」（13期）などに始まり、継続的に原発問題をおおきく取りあげている。また日本人カメラマン樋口健二の原発ルポの翻訳紹介が、「我控訴！（私は訴える）」（6期）など数編ある。

『人間』の刊行時期と重なるようにして、シャマン・ラポガンは台北で反原発の活動を開始していて、87年12月には蘭嶼の核廃棄物貯蔵所をめぐるシンポジウム「駆除悪霊」を開催している[4]。ちなみにシャマン・ラポガンが作家活動を開始するのは、後述するように89年に蘭嶼に帰郷して以後で、この時期の彼は彼自身の言葉を借りるならマイノリティとしてのタオ族の「民族活動家」として、なぜ蘭嶼に放射性廃棄物貯蔵所が設置されたかを台湾社会に訴えることを中心に、反原発運動を積極的にすすめていた。87年から88年にかけて『人間』は、台北から一時的に帰郷したシャマン・ラポガン（施努来という漢語名で登場する）とその両親に取材して蘭嶼の伝統的な生活とその現在の姿を描く「孤独傲岸的礁岩（孤絶の岩礁）」（18期）と「飛魚祭的悲壮哀歌（トビウオ祭の悲歌）」（19期）にはじまり、「蘭嶼紀事系列」と題して上からの近代化政策や観光の産業化がもたらす混乱と疲弊を中心に「文明,在仄窄的樊籠中的潰決（文明、狭隘な檻のなかの決壊）」（20期）、「塵埃下的薪傳餘燼（塵埃のなかの残り火）」（21期）、「酷烈的壓搾,悲惨的世界（苛烈な搾取、悲惨な世界）」（23期）、「観光暴行下的蘭嶼（観光暴力下の蘭嶼）」（24期）、「一個蘭嶼能掩埋多少「國家機密」？（蘭嶼にどれだけ「国家機密」を埋めるのか？）」（26期）、「漢化主義下的蘭嶼教育（漢化主義下の蘭嶼教育）」（28期）、「被現代醫療福祉遺棄的蘭嶼（現代の医療と福祉に見捨てられた蘭嶼）」（30期）、「流落都市的雅美勞工（都市を流浪するアミ族労働者）」（33期）、「十人舟下水儀典（十人乗りの船の進水祭）」（36期）という計11編の關曉榮によるルポタージュを掲載している。そのひとつひとつの題名が当時の蘭嶼の現況を集約したものだが、日本植民地期の歴史記憶や50年代には刑事犯を含む退役兵士たちの移住農場が建設されたことにはじまり、島民の社会は常に危機と隣り合わせで台湾本島から差別的に位置づけられてきたことが報道文のスタイルで書かれている。なかでも「一個蘭嶼能掩埋多少「國家機密」？」(26期）は、蘭嶼の人々に情報を開示しないまま始まった核廃棄物貯蔵施設の当初計画や、国家機密の名のもとに隠ぺいされる搬入計画やその規模、現状と問題点を詳細にルポしている[5]。

2　反原発運動とシャマン・ラポガン

台湾では87年7月の戒厳令解除直後の8月に、環境保護の法制化運動の高まりを受けるようにして、ようやく行政院に環境保護署が整備される。また民間団体では、台湾環境保護連盟が11月に成立している。このNPO団体は環境保護運動を牽引する役割を果たしながら、現在に至るまで活動を続けている。台湾環境保護連盟会長の劉志堅（2020年現在）は、今日の視点から「基本的に、反核、反公害運動、環境生態の保全、環境保全政策の推進は、台湾民主化運動の発展とともにある。政治体制との抗争運動の過程で、台湾主体の国家を建立し、台湾の環境を保護する方向に向けて発展し、前進してきた。台湾環境保護連盟はこの発展の過程で、努力を怠ることなく、奮闘してきた。」（台灣環保運動回顧與展望研討會　シンポジウム議題：環境政策之變革、2017年10月）と概括している。その中心になっているのはいうまでもなく原発問題である。この発言からは、台湾における環境問題のクローズアップが80年代からの民主化運動の推進、そして90年代におけるその具体化に向けての政治運動となによりも不可分なものであったことがわかる。

こうした問題状況のなかで反原発問題をクローズアップさせていったのは、先述したように何よりもシャマン・ラポガンたち蘭嶼の人々の運動である。台北での街頭デモや立法院や総統府への陳情、台湾電力本社ビルへの抗議活動が、蘭嶼への核廃棄物貯蔵問題の浮上とともに、たびたびおこなわれている。そのことは台湾環境保護聯盟が開設するHP上の運動年表（大事記要）[6]はもちろん、施信民主編『台灣環保運動史料彙編（1）』（国史館、2006）の「導言：台湾環保運動簡史」の「反核運動」(pp.3-4）や、『同（2）』(2007)

の「第３篇　反核運動」にも明確に位置づけられている。施信民は台湾大学工学院教授で、台湾の反核運動リーダーの一人である。

蘭嶼の核廃棄物貯蔵所問題は、反原発運動が台湾社会における「マイノリティ差別」としての「原住民問題」ときわめて密接な課題であることを、象徴的にあらわしている。そして「マイノリティ差別」の構造は、シャマンたちの反原発運動が台湾本島における「本省人」か「外省人」かといった政治的アイデンティティの対立軸を超えた、「原住民族」という地点から発信されることによって顕在化していく。台湾の90年代は87年の戒厳令解除を受けて、台湾の文化的な諸価値が再編成されていく時代である。

戒厳令解除後、国民党出身の最後の総統となった李登輝の政権は、台湾本土化政策下での国民統合のシンボルとして「新台湾人」路線を提唱する。90年代前半期を代表する文化雑誌のひとつに『島嶼邊緣』がある。この雑誌はそのことに異議を申し出た言論誌であり、原住民族出身者はもちろん、外省人か本省人かをを問わず若い世代の知識人たちが参加し、「新台湾人」のスローガンによって埋没してしまう様々な弱勢者（マイノリティ）に目を向けることなしに台湾における市民社会や公共圏の構築はありえないという考えを共通の主張としていた。「新台湾人」路線は台湾社会に「族群」を再構築させ、文化的な価値の再編成の過程で、「族群」の枠におさまらない人々を結果的に「弱勢者」として固定化していくことになりかねないというのが彼らの共通した考え方になっていた。またフーコーやデリダ、アルチュセールなど、近代批判と脱構築を説く同時代欧米の多様な文化理論の台湾への移入について、『島嶼邊緣』はその役割の一端を担いもした[7]。そうした90年代の時代の趨勢が、蘭嶼の核廃棄物貯蔵施設問題を台湾社会にクローズアップしていく。

台湾では90年代の多元文化と欧米文化理論の受容という文脈のなかで、文化理論としてのエコクリティシズムも、欧米との同時代性のなかで学術界に受け入れられていった。そもそも世界的な研究動向としての環境批評（エコクリティシズム、漢語では「生態批評」）という研究方法・概念そのものの組織化と発展は90年代のアメリカにはじまるものである。その研究動向が台湾における環境レイシズムと環境正義の問題とも連結しながら英文学研究を中心に入ってくるわけだが[8]、そうした研究動向そのものが台湾においては90年代の文化再編成の時代と同時進行なものととらえることができるだろう。それは90年代という戒厳令解除後の時代のなかでジェンダーとセクシュアルマイノリティやコロニアリズムとポストコロニアリズムなどの問題群が、台湾文化における大きな課題として浮かびあがるのとパラレルなものである。

こうした状況下で、90年代の台湾では戒厳令解除後の台湾文化再編成運動のなかで、環境問題のテーマ化が活発におこなわれるようになり、環境問題を題材とした文学作品も文化シーンに多く登場してくる[9]。シャマン・ラポガンもそのなかの一人である。もちろん環境問題が題材となっている文学作品は、70年代の郷土文学運動の流れを受けるようにして、以前から書かれている。それは90年代からの「環境と文学」の方向性を準備するものでもある。台湾の「郷土文学」を代表する作家に『人間』の編集顧問の一人でもあった黄春明がいるが、彼は経済発展によって自然環境が汚染され変化していく農村を舞台にした小説「放生」を1987年に発表している[10]。「放生」は農村で反公害運動を組織し逮捕された息子と父親の交流を描いた作品である。台湾の経済発展のなかで、農村部は工場の設置とそれがもたらす環境汚染によっておおきく姿をかえていく。その背景には日本資本による地方への工場建設がある。それを黄春明は日本経済による台湾の再植民地化であるとしている。また原発問題では、やはり郷土文学から出発した作家の宋澤莱によって、85年に『廃墟台湾』が書かれている。この作品は原発事故で廃墟となった後の台湾社会の暗黒を、オーウェルの『1984』を思わせる近未来小説のスタイルで描いたものだった。また鳥の生態をおいかける劉克襄、鯨やイルカを描き台湾における鯨ブームを呼び起こした廖鴻基、より若い世代では蝶を描く呉明益など、ネイチャー・ライティングを中心に多様な生態文学が登場してくる。そうした題材は「緑色台湾」という言葉と結びついていき、「緑色」が象徴するように「郷土」の保全を最大課題とする環境問題は、「台湾本土化」や「台湾正名」の政治の運動と切っても切れないものとなっていく。それはとうぜん、戦後台湾社会における国民党官僚資本、その代表格としての台湾電力と原発批判とも結びついていった。

3　環境政策と政治状況

ただ90年代は台湾環境保護連盟による『台湾環境』のような社会運動と結びついた環境問題専門雑誌の刊行はあるにせよ、80年代の『人間』のように継続して環境問題を追いかけている文化雑誌は見つからない。90年代を代表する社会論・文化論の雑誌で金恆煒創刊の『當代』にせよ、90年代前半期は原発問題について2、3の記事はあっても[11]、予想に反して環境問題についてはほとんど扱いがない。それは『島嶼邊縁』にしても同じで、環境問題に関する記事は無いに等しい。そのことは『台湾環境』のような専門雑誌が刊行されたことと不可分なのではとも思われるが、不思議でもある。

その原因は、台湾の政治状況と関係があるのではないか。何明修『緑色民主：台湾環境運動的研究』は、戒厳令解除後の環境運動を三つの時期に区分する[12]。「政治自由化與環境運動的激進化（1987 － 1992）」「政治民主化與環境運動的制度化（1993 － 1999）」「政党輪替與環境運動的轉型（2000 － 2004）」である。この「自由化と激進化」から「制度化」そして政権政党の交替による「転型」に至る画期からうかがわれるのは、90年代前半期は環境運動の高まりによって環境保護が制度化されていく時期にあたることである。それは学生運動や市民運動とのやりとりのなかで、李登輝政権が憲法改正や総統直接選挙の実施に向かっていく行程とほぼパラレルな形態である。政治史的な画期を環境運動の画期と明確に関連付けた分析の視点が、何明修の研究の根本にある。

「環境運動の激進化」の後の「環境運動の制度化」のなかで、それでは反原発運動はどのような位置付けになるのか。当然のことではあるが、民進党は「反核」を選挙に利用する（『緑色民主』、p.152）ようになる。李登輝路線の政治地図の中で民進党が政治勢力を躍進させていくこの時期に、環境運動＝緑の図式が成立していく。そして緑は民進党のイメージカラーにもなる。しかし民進党がそれまでの党外運動（在野の政治運動）から民主化の過程で公的な政治力を獲得するとともに、それと対抗するように李登輝政権が環境問題の制度化を進めるなかで、90年代中期は社会運動が減弱化し（同、

p.155)、反核の姿勢が曖昧化（同、p.173）していく。それは民進党が総統選に向けた選挙対策としても台湾の目先の経済発展を考慮せざるをえなくなり、開発計画をはじめ資本家を取り込む方向に向かいだす（同、p.174）からという何明修の指摘には興味深いものがある。

それは80年代後期から台湾民主化を実現させてきた共同戦線的なものが分派してくということである。また台湾経済の不況が影響して、民進党は本省人資本家のほうを向きはじめるといった変化が生じてくる。やがて民進党から環境リベラル左派が離れ、緑党が1996年に成立し、住民自治をうたうようになる。それは『島嶼邊縁』の出発点における共同戦線的なものが、90年代中頃で分派していく構造ともよく似ている。

現在の台湾はアジアのなかでは環境政策先進国ではあるが（大気汚染など現実的な問題解決はなかなか追いついていかないが）、しかし現在二期目の蔡英文民進党政権も原発敷地外の唯一の核廃棄物処理場である蘭嶼問題を解決できないままでいる。90年代前半期の反核・反原発は、「原郷」という視点からの自然破壊・環境汚染として論じられ、そこでは国民党対民進党という政治の論理があり、それが環境問題と結びついていた。しかしそうした「族群」と「環境」の対抗的問題軸はせいぜい90年代までで、民進党政権も台湾経済不況のなかで大規模開発を容認することになっていったことは否めないようである[13]。

だからこそ余計に漢人（外省人と本省人を問わず）のコードではない原住民のコード（「島のコード」）という場所からのシャマン・ラポガンたちの蘭嶼の反原発運動が、2000年代以降の台湾の社会文化運動において大きな意味を持ち続けることになる。蕭阿勤は『重構台湾：當代民族主義的文化政治』（聯経出版、2010）のなかで、戒厳令解除から90年代の台湾文学を「民族文学」の構築期と位置付けるが、そうした漢人たちの「民族主義文学」と位相を違えるかたちで、あるいはそれに異議を申し立てるかたちで、原住民族文学とりわけ現在のシャマン・ラポガンの文学が台湾の環境と文学の問題領域のなかで大きな位置を占めている。

4　シャマン・ラポガンの1990年代

ではこうした台湾の環境問題をめぐる状況のなかで、90年代のシャマン・ラポガンはどのような作品を書いていて、それは台湾のこの時代とどのように向かい合っていたのだろうか。ここではまず、『大海浮夢（大海に生きる夢）』（聯経、2014）におけるシャマン[14]自身による伝記的記述にもとづいて考えてみたい。その理由は『大海浮夢』が「自伝文学」という位置づけの作品であり、彼の自伝的事項が彼自身によって書かれていることによっている。

『大海浮夢』によれば、シャマン・ラポガンは国立の師範大学への原住民族枠での推薦入学を辞退して、台北でアルバイトをしながら予備校に通い、私立の淡江大学に進学している。国立の師範大学への進学なら学費免除だが、教員としての就職が義務付けられている。彼によると原住民族に「国語」によって教えることで漢人化をすすめようとする政府の同化政策への反発がつよくあったという。働きながら86年に大学を卒業。台北で子供も生まれ家庭を営んで生活していた。

彼の蘭嶼を離れてからの日々は、ある意味では故郷を捨てるということとも同義であった。そんな彼に家族とともに蘭嶼にもどる決心をさせるのは、蘭嶼の放射性廃棄物貯蔵所問題である。蘭嶼にどうして貯蔵所が設置されないといけないかを自問したとき、彼は自分がタオ人であること、弱勢者であることを、あらためて自覚したという。そこから彼の反原発活動家としての行動が始まる。先述したようにタオ族の名前が台湾環境保護連盟の年表に登場するのは1987年からで、シャマンの漢語名である施努来の名前は同じくタオ族の郭健平（夏曼・夫阿原／Shaman Fengayan）の名前と並んで、1988年の台湾電力への抗議団指導者として記されるなどしている。文学作品を書くことの習作的作業は淡江大学のフランス文学科在学中から開始されていたのではないかと思われるが、作家活動はこの時期まだ開始していない。89年に彼が家族とともに蘭嶼へもどるのは、反原発運動がめざめさせたタオ人としての「民族意識」であり、また台北に出ても底辺労働者として扱われ続ける原住民の人々の「故郷へもどろう運動」や「土地を返せ運動」の時期とも重なっている。戻ってからも公務員などの職にはつかず、両親の反対を押し切って漁師となり、海人としての生活を追求する日々をすごしていた。そうした日々の過程は、彼のさまざまな作品に書かれている通りである。

台北での学生時代に漢民族の島でもない自分の故郷に原発廃棄物処理場が置かれるのを知ったとき、その理由を友人が「それはお前たちが辺境の民だからだ」と言ったことを契機にして、自分たちが「マイノリティ民族」であるという事実が自分の思考に刻まれることになったと彼は語る。その悲しみと苦難への想像が、「境界人に伴う多重人格」を生きながら海洋の「生」と「幻想」の文学を書くことに、具体的には蘭嶼にもどり島に生きる人々の悲しみと苦難の物語を書く作家になることに、彼を導いていったのである。

蘭嶼にもどったシャマンがやらなければならなかったのは、「タオ人」とは何かを生活のなかで自己の身体の問題として考え実践することであった。長く蘭嶼を離れていた彼にとって、創作のためにはタオ人としての自己を確認し想像し再創造する作業がどうしても必要だった。ここには作家としてきわめて誠実な彼の態度が表れている。さらに創作の言語をどのように構築するかという問題があった。具体的には台湾国語（華語）をどうタオ族の言語と混淆（ハイブリッド）するかの実験と実践が必要だった。それに数年をシャマンは費やしている。

そのなかで彼は、91年頃から作品の発表を開始する。タオ人にまつわる民話的民俗的事項を取りあげ、それを島で育った自分の記憶と結びつけ書写していく『八代湾的神話』（晨星、1992）は、シャマン・ラポガンの創作を準備する基礎作業のような仕事だったと位置付けることができるだろう[15]。次いで『冷海情深（冷海深情）』（聯合文学、1997）や『黑色的翅膀（黒い胸びれ）』（晨星出版、1999）などに収録される作品が、その基礎的な作業以降に書かれていくことになる。台湾の代表的な文学史である『台湾新文学史』（聯経出版、2011）の著者・陳芳明は、『黑色的翅膀』の序文で以下のように述べている。

「彼個人にとっては、原郷にもどったとき、おそらくすでに遅かった。高度に周縁化されたタオ族の文化は、長年の侵蝕と破壊を経て、もはや崩壊しようとしていた。再び蘭嶼にもどると、彼は漢人文化の洗礼には二度と価値をおかず、謙虚に神話の物語の呼びかけを受け入れていった。『八代湾的神話』の執筆は、彼の原郷啓蒙の再出発であった。そのタオ族文化の全体的な再認識をとおして彼に備わった能力によって到達したのが、「黒い胸びれ」であった。」

つまり陳芳明は、『八代湾的神話』はシャマンがタオ人とは何かをひとつひとつ確認し再構築していく作業、さらに『冷海情深』はシャマンにとって自己がタオ人であることと世界との関係性を再構築していく創作と概括しているのである。それはシャマン・ラポガンが自己を作家にしていく作業でもあった。こうしたプロセスはひろく台湾原住民文学作家の出発点でもあれば宿命でもあるのだが、陳芳明の言う「遅れてきた青年」であったことが、シャマン・ラポガンを「原住民文学」の作家にしていくのである。

5 「境界作家」としてのシャマン・ラポガン

90年代のシャマン・ラポガンの文学には、反核運動・反原発運動は直接的には登場しない。彼がそれを作品に登場させるのは近年になってからで、とくに『大海浮夢』(2014) からと言ってもよい。90年代の創作活動の一方にはたしかに反核・反原発活動家としてのシャマンがいるわけだが、それが文学作品に直接的に登場してこなかったのは先述した90年代台湾の政治地図とも関係があるだろう。しかし2000年代になり陳水扁総統の民進党政権から馬英九総統の国民党政権への政権交代や高まりゆく経済不況のなかで、台湾社会の民主化とともに動き出したかにみえた現実政治的な反原発への期待があきらかな幻滅の過程に入っていくことが、2010年代になって彼が作品中に反原発のテーマを明示的に登場させた理由ともなっているのではと考えられる。

そこで彼がつくりだしたのが「境界作家」という方法的な立場である。講演「大海に浮かぶ夢と放射能の島々」(『原爆文学研究』15、2016) で、シャマンは彼の反原発運動の経緯をかなり詳細に語っているが、そのなかで自己の創作活動についてフィクションやノンフィクションといった区別を前提にすることのない、非本質主義的で、「異なる専門領域や種族、島などを跨る多様的な性格を有する『境界作家』と自称している」(李文茹訳)と述べている。「境界作家」とは「境界文学」を書く作家のことでもある。

この「境界作家」というコンセプトを構築するにいたる過程が、彼の90年代からの創作だったと言ってもよいかもしれない。その過程で書記言語をもたないタオ語の作品中での扱いをはじめとして、シャマン独自の文学言語の創造実験がなされていく。そして彼は海人としてのタオ人としての自己を再構築していく。それが初期の短編群である。そうした作業がひととおり彼のなかでおこなわれたのちに、反原発運動という題材が自伝文学のスタイルをとって登場することになる。『大海浮夢』という作品は、読みすすめるにつれ、いったいこれは何を読んでいるのだろうと自問するしかない不思議な読書体験のなかに、読者を導きいれる。いま読んでいるのは、いったいエッセイなのか、批評なのか、ルポルタージュなのか、自伝なのか、小説なのか、物語なのか、フィクションなのか、ノンフィクションなのか。そのすべてがこの作品を構成する要素になっている。それを小説への意義申し立てとしての小説、物語への意義申し立てとしての物語なのだと言ってみることもできる。シャマン・ラポガンの初期作品集である『冷海深情』では、収録されるひとつひとつの作品が短編小説の形式によって構成されていた。しかし、新たな冒険としての『大海浮夢』にはそうした形式への顧慮を超えて、作家のあらたな構想力が展開していると言うべきだろう。つまり彼の「自伝文学」である『大海浮夢』は、「境界文学」の実験の結実ということになる。

事故や自然災害で、たとえ低レベルであっても海洋への廃棄物の流失がおこれば、シャマンの描く蘭嶼の海は喪失される。さらに放射性物質による健康被害も懸念される。蘭嶼の漁業の壊滅、観光産業の壊滅。そうなれば島民は生きる手段を求めて蘭嶼を離れるしかなくなるという現実のいっぽうで、国民政府時代から引き続く補償金の分配問題や台湾電力による現地雇用が引き起こす島民の分断がある。それは現政権下でも、おおきく変わらない。近海漁業と観光以外に産業がないのと同然の状態で、台湾電力からの毎年の補償金が固定した収入となることは、島の人々に大きな影響を与えざるをえない。反原発活動家としてのシャマン・ラポガンはそのことを当然考えていて、問題を引き起こす根源を「悪霊」と命名する。それは講演記録などのかたちでは残されているのだが、悪霊と格闘する人々の像は作品中の登場人物としては、まだじゅうぶんには形象化されていない。おそらくそれらを含めた蘭嶼の正と負を作品化しないできたことには、彼の作家としてのなんらかの選択が働いていたはずである。

ようやく『大海浮夢』に至って、国民政府時代の剰余兵士の蘭嶼への強制的移入と農地開発の弊害、タオ族の漢人への同化政策とそれが結果的にもたらす歪んだ近代化と島民間の経済格差問題、世代間の軋轢などが「自伝的」に描かれるようになる。また『大海浮夢』に引き続く長編小説『安洛米恩之死（ウンガルミレンの死）』（印刻、2015）では、短編小説集『老海人』（印刻、2009）の登場人物のひとりでもあるウンガルミレン[16]という蘭嶼のタオ人を主人公に設定し、核廃棄物処理場の設置とそれへの反対運動などが、主人公の人生とリンクしながら描かれていく。そして中華民国台湾という国家内における植民者と被植民者の権力構造（内部に植民地をつくりだす）が、蘭嶼の人々に及ぼす影響が鮮明に描きだされる。

6　シャマン・ラポガンの環境と文学

最新作の『大海之眼』（印刻、2018）では、さらに戒厳令解除以前の台湾警備総司令部や蘭嶼郷国民党郷党部との対立を軸に、核廃棄物貯蔵所がもたらす蘭嶼の人々の葛藤が描かれる。当時の蘭嶼は台東県の行政単位としての「郷」に位置付けられてはいるが、もちろん地方自治制度は法制化されていない。『大海之眼』は、戦後の蘭嶼の台湾本島による「内部植民」（内なる植民地化）の歴史を作家の記憶とともにクロニクルに描き出していくことでは、稀有な書物である。しかし、そうした被植民の歴史がもたらす蘭嶼に生きる個々の人々の存在の苦悩そのものを描きだすことには、前述したようにどこか作家は距離を置いているところがある。シャマン・ラポガンの小説は、作家自身を含めモデルを持っている。ウンガルミレンも、作家の年下の従弟がモデルである。そのモデル問題が、書くことに対して一種の抑制をもたらしているように思えなくもない。

その原因のひとつには、作家の父親（2003年死去）が1950年代に「国民党官派」の村長だったといった島の事情も影を落としているかもしれない。日本植民地期の蘭嶼は「蕃童教育所」は設置されていたが、文化人類学や民俗学の調査対象として風習の保存地区に指定されていた。もちろんあくまでもそれは「蛮族」という差別的な構造下での政策である。戦後は一変して国民政府による専制的な上からの「近代化政策」、徹底した「漢化政策」が導入される。蘭嶼は現在は8つの行政区画に分けられているが、もともとは6つの村落からなり、作家の生まれたころにはそれが4つの行政区に再編され、父親はその一つである紅頭村の村長に任命されていたという[17]。シャマン・ラポガンの生地である。

彼が父親の反対を押し切って本島の高級中学へ進学したことや原住民枠での国立師範大学への進学を拒否したこと、そして89年に蘭嶼に戻るまで台北を中心に本島で暮らし家族を設けたことなどは、そのことと無関係ではないだろう。彼が自分で学費と生活費を稼いで台北の私立大学に通ったことや、アルバイトやタクシー運転手などをして家族の生活を支えたことは確かでも、彼は原住民枠で推薦入学できる師範大学以外の大学に蘭嶼ではじめて進学した人であり、そのことが彼の年下の従弟たちや島の若者たちにも影響を与えてきた。台湾本島と蘭嶼の関係を「植民者」と「被植民者」の位置でとらえるなら、彼もまた植民地エリートにほかならない存在になる。

シャマン・ラポガンが「境界作家」として創作した「自伝文学」はそのことへの自問でもあり、彼が生きている限り「自伝文学」は現在を通して過去から未来に開かれている。しかし作家として何を書くかを考えたとき、「自伝文学」だけでは限界はやはりどこかに生じてくる。それに対して蘭嶼の人々の近代との葛藤を登場人物の形象として描き出す『老海人』の系譜に属し、その収録作品のひとつである短編「安洛米恩的視界（ウンガルミレンの視界）」の続編になる長編『安洛米恩之死（ウンガルミレンの死）』は、彼の作家としてのありかたをさらに展開させる可能性をもっている。海人として純粋で繊細であるがゆえに島の人々からも「神経症」と言われて育ち、変容する島の生活から逸れ文字も読めず、肉体を病み海からも遠ざかり、やがて本島の精神科病院におくられ自死するウンガルミレンの造形は、「伝統」と「近代」に引き裂かれて蘭嶼に生きる人々の挫折と尊厳を象徴的に形象することに成功しているからである。

「海洋與我」という講演で[18]、シャマン・ラポガンは自身の文学を「暗文学」と名付けている。列強や帝国が弱勢民族を植民し、弱勢民族の美しく優雅な伝説の物語が植民者によって次第に汚され周縁化されていくとき、それは荒唐無稽な「暗」の物語となっていく。しかし、「暗」とは植民者の視点によるもので、それこそがやはり自分たちの「明」の物語なのだと彼はいう。漢語の「暗」は、「闇」や「晻」などの意味を含む多義的なものだが、ここでシャマン・ラポガンはカフカ的な「不条理」までを射程に入れ、彼の文学世界と登場人物たちを「暗」と「明」の交差のなかに造形していくという創作の方法を語っている。それは正統と異端の価値変換と言いかえてもよいものだが、その「暗文学」とは彼によれば「非主流派文学」とも言いかえることができるものという。シャマン・ラポガンが対比的にとらえている「主流派の海洋文学」とは、その根底に「海を征服しようとする者」の語りが展開する、たとえばヘミングウェイの『老人と海』のような作品世界のことである。この作品では、カジキ漁の鮫との格闘のなかで浮かびあがる主人公の老人の孤絶した意識のなかで、しかし人間と自然とはどこまでも対峙している。環境破壊という問題に対して文学に何が可能かを考えるとき、「老人と海」とは対照的なシャマン・ラポガンの「暗文学」という方法意識によって描きだされる海洋は、環境批評(エコクリティシズム)のあり方や環境レイシズムへの批判と環境正義の問いに対して、その答えをみつけるための大きな可能性をもっているといえよう。

[注]

1 「臺東縣蘭嶼鄉人口統計」(台東県政府県政統計資料網)による。https://www.taitung.gov.tw/statistics/Default.aspx?themesite=BAA86C8F16BADDE6(2020.6.1)

2 台湾の環境問題全般を扱った文献に施信民主編『台灣環保運動史料彙編〈1〉』『台灣環保運動史料彙編〈2〉』(国史館、2006-2007)があり、本文では多くをこの資料に拠っている。施信民は台湾環境保護聯盟の設立者。また蘭嶼のタオ族と核廃棄物処理施設問題については、日本では中生勝美の先行研究がある。

3 雑誌『人間』の環境論説を原発問題に焦点をあてて分析した研究に、李文茹「雑誌

『人間』と「戦後日本」との接点——80年代台湾における「核」言説のジレンマ」(『原爆文学研究』16、2017)がある。

4　シャマン・ラポガン(李文茹訳)「大海に浮かぶ夢と放射能の島々—文学者と民族運動家のはざまにいる者の幻想—」、『原爆文学研究』15、2016。

5　關曉榮の蘭嶼ルポタージュは、のちに『蘭嶼報告1987—2007』(人間、2007)にまとめられ出版されている。

6　http://www.tepu.org.tw/?page_id=16(2020.6.1)

7　三木直大「雑誌『島嶼邊縁』と一九九〇年代前半期台湾の文化論」、『アジアから考える』、有志社、2017

8　Peter Huang/ 黄逸民 (2010)"Ecocriticism in Taiwan" *Ecozon@:European Journal of Literature, Culture and Environment,*Vol.1-1(New Ecocritical Perspectives: European and Transnational Ecocriticism)

9　90年代台湾の生態文学(環境文学)と環境批評(エコクリティシズム)については、呉明益『台湾現代自然書写的探索1980—2002』(夏日出版、2011)、李育霖『擬造新地球:当代台湾自然書写』(台湾大学出版社、2015)、蔡振興『生態危機與文学研究』(書林出版、2019)を参照している。

10　『聯合報』副刊、1987.9.12—15。『鳥になった男』(研文出版、1998)に、中村ふじゑ訳が収録。

11　たとえば胡湘玲「核四争議的専家論述——一個学者専家為行動主体者的核四史」(『當代』111期、1995)82-103頁。

12　何明修『緑色民主:台湾環境運動的研究』(群学出版社、2006)。何明修の日本語で読める論文に「台湾民主化と環境運動(1980—2004)——政治的機械構造の一視覚」(『公共研究』第4巻第3号、千葉大学、2007年)がある。

13　台湾の政党政治と環境政策については、寺尾忠能「第8章　台湾の環境保護運動—1980年代以降の民主化・社会変動との関係を中心に—」(重富真一編『社会運動理論の再検討—予備的考察—』、アジア経済研究所、2015)参照。

14　シャマンはタオ語で父親の意味で、シャマン・ラポガンとはラポガンの父を指す呼称であるが、ここでは便宜的にシャマンを作家名として記述する。

15　李育霖は『擬造新地球:當代台湾自然書写』(台大出版中心、2015)の「第5章　遊牧的身体:夏曼・藍波安的虚偽生態学」において、『八代湾的神話』に始まるシャマン自身の文学言語の創出について詳細な分析をくわえている。

16　"安洛米恩"のタオ語発音のローマ字表記は、作者によるとNgalumirem。『老海人』収録の「安洛米恩的視界」は、魚住悦子訳『冷海深情』(草風館、2014)に「ンガルミレンの視界」として収録されており、このカタカナ表記にならっている。

17　現在の蘭嶼郷は、郷公所に郷長(行政)と代表会(立法)がおかれる台湾の地方自治制度の下にある。蘭嶼郷公所のHPには1955年からの代表会の名簿が掲載されている。http://www.lanyu.gov.tw/home.php(2020.6.1)

18　シャマン・ラポガン(趙夢雲訳)「私の文学作品と海　非主流海洋文学」、『植民地文化研究』16、2017年。

[主要参考文献]

シャマン・ラポガン（魚住悦子訳）『冷海深情』、草風館、2014年。
シャマン・ラポガン（下村作次郎訳）『空の目』、草風館、2014年。
シャマン・ラポガン（李文茹訳）「大海に浮かぶ夢と放射能の島々―文学者と民族運動家のはざまにいる者の幻想―」（『原爆文学研究』15、花書院、2016年）76-85頁。
シャマン・ラポガン（趙夢雲訳）「私の文学作品と海――非主流海洋文学」（『植民地文化研究』第16号、不二出版、2017）205-213頁。
シャマン・ラポガン『大海に生きる夢』、下村作次郎訳、草風館、2017年。
中生勝美「蘭嶼島　津波の島に蓄積される核廃棄物」（『世界』2011年1月号、岩波書店）194-202頁。
中生勝美「核廃棄物貯蔵所・蘭嶼島のホットスポット　原子力と差別の構造」（『世界』2013年6月号、岩波書店）238-246頁。
小谷一明、巴山学人他『文学から環境を考える　エコクリティシズムガイドブック』、勉誠出版、2014年。
李文茹「雑誌『人間』と「戦後日本」との接点――八〇年代台湾における「核」言説のジレンマ」（『原爆文学研究』16、花書院、2017年）40-52頁。
何明修『緑色民主：台湾環境運動的研究』、群学出版社、2006年。
施信民主編『台灣環保運動史料彙編〈1〉』『台灣環保運動史料彙編〈2〉』、国史館（台湾）、2006年、2007年。
李育霖『擬造新地球：当代台湾自然書写』、台湾大学出版中心、2015年。
蔡振興『生態危機與文学研究』、書林出版、2019年。

column

先住民と自然環境

先住民と自然環境という問題の立て方をするとき、それは先住民を支配する（植民する）外来の民族がいて、彼らによって先住民の伝統的な自然との共生が破壊されるといった内容を前提にしている。その場合、外来の他者が持ち込むものは、程度の差はあれ、専制的支配でもあれば上からの近代化（植民地近代）でもある。

しかし下からの近代化だからといって、それが自然環境を破壊しないわけではない。近代化が生産の産業化とパラレルである以上、開発主体と国家との結びつきや経済的営利の追求が、それを導き出してしまう。また自然環境を破壊することになる工場などの施設を受け入れるかどうかの選択が、そこに住む人々の営利や補償のありかたをめぐって対立を生み出す。それが力を持った外来者に巧みに利用され、人々は分断される。

そうした構造は二元対立的にのみ存在するものではなく、連鎖している。日本植民地期台湾を例にとれば、先住民としての台湾人（ここでは漢人）の土地に植民者としての日本人がやってくるという構造だが、台湾の原住民にしてみれば中国大陸から漢人が移住してきて自分たちの土地を追われて同化したり山地に移動したりしていくわけだし、漢人のなかにも閩南人と客家人という反目構造もあって、支配と被支配の関係は重層的である。

こうした問題状況は、少数者である先住民が弱勢者として常に差別され周縁化されていく社会構造に象徴的にあらわれる。居住地域の開発や工業化による環境汚染・環境破壊が、居住民への補償金や集団的な強制移住などによって処理され、自然環境の回復や保護に向かうのではなく、営利追求だけが保全されるようなことすら行われる。それが環境レイシズム（環境的人種差別）の根底にあり、アメリカの先住民居住地区での核廃棄物貯蔵施設の事例はその典型であろう。

こうした環境破壊と差別の構造は世界中の至るところで発生している問題だが、アジアを例にとれば中国の環境破壊の規模の大きさは想像を絶するものがある。中国ではチベットや新疆ウィグルを含む西部大開発や長江流域の三峡ダム地域の少数民族政策、内モンゴル自治区の開発や砂漠化への対策としての遊牧民の都市移住や貧困化問題など、さまざまな事例が指摘されている。さらにそこにはナショナリズムと民族という厄介な問題が潜在化していて、その構造が国内植民地をつくりだしていく。それを同化政策によってたとえ解消しようとしても、生み出された差別の構造はしばしば再生産されていく。

そして、グローバル経済（資本）の席捲がそれに拍車をかけ、さらなる環境破壊を生じさせていく。いくら環境保護のための法令を定めても、そうした構造まではなかなか改善されない。そのしわ寄せが、連鎖する差別の構造をともなって、どこかに生じてしまう。中国の場合、それは台湾の比ではないだろう。現在の台湾では解決への道はいまだに遠くとも、民主化の過程のなかで何が問題なのかは少なくとも市民のあいだに共有されるようになった。現在の環境問題において重要なことは、環境破壊を生み出す社会の構造をいかに可視化する仕組みをつくるかである。

（三木直大）

【参考文献】
石山徳子『米国先住民と核廃棄物』、明石書店、2004年。
ブルース・E・ジョハンセン（平松紘監訳）『世界の先住民環境問題事典』、明石書店、2010年。
長島怜央『アメリカとグアム = America and Guam：植民地主義、レイシズム、先住民』、有信堂高文社、2015年。

第Ⅱ部　現代東南アジアと環境問題

東南アジアは、大陸部と島嶼部からなる広大な熱帯地域である。地域概念としての東南アジアという語が生まれたのは比較的新しく、１８３０年代の英国においてであった。列強の植民地支配下におかれた東南アジアは第２次世界大戦後に独立を獲得し、現在著しい経済成長の途上にあるが、そこで各国は、一方で資源開発、他方で工業化と人口増加等により、様々な環境問題に直面している。

（写真上から）アブラヤシ伐採後の光景（床呂撮影）／北スマトラ州・シボルガ市・ラブハン・アンギン（Labuhan Angin）石炭火力発電所（イヴォンヌ撮影）／マレーシア・東ボルネオ島のアブラヤシ（床呂撮影）／ベトナムの大気汚染（栗原撮影）

第５章
ベトナムが直面する環境問題をめぐって

栗原浩英

はじめに

ベトナムは現在、ASEAN（東南アジア諸国連合）の中でも、急速な経済発展を遂げつつあるが、近隣のタイ、マレーシア、インドネシアが1970年代に経済発展の道に入ったのと比べると、20年ほどの遅れをとって、1990年代に入ってようやく経済発展が本格化することになる。その主たる要因としては２つの点を指摘することができる。第一には、1965年から73年にかけて米国が直接介入した戦争（ベトナム戦争）で、人的・物的な面でも、さらには自然環境も含め、国土が大きく破壊されたことにより、経済発展の基盤が失われてしまったことである。ベトナムはASEAN諸国中、唯一こうした過酷な歴史的経験をもつ国であるといっても過言ではない。第二に、戦争という外から強いられた要因のみならず、事実上、経済発展を否定的にとらえようとする内的な力が存在していた。それが古い社会主義体制とその指導的な思想であった[1]。ベトナムは、1950年代から80年代にかけて、すなわち北緯17度線以北を領土としていたベトナム民主共和国の時代から、南北統一国家としてのベトナム社会主義共和国の時代へと比較的長期にわたり、古い社会主義体制を維持してきたという点においても、東南アジアでは極めてユニークな存在となっている。

しかし、ベトナム共産党は1986年になって、改革路線ドイモイを提起し、次第に経済発展を是認する方向へと舵を切った。しかも、経済発展を志向する政策が実行に移され、その速度がアップするにつれ、ベトナムの自然環境も1990年代以降、急速な悪化を続けている。今や大気汚染をはじめとして、水質汚濁、プラスチックゴミ問題、自然災害の強大化など、日本も含め、他国が直面してきた問題あるいは直面している環境問題が一通り揃ってしまった感がある。このことは、あらためて環境問題が相手を選ばないことを示しているが、ベトナムの場合、とりわけ、1975年の南北統一後、約10年間続いた古い社会主義体制の下で自然環境が保護され、環境汚染の進展が抑制されていたのも事実である。

小論の第一の課題は、古い社会主義体制を環境問題との関連においてとらえ、どのようにすれば自然環境が保持されるのか、その歴史的な教訓を引き出すことにある。第二の課題は、時期的には21世紀に入り、環境問題が顕在化してからの時期を対象とし、ベトナムにおける環境問題の現状ならびに、共産党や政府による環境問題への対応に関して、ケーススタディを通じて明らかにし、さらには環境政策にみられる問題点を指摘することである。このように政権等の問題への対応を重視するのは、環境問題において、地域的な偏差が現れるとすれば、それは環境問題自身の性質によるのではなく、むしろある地域や国の行政や住民が問題にどのように対処するかによって大きく左右されるのではないかと考えられるからである。

1　戦争と社会主義・環境

(1) ベトナム戦争と環境破壊

米国が1965年から73年にかけて南ベトナムをはじめとして、北ベトナム、ラオス、カンボジアに直接軍事介入した戦争（第二次インドシナ戦争／ベトナム戦争）は、戦争が環境破壊行為に他ならないことを明確に示した点で、画期的な意味をもっていた[2]。この時、主戦場となった南ベトナムには、第二次世界大戦で米軍が使用した量を上回る爆弾が投下された。また、北ベトナムでもホーチミン・ルートの起点となっていた比較的北緯17度線に近い地域も空爆や艦砲射撃の対象となった。これらの地域は緑と無縁になり、クレーターが点在する月面さながらの世界と化した。米軍はさらに南ベトナムで、共産主義勢力が拠点を建設するのを阻止するべく、重機による森林伐採や、今や「枯葉剤」、「ダイオキシン」の名で知られるようになった除草剤の散布などにより、森林を徹底的に破壊した。

それはベトナムが甚大な環境破壊と生態系の破壊を被ったことを意味するものであり、早くから空爆によるクレーター形成に伴う地下水位への影響、飛散金属断片による環境破壊（野生動物や植物）に対する懸念がベトナム国外の調査研究によって指摘されていた[3]。除草剤散布に関しても、栄養塩の過剰放出と食物連鎖への影響、河川への流入による水質汚染、枯死したマングローブ林の回復に長大な期間（100年）を要する可能性、さらには地域住民などの人体への被害が懸念されていた[4]。

他方、戦争終結後、南北統一国家として成立したベトナム社会主義共和国においても、戦争で荒廃した自然環境の復旧と保全が、現在よぶところの環境政策の中心におかれることになった[5]。特にこのうち、森林保護、植林活動についてはベトナムの党と国家の最高指導者として現在も神格化されているホー・チ・ミンが存命中から重視していたものであり、1965年5月15日付の遺書手稿の中でも、その重要性について言及しているほどである[6]。

こうして植林やクレーターの埋め戻しが行われた結果、現在ベトナムの丘陵は緑で覆われ、かつての激しい戦争の痕跡を見出すのは困難となっている。植林活動が成果をあげた事例として、メコンデルタのマングローブ林をあげることができる。ベトナム最南端のカマウやホーチミン市のカンゾー地区では、ベトナム戦争中、米軍の除草剤散布によりマングローブ林が壊滅的な打撃を受け、前述したように、その再生には相当の時間がかかるものとみられていた。しかし、戦争終結後1975年から93年にかけて、ベトナム政府がマングローブの植林や汚染土の除去に力を入れた結果、マングローブ林の再生が進んでいる[7]。この事実は自然のもつ回復力が予想以上に速いことをも示している。

このような努力はその後も継続され、2014年時点でベトナムの森林面積は1,150万ha、そのうち自然林が84%を占める。自然災害（火災）やドイモイ開始後の養殖池建設、道路建設、農地開拓などにより、森林面積の割合はピーク時の43%から、1990年には27%まで低下したが、その後33%（2001年）、34%（2003年）まで回復した。ただし、そのうち自然林割合は約13%にすぎず、再生林が55%を占めている[8]。

以上に述べた成果の一方で、戦争終結後40年以上が経過した現在においても、不発弾や地雷の爆発による人的な被害は根絶されていない。また、米軍により除草剤が散布された地域では、先天性欠損症など疾病の発生が顕著になっている。米国政府は、除草剤とこれら疾病との関連性を認めていないが、2012年以降ダナン国際空港やビエンホアの旧空軍基地などで汚染除去作業の援助にあたっている。

（2）社会主義と環境保護

筆者は1985年12月から1987年3月にかけて、語学研修のため初めてハノイに滞在した。滞在中の1986年12月に、ベトナム共産党第6回党大会が開催され、今日まで続くことになる改革路線ドイモイが提起された。しかし、ドイモイが軌道に乗るまでにはさらに時間を要したため、筆者は基本的に古い社会主義体制の下で生活していたといってよいだろう。その後、30年以上が経過し、ベトナムは大きな変貌を遂げた。もちろん、経済や社会などの面での変化もあるが、それ以上に痛切に身をもって感じるのは、自然環境の著しい悪化・劣化である。前述した最初のハノイ滞在時、自動車やオートバイはまだ少なく、人々の移動手段は自転車に限られていたし、大きな工場も数えるほどしかなかった。大気はクリーンで、鼻炎薬も不要だったし、夜になれば眼鏡によらずとも、天の川を容易に視認することができた。

しかしながら、筆者が体験した1980年代のクリーンな自然環境は、決して当時の党や政府の施策がもたらしたものではない。筆者の滞在時点において古い社会主義体制の基本を規定していた直近の第5回党大会（1982年3月開催）の諸文献を読んでも、そこに環境保護につながる視点を見出すことは困難である。それどころか、そこに登場するのは「社会主義的工業化」や「社会主義的大生産」など経済発展を肯定するような言辞ばかりである[9]。他方で、南ベトナムの社会主義化を念頭において、「社会主義と資本主義という二つの道の間で激しい闘争が起きている」あるいは「商業における資本主義セクターを徹底的に根絶する」などといった言辞で、資本主義に対する敵意も強調されていた[10]。要するに古い社会主義体制の下では、経済発展を推進しようとする思考と、それを抑制しようとする思考、すなわち資本主義を敵視する思考とが併存していたことになる。このような状況の中で、環境の悪化に歯止めがかけられていたのは、力量の点においても前者より後者の方が勝っていたことの帰結であったと大きくまとめることができるだろう。

とはいえ、古い社会主義体制は環境汚染と無縁であったと主張するつもりはない。1950年代から60年代にかけて、ベトナム民主共和国ではソ連や中国の援助によって、リン鉱石精錬工場（ラオカイ）や製鉄コンビナート（タイグエン）、火力発電所（ウオンビー）が建設され、稼働していた。当時十分な汚染対策が施されていたとは思えず、工場排水や排煙による環境汚染が存在していた可能性は否定できないが、残念ながらそれを裏付けるに足る資料を入手することは困難である。ただし、仮に環境汚染が生じていたとしても、それは当時の経済発展や工業化のショーウィンドウ的な性格により、局地的なものにとどまり、広域汚染につながらなかったことが十分に推測される。

ここで「ショーウィンドウ」とは、自国の経済発展や工業化の成果を主として対外的に発信するために、いくつかの工場や農業合作社がモデルとして意図的に建設され、そこに国家からの投資や先進技術の導入を集中することを意味する。したがって、そこから外れた工場や農業合作社は国家から顧みられることもなく、困窮した状態に留め置かれることになる。

こうした経済発展や工業化のショーウィンドウ的性質に加えて、大気汚染につながる物質を排出しない、機械化・自動化とは無縁な、人力を主体としたライフスタイルも指摘しておかなければならない。例えば、農業における手作業や家畜（水牛など）の利用、一般国民の主たる交通手段としての自転車の使用などをあげることができる。古い社会主義体制の下では、自動車は公的機関に配備されるのみで、ガソリンも配給物資となっていた。ただし、これも、決して共産党や政府が推奨したライフスタイルではなく、前述した資本主義を敵視し、個人の富裕化につながる芽を徹底的に摘み取ろうとする古い社会主義体制の支柱ともいうべきイデオロギーが幅を利かせた結果、社会全体が貧窮状態に追いやられることになったという事情が大きく関係している。

以上のような要因に加えて、「直接投資」や観光の名の下に自然破壊と環境汚染を促進することになる「よそ者」、すなわち外国企業や外国人観光客を容易にベトナム国内に入れなかったことも、結果として環境保護に寄与したといえる。1980年代まで、ベトナムは当時の西側諸国に門戸を閉ざしており、相当な理由がなければ西側諸国の人間の入国を認めていなかった。また、入国や滞在が許可されたとしても、その人間の行動には内容的にも、物理的にも大きな制限が課されることになった。筆者の経験に照らして一例をあげると、ハノイ市内での自由行動範囲は限られており、そこを出る場合は詳細な日程や車両ナンバーなど事前に現地の公安に届け出て、通行許可証を取得する必要があった。チェックポイントが各地に設けられており、通行許可証がなければそこを通過することはできなかった。

2　工業化・現代化と環境問題

(1) 環境問題の現状

前節の後半で、古い社会主義体制の下で環境保護に寄与した要因について指摘したが、このように環境問題との関連において、古い社会主義も含めたベトナムの社会主義の特徴を考察すると、1990年代以降ドイモイの本格化に伴い、ほぼ対極に移行したことがわかる。

第一にはショーウィンドウ的な近代化に代わり、ベトナム全土の近代化が追求されるようになった。具体的には、ベトナム各地で田畑を潰して工業区が造成され、そこへ様々な業種の外国企業が進出し、各種工場を建設するようになった。また、経済活動を支えるインフラストラクチャーの整備もベトナム全土で進んでいる。

第二には、「民を豊かにし、国を強くする」というドイモイ時代のスローガンが象徴するように、古い社会主義体制の下で敵視されていた富裕化につながる行為がドイモイの下では是認されるに至り、価値観が大きく転換したことである。これには共産党が、ドイモイによって統制経済・配給制を通じて国民生活を最低限保障しようとする古い社会主義のシステムを自ら放棄し、国民に自活を求めたことが大きく関係している。極論すれば、堂々と金を稼いで豪邸を所有したり、高価な自家用車を所有したりすることが可能になったのである。

そして第三には、「国際経済への参入」というスローガンに示されるような積極的な対外門戸開放によって、人と物が大量にベトナムに流入するようになった。

急速な経済発展を志向するドイモイによって、こうした一連の政策転換や価値観の変化が進む中で、自然環境も急速に悪化しつつある。特に深刻なのは都市部を中心としたPM2.5、PM1などの浮遊性粒子状物質（TSP）、窒素酸化物、硫黄酸化物、二酸化炭素による大気汚染である。とりわけTSPは、ハノイ、ハイフォン、ダナン、フエ、ドンナイ、ホーチミン市などの主要都市や、クアンニン省などの工業地帯で許容レベルを超えるに至っている（2011年）[11]。中でも首都ハノイの大気汚染の凄まじさに関しては、2017年の調査でベトナム、タイ、ミャンマー、インドネシアに位置する23都市中2位に列せられた事実がよく示すところである[12]。また同じ2017年に、ハノイではWHOの空気質ガイドラインを超過した日数が257に及んだという[13]。筆者自身、2010年代に入ってから、ハノイ市内をわずかな時間であれ歩行すると、息苦しさを覚える[14]。特に多数のオートバイからの排気ガスの臭いが鼻を衝く。自転車が国民の主たる移動手段となっていた1980年代には想像もつかなかったような事態が進行している。

ここで、大気汚染が進行した要因としては、第一にオートバイや自動車を中心としたモータリゼーションをあげないわけにはいかない。ハノイやホーチミン市などで、特に朝夕のラッシュ時に道路を埋め尽くすオートバイの波は、今やベトナムの象徴的な景観ともなってしまっている。2016年の調査によると、車両保有台数は各種オートバイと各種自動車がそれぞれ4,500万台、200万台に達し、オートバイが交通手段全体の95％を占める。そして、こうした状況は2020年代まで続くであろうといわれる[15]。ベトナムにおけるオートバイ普及の要因としては、国民生活における収入増加に伴い、税金との関連で高額となる自動車には手が届かないものの、オートバイであれば購入可能であるという家庭が増えたという事情が大きく関係しているものと考えられる。さらに、自動車の場合、保管場所を確保するにも費用がかかり、ベトナムには都市・農村を問わず、自動車の侵入できない狭い道や路地が多くある。その点オートバイであれば、自転車同様、保管場所にも困らないし、狭い路地であれ走行可能である。

また、公共交通機関網整備の遅れもオートバイの普及に拍車をかけたと考えられる。ハノイでは1980年代末に一時期トロリーバスが運行されていたが、短期間で廃止されてしまい、その後バス路線網の整備が進むのは21世紀に入ってからのことであった[16]。利用者も多くなっているが、バス自体は環境対応型ではなく、渋滞もひどいため、大気汚染の緩和にどれだけ貢献しているかは疑問である。新たな公共交通機関として、ハノイでは2011年から、ホーチミン市では2012年からそれぞれ高架鉄道・地下鉄の建設が進行中であるが、開通時期の延期が繰り返されており、2019年時点において未だ開通の目途が立っていない。こうした状況から利便性と経済性で優るオートバイが重宝される時代はまだ続くものと思われる。また、大気汚染の第二の要因は、工業生産活動に伴う排煙などによるものである。火力発電所、セメントなど建設資材生産工場、精錬工場、化学工場、鉱産資源開発現場では、有害物質を除去する設備が欠如しているため[17]、粉塵が大気中にそのまま放出されることになる。

大気汚染以外では、気候変動によりベトナムの受ける影響が極めて深刻なものとなることが予想されている。海面が1m上昇した場合、ベトナム全土では面積の約9%が海面下に沈み、人口の16%が被災するとみられるほか、農業生産とGDPの減少はそれぞれ7%と10%に達するという試算も出ている。地域別にみると、ベトナムの主要なデルタ地帯を構成する紅河デルタとメコンデルタにおいては、海面下に沈む地区の割合はそれぞれ総面積の11%と67%に及ぶものと予測されている[18]。さらに、他国と同様、自然災害の巨大化がすでにベトナムでも顕著になっており、2001年から2010年の間に台風、洪水、地滑り、浸水、干ばつ、海水侵入で9,500人が犠牲となり、損害は年間GDPの1.5%に相当するという[19]。

また、観光を中心に急増するベトナムへの訪問客による自然環境に対する負荷の増大がもたらす災禍も、タイのマヤ湾やフィリピンのボラカイ島などのリゾート地が生態系回復のため2018年に閉鎖されたように、早晩表面化するであろう。前述したように、外国人に固く門戸を閉ざしていた状態から、門戸開放へと政策を転換した結果、ベトナムへの訪問客数は2007年には415万人であったところから、2017年には1,001万人に達した。この増加は同時期のASEAN全体への訪問者数の伸び（6,228万人から1億1,556万人）を上回っている[20]。ベトナムのもつ潜在的な観光資源や多数の人口を擁する中国との地理的な近接性を考慮すると、訪問客の数はさらに増大することが見込まれる。以上のほか、家庭や事業体から出るゴミが急増し、埋立て処理に回されるという問題も深刻化している[21]。

（2）ベトナム共産党と政府の環境問題に対する認識と対応

ベトナム政府は1980年代初頭から国連の環境に関連した条約に調印したり、環境保護と天然資源の利用に関する国際会議を開催したりしているが、環境問題が政策の中に明確に位置付けられるようになるのは、1980年代後半になってからのことであり、ドイモイの始動と軌を一にしている。1988年には環境問題の専門家を糾合したベトナム自然・環境保護協会が政府の肝煎りで設立されたほか、1990年代に入ると国連環境計画（UNEP）との協力関係も前進をみせるようになった[22]。一党制のベトナムでは、共産党が政策路線に関する方針を提示した後、政府と国会がその追認と具体化にあたることになる。環境政策に関する共産党と政府の指示・決議として重要なものとしては、①環境と持続的発展に関する国家計画（1991 － 2001年）②「国土の工業化・現代化の時期」における環境保護活動強化を骨子とした党政治局指示36/CT-TW（1998年6月25日付）③経済社会発展戦略（2001 － 2010年）④党政治局決議41/NQ-TW（2004年11月15日付）⑤気候変動への主体的対応、資源管理・環境保護強化を骨子とした党中央決議24/NQ-TW（2013年6月3日付）などがあり[23]、共産党と政府が環境問題を重視し、取り組みを続けてきたことを示している。

このような共産党と政府の環境問題重視の背景として、ドイモイの下で、門戸開放を通じた経済発展を志向するようになった時期が、1992年6月にリオデジャネイロで開催された国連環境開発会議（地球サミット）に象徴されるように、折しも地球的規模で環境問題に対処しようという動きが広がった時期と重なったという事情が看過されてはならない。地球サミット開催の翌1993年に制定された環境保護法（1993年法）が、前文において、「環境は国土の人間、生物の生活、経済・文化・社会発展、民族と人類に対して特別な重要性をもつ」と謳い、また「地域と地球的規模での環境保護への貢献」に言及している点にもそのことがよく示されている。

環境保護法は、当初７章・55 条で構成される比較的シンプルなものであったが[24]、その後 2005 年と 2014 年に改正され、現在に至っている。改正の度に条文が増え、内容も詳細なものとなり、2005 年法は全 15 章、136 条で、2014 年法は全 20 章、170 条でそれぞれ構成されている[25]。時期が下るにつれて、環境アセスメント、環境モニタリング、環境保護に対する責任の所在、環境汚染をめぐる訴訟や賠償などの事項が追加されている。

地球サミット開催以降、環境問題に対する法制面での整備と並行して、行政機関の再編と統合も進められた。1992 年 10 月には、環境問題を所管する官庁として科学技術・環境省が新設された。とりわけ同省に設置された環境局はベトナムで環境問題を専門的に所管する最初の行政機関となった。その後、10 年を経て 2002 年８月には、地政庁、気象水文庁、環境局及び農業・農村開発省、工業省、科学技術・環境省各省内の水資源・鉱産資源・環境関連部門を糾合する形で資源・環境省が設置され、土地、水資源、鉱産資源、環境、気象水文、測量、地図作成を所管することとなった[26]。

3　ベトナムにおける最近の環境汚染に関連した事例

前節では、1990 年代に入ってから、ベトナムの党と政府が環境問題を重視し、法整備や行政機関の再編を進めてきたことを述べた。しかし、環境汚染など実際の事例に対して、法や行政機関がどのように機能しているのかは全く異なる次元に属する問題である。ここではごく最近ベトナムで発生した環境関連の３つの事例をとりあげ、その点について考察する。

(1) 原子力発電所（ニントアン１・ニントアン２）建設計画

これは総出力 2,000 MW になる２つの原子力発電所ニントアン１（Ninh Thuan 1)・ニントアン２（Ninh Thuan 2）をニントアン省ニンハイ県に建設しようとする計画であった[27]。建設受注者はニントアン１がロシア、ニントアン２が日本となっていた。本計画は 2009 年 11 月 25 日にベトナム国会を通過し、2010 年より技術者養成のため、ベトナムから 445 名がロシア、フランス、日本に派遣される予定になっていた。また、建設計画のフィージビリティに関するベトナム電力公社（EVN）の報告書が首相に提出されたほか、建設予定地に居住する住民の移住計画なども作成されたという[28]。したがって、当時有効であった環境保護法（2005年法）の第3章の規定を踏まえているとみることもできる。

しかし、建設予定地の主たる住民であるチャム人が、建設計画自体について知ったのは、計画が国会を通過した後だったという[29]。その後、2011年3月に発生した福島第一原子力発電所事故の影響もあり、ベトナム国内でも原子力発電所の安全性への懸念が高まり、建設予定地一帯に居住するチャム人住民を中心に異論が提起され、2012年5月には日本政府あての原発輸出反対署名呼びかけが展開されるまでになった[30]。それから4年以上を経た2016年11月、ベトナム政府は建設計画の中断を表明、その理由として「ロシアと日本の原子力発電技術はともに現在最先端のものであり、安全度も極めて高い。建設計画案の中断は技術や安全面での理由によるものではなく、現在のわが国の経済的条件によるものである」ことをあげ、代替案として、火力発電、再生エネルギーによる発電、LNG発電、隣国（ラオス）からの電力購入を提示した[31]。

この計画中断は、基本的に原子力発電は安全という従前からのベトナム政府の主張の延長線上に位置するものであり、決して原子力発電の危険性をめぐる国内の議論や、原子力発電の安全性に対する現地住民の懸念を受けて方針転換したものではない。さらに財政的な理由で計画中断を説明している点にこそ、ドイモイの下で全方位外交を推進しようとするベトナムの立場がよく表れている。つまり、どの国とも良好な関係を維持するためには、ロシアや日本など関係国の面目を潰すことなく計画を中断に持ち込む必要があるからである。ここでとりあげた事例は、計画の段階で頓挫したものであり、実際に環境汚染につながったわけではないが、住民と政権との意思疎通の回路が存在しないことや、ベトナムの国家的な政策との関連で本質的な議論にたどり着くのが困難であることをよく示しているといえよう。

（2）ボーキサイト開発問題

これはベトナム中南部高原におけるボーキサイト・アルミナ精製プロジェ

クトに関連した事件である。本件に関しては、すでに中野亜里による現地調査に基づいた優れた論攷があるため[32]、それに依拠しながら環境保護法等との関連において問題点を指摘するにとどめておく。このプロジェクトは、2001年より、ベトナム共産党指導部内や中越両国間で進められてきた経緯をもつ。そして2007年にグエン・タン・ズン首相（当時）がプロジェクトの開始を決定し、国営企業のベトナム石炭・鉱産物グループ（Vinacomin）が、ラムドン省のタンライ（Tan Rai）とダクノン省のニャンコー（Nhan Co）にアルミナ精錬工場を建設、翌2008年に中国のアルミニウム企業（Chalieco）が国際入札を経て事業に参入した。

当時、効力のあった環境保護法（2005年法）は、鉱産資源開発に関して、工業省が主体となって、中央・地方の関連省庁とともに環境汚染レベルのアセスメントなどを実施するように定めていた（44条）ほか、建設法も首相は「国会が投資の方針を採択した後に、国家的に重要な建設事業投資案への投資を決定する」（32条）と定めていた[33]。しかし、このような法的手続きを踏んで首相の決定がなされた形跡がなかったことや、中国企業が資源開発プロジェクトに絡んでいるという事情や精錬に伴う環境汚染に対する懸念もあって[34]、2009年以降、国内各層から批判が沸き起こるに至った。

こうした批判の主体は、共産党の元指導者（ヴォー・グエン・ザップ将軍）や知識人であり、後者は党指導者に書簡を送り、同プロジェクトの実施に関して民意を問うよう求めた（2009年3月）。これには一般国民3,000名が賛同して、署名するまでになったが[35]、プロジェクトは中止されたり、見直されたりすることもなく、ボーキサイト採鉱が進められている。その後2016年7月にはニャンコーの精錬工場のパイプが破損し、化学物質が流れ出すという事件も発生している[36]。この事例は、ベトナムでは権力者であれば、法的な手続きによらずとも経済開発関連案件を通すことが可能であることを示しているともいえる。

グエン・タン・ズンに対しては、実力者というイメージが強い一方で、多数の投資案件を認可したり、経営状態の悪い国営企業を放置したりすることで、ベトナムに膨大な負債を残すことになったとして管理能力や責任を問う声もあり、評価が大きく分かれている[37]。おそらく後者と不可分であろうと思われるが、2012年10月に開催された第11期第6回党中央委員会総会でグエン・タン・ズンは「幹部や党員の隊列における退廃・腐敗」などと関連し、名指しこそされないものの、本人とわかる形で批判の対象となった[38]。そして、この第11期の委員（政治局委員、中央委員）をもって政界を去ることになった。

（3）フォルモサ事件

2016年4月に発生した海洋汚染により、ベトナム中部ハティン省ヴンアン（Vung Ang）港一帯で魚が大量死し、その後、被害がクアンビン、クアンチ、トゥアティエン・フエ各省に拡大した[39]。これを受けてベトナム政府は調査に乗り出し、6月30日にヴンアン工業区にあるフォルモサ（Formosa）・ハティン製鉄工場（台湾系企業、以下フォルモサ製鉄工場と略）から流出した許容基準を超える有害な廃液が原因であったとする調査結果を公表した。また、これに先立ち、6月28日にはフォルモサ製鉄工場が環境汚染を引き起こした責任を認め、ベトナム政府と国民に謝罪し、ベトナム中部4省における汚染処理と環境再生のために賠償金として5億米ドルを支払うとともに、廃棄物・廃液・有毒物質の処理システムを改善して、二度と今回のような事件を引き起こさないことを中央・地方の行政機関に約束した[40]。さらに、事件発生当時の資源・環境相グエン・ミン・クアン（Nguyen Minh Quang）、共産党ハティン省委員会書記ヴォー・キム・ク（Vo Kim Cu）を初めとする党・政府関係者の責任が問われ、処罰の対象となった[41]。この事件は、先に述べた二つの事件と比較すると、海洋汚染発生を受けて原因の究明がなされ、関係者の責任が問われ、それ相応の処罰がなされたという点で、形式的には環境保護法にそって決着が図られた事例であるといえよう。

しかし、これで問題自体が解決されたわけではなく、2018年にはハティン省、ゲアン省、ダナン市の沿海地域で2016年と同様に魚が大量死する事態が発生した。住民や識者からフォルモサ製鉄工場は改善措置をとらず、依然として廃液を垂れ流しているという声が上がる一方で、政権側が調査を進めているのか、あるいはその結果はいかなるものだったのかなどの点は不明である[42]。この事例においても、環境モニタリングでは極めて重要な住民からの情報提供を受けつける窓口が政権側にないことや、住民と政権との意思疎通を図る回路が存在していないことが示されている。

4　ベトナムにおける環境問題の行方

（1）政策路線の対極への転換

ベトナムは1950年代から80年代にかけての古い社会主義体制の経験を通じて、いかにすれば自然環境が保護されるか、いかにすれば自然環境が悪化するかという点で貴重な事例を提供している。しかし、筆者のベトナムの知人たちが1980年代の生活に言及する際、決まって登場するのは、「貧しい」（ngheo）、「ひもじい」（doi）という２つの語である。現在の大気汚染には敏感になっていても、貧しく、ひもじい思いばかりしていた時代、つまり古い社会主義体制の下で、再び自然環境をとり戻そうというような主張は聞いたことがない。そのようなことをすれば、国際社会からの孤立は避けられず、国民生活も貧窮状態に逆戻りすることになる。

他方、経済発展を追求すれば、環境破壊は避けて通ることができない。さらに環境問題がグローバルな性質をもつ以上、ベトナムだけの努力には限界がある。当面、科学技術の投入や個々人の環境保護に向けた実践活動、環境問題をめぐる国際協力を通じて破壊や悪化の度合をいかにして抑えるか、あるいは生態系の再生が可能な部分は再生を進めていくということが当面実現可能な対策でしかないように思われる。

（2）一定しない環境問題への対応

本文中でとりあげた３つの事例が示すように、環境問題の絡む案件に対するベトナム政府の対応は一定したものとなっていない。問題の本質より対外的な配慮が優先されているようにみえるものもあれば、権力者の意向に左右された事件もあるし、一応環境保護法に沿って対応がとられているようにみえるものもある。また、環境保護法に規定されている環境モニタリングの重要性は明らかだが、一党制下での環境モニタリングはほんとうに可能なのかという疑問を抱かざるをえない。例えば、現行の環境保護法には「住民居住地域コミュニティ代表（dai dien cong dong dan cu）」（146条）という用語が登場するが、この代表が民主的な手続きを経て選出されるのか、あるいは上からの指名によって決められるのかは不明確である。

もっとも現時点では、汚水が放出されていたり、火力発電所から黒煙が上がっていたりするとすぐにSNSにアップされてしまうし、大気汚染やプラスチックゴミ問題の深刻さに警鐘をならす投稿も見受けられ、環境保護に向けた国民の意識が高まってきているのも確かである。

（3）今後浮上する可能性のある問題

その一つは本文中でも言及した、急増する観光客による自然破壊と環境汚染である。ベトナムには風光明媚なリゾートが多数あるため、フィリピンのボラカイ島やタイのマヤ湾と同様の事態の発生も懸念される（これについてはコラム「観光と自然環境」も参照されたい）。

もう一つの問題は中国による雲南省内のメコン川上流（瀾滄江）地域におけるダム建設が自然環境に及ぼす影響である。メコン川上流にダムを建設すれば、土砂流量や漁獲量などの面で、下流域に影響が出ることは十分に予見できたはずである。もし中国がメコン流域圏（GMS）の発展に配慮しているのであれば、メコン川下流域に位置するタイ、ラオス、カンボジア、ベトナム各国と連携しながら進めるべき事業案件であったと思われるが、そのようなアプローチがとられることはなかった。

2016年3月には、メコンデルタ地域の干ばつと海水侵入の被害に苦しむベトナムが、雲南省の景洪水力発電所のダムからの放流量を増やすよう中国側に要請するという事態にまで至った[43]。中国側はその要請に応じて放流を行い、ベトナム側はそれに対して謝意を表明したが、ここにはメコン川上流にダムを保有することによって、メコン川流域における中国のプレゼンスが高まっていることが明確に示されている。実はこの事件のわずか前、2015年11月には瀾滄江・メコン協力（LMC）とよばれる協力機構が設立されていた。LMCは「中国とカンボジア、ラオス、ミャンマー、タイ、ベトナムが共同で発案し、建設した新しいタイプの地域協力メカニズムである」と説明されているが[44]、実際には中国主導による、アジア開発銀行（ADB）なき

GMSとでもいうべき機構である。その目的には、関係国家間の発展格差の縮小がうたわれ、扱う問題としては水資源に関する協力などがうたわれているが[45]、少なくとも、設立後間もなく発生したメコンデルタの干ばつをめぐって、機能したのはLMCではなく、別のルートであったことは確かである。この先、中国がダムを他国に対する外交的な切り札や圧力として利用し続けるのか、あるいは他国と連携しながら運用していくのかという点でLMCの動向が注目されるところである。

［注］

1 小論で「古い社会主義体制」とは、ドイモイ開始前の社会主義体制を指す。これは、ベトナム共産党が社会主義を掲げ続けるという状況の中でも、内容的にドイモイ以前の「社会主義」とドイモイ時代の「社会主義」が大きく異なり、両者を明確に区別する必要があると考えられるためである。詳しくは以下を参照されたい。栗原浩英「第10章 ベトナム」藤田和子・文京洙編著『新自由主義下のアジア』ミネルヴァ書房、2016年、203-206頁。

2 ベトナム戦争の起点と終点に関してはいくつかの見解があるが、ここでは米国が直接介入した時期（1965年～73年）を対象とする。

3 SIPRI編、岸由二・伊藤嘉昭訳『ベトナム戦争と生態系破壊』岩波書店、1979年、29-32頁。

4 同上書、49頁、55頁、64-68頁。

5 森晶寿編『東アジアの環境政策』昭和堂、2012年、161頁。

6 同上。*Di chuc cua Chu tich Ho Chi Minh,* Ha Noi: Nxb Chinh tri quoc gia, 1999, tr.30.

7 川名英之『世界の環境問題』第8巻、緑風出版、2012年、213頁。

8 Nguyen Thi To Uyen, *Trach nhiem phap ly trong phap luat bao ve moi truong o Viet Nam,* Ha Noi: Nxb Chinh tri quoc gia, 2014, tr.59-60. なお、ベトナムにおいて法的な意味での自然林には、原生林の他、自然災害や森林破壊後の自然再生林も含まれる。

9 Dang cong san Viet Nam, *Van kien Dai hoi dai bieu toan quoc lan thu V,* tap I, Ha Noi: Nxb Su that, 1982, tr.47-48.

10 Sach tren, tr.49,67.

11 Bui Duc Hien, *Phap luat ve kiem soat o nhiem moi truong khong khi o Viet Nam hien nay,* Ha Noi: Nxb Chinh tri quoc gia su that, 2017, tr.70-71.

12 “91% so ngay Ha Noi vuot tieu chuan o nhiem khong khi cua WHO” greenidvietnam.org.vn/91-so-ngay-ha-noi-vuot-tieu-chuan-o-nhiem-khong-khi-cua-who.html（2019年9月16日閲覧）

13 Nguyen Thi Anh Thu, Lars Blume, *Bao cao chat luong khong khi nam 2017,* Ha Noi: Green Innovation and Development Centre, 2018, tr.12-13.

14 ハノイ在住の写真家によると、2014年頃から夕暮れの風景に異変が生じ、鮮明度が失われたという。https://www.facebook.com/thangsoivn/posts/10217402015174572（2019

年9月30日閲覧）

15 Bui Duc Hien, sdd, tr.91-92.

16 ハノイの場合、2001年6月に4つの交通運輸関連会社を統合して、ハノイ運輸公団が設立された後、急速にバス路線網の整備が進んだ。

17 Nguyen Thi To Uyen, *Trach nhiem phap ly trong phap luat bao ve moi truong o Viet Nam,* Ha Noi: Nxb Chinh tri quoc gia, 2014, tr.58-59.

18 Ngo Trong Thuan (Chu bien), Nguyen Van Liem, *Nhung thong tin cap nhat ve bien doi khi hau dung cho cac doi tuong cong dong,* Ha Noi: Nxb Tai nguyen-moi truong va ban do Viet Nam, 2014, tr.160; Hoi đong khoa hoc cac co quan Dang Trung ương, *Chu đong ung pho bien doi khi hau, day manh cong tac bao ve tai nguyen, moi truong,* Ha Noi: Nxb Chinh tri quoc gia, 2013, tr.29-30.

19 Hoi đong khoa hoc cac co quan Dang Trung ương, nhu tren.

20 *ASEAN Statistical Yearbook 2018,* Jakarta: ASEAN Secretariat, 2018, p.181,189.

21 川名英之前掲書、217-218頁。

22 Bui Duc Hien, sdd, tr.45. "Mot so su kien, hoat dong ve moi truong tai Viet Nam" http://tapchimoitruong.vn/pages/article.aspx?item=M%E1%BB%99t-s%E1%BB%91-s%E1%BB%B1-ki%E1%BB%87n,-ho%E1%BA%A1t-%C4%91%E1%BB%99ng-v%E1%BB%81-m%C3%B4i-tr%C6%B0%E1%BB%9Dng-t%E1%BA%A1i-Vi%E1%BB%87t-Nam-41149（2019年9月1日閲覧）

23 Nguyen Thi To Uyen, sdd, tr.33.

24 http://www.moj.gov.vn/vbpq/lists/vn%20bn%20php%20lut/view_detail.aspx?itemid=10443（2019年9月1日閲覧）

25 *Luat bao ve moi truong nam 2005,* Ha Noi: Nxb Chinh tri quoc gia, 2012; *Luat bao ve moi truong,* Ha Noi: Nxb Chinh tri quoc gia, 2015.

26 www.monre.gov.vn/Pages/qua-trinh-phat-trien.aspx#（2019年9月1日閲覧）

27 詳細については以下を参照されたい。伊藤正子／吉井美知子編著『原発輸出の欺瞞』明石書店、2015年、74-84頁、133-177頁。

28 "Chinh phu cong bo nguyen nhan dung du an dien hat nhan" https://vnexpress.net/thoi-su/chinh-phu-cong-bo-nguyen-nhan-dung-du-an-dien-hat-nhan-3502869.html（2018年1月12日閲覧）

29 伊藤前掲書、77頁。

30 同上書、134-139頁。

31 "Chinh phu cong bo nguyen nhan dung du an dien hat nhan", bdd.

32 伊藤前掲書、104-132頁。

33 Luật bảo vệ môi trường năm 2005, sdd, 50; "Luat ve xay dung" https://thuvienphapluat.vn/van-ban/Bat-dong-san/Luat-xay-dung-2003-16-2003-QH11-51699.aspx#（2019年9月10日閲覧）

34 中野亜里によれば、環境影響評価報告は未公開であったという。伊藤正子前掲書、106頁。

35 同上書、110頁。

36 "Duoc Gi Sau 10 Nam Khai Thac Bauxite Tay Nguyen?" https://www.rfa.org/Vietnamese/in_depth/10-years-bauxite-mining-what-gain-what-lost-06042019110334.html（2019年6月30日

閲覧）

37 “Bao quoc te danh gia 10 nam thu tuong cua ong Nguyen Tan Dung” https://vnexpress.net/the-gioi/bao-quoc-te-danh-gia-10-nam-lam-thu-tuong-cua-ong-nguyen-tan-dung-3383145.html（2019 年 3 月 28 日閲覧）; https://www.facebook.com/profile.php?id=100025297698508&__tn__=%2CdCH-R-R&eid=ARDdpNGAYYokrrnI3XnkD8fFzLEKifNVpYty7AIvVW96yvDUrSx3bryzFAnNcMOzByw6ds6OCLAtsvDF&hc_ref=ARRRFKILxcrak3dlvPD4UD_qafXfAimUbu6mrICJVWjLqlzbFPN4fxP7NEswLUHkXO0&fref=nf（2019 年 10 月 11 日閲覧）

38 “Thong bao Hoi nghi Trung uong 6 khoa XI” https://nld.com.vn/thoi-su-trong-nuoc/thong-bao-hoi-nghi-trung-uong-6-khoa-xi-2012101509282342.htm（2019 年 3 月 28 日閲覧）

39 “Formosa dung dau cac vu gay o nhiem nam 2016” https://tuoitre.vn/formosa-dung-dau-cac-vu-gay-o-nhiem-nam-2016-1351267.htm（2018 年 1 月 12 日閲覧）

40 “Hop bao Chinh phu chuyen de thang 6” http://vpcp.chinhphu.vn/Home/Hop-bao-Chinh-phu-chuyen-de-thang-6/20166/19053.vgp（2018 年 1 月 12 日閲覧）

41 “Xem xet ky luat ong Vo Kim Cu va Nguyen Bo truong Tai Nguyen” https://vnexpress/net/thoi-su/xem-xet-ky-luat-ong-vo-kim-cu-va-nguyen-bo-truong-tai-nguyen-3545446.html（2018 年 1 月 12 日閲覧）。環境保護法では、141 条・142 条・143 条において中央・地方省庁の監督責任については明記されているが、党指導者の責任については言及がない。ヴォー・キム・クが党省委員会のトップの座に就いたのは 2015 年 2 月であったが、その前は 2010 年 8 月より地方行政の長である人民委員会議長の座にあった。また、2008 年にはフォルモサ工場にヴンアン工業区での事業を認可するポストにあった。

42 “Phai dong cua vinh vien Formosa”? https://www.bbc.com/Vietnamese/Vietnam-48250439（2019 年 6 月 10 日閲覧）

43 “中国景洪水電站放水 27 天緩解湄公河旱情” http://www.hydropower.org.cn/show NewsDetail.asp?nsId=18057（2019 年 9 月 20 日閲覧）

44 “関於瀾滄江－湄公河合作” lmcchina.org/gylmhz/jj/t1510421.htm（2019 年 9 月 20 日閲覧）

45 “関於瀾滄江－湄公河合作首次外長会聯合新聞広報” lmcchina.org/zywj/t1511257.htm（2019 年 9 月 20 日閲覧）

［主要参考文献］

【日本語】

伊藤正子／吉井美知子編著『原発輸出の欺瞞』明石書店、2015 年。

川名英之『世界の環境問題』第 8 巻、緑風出版、2012 年。

栗原浩英「第 10 章　ベトナム」藤田和子・文京洙編著『新自由主義下のアジア』ミネルヴァ書房、2016 年。

SIPRI 編、岸由二・伊藤嘉昭訳『ベトナム戦争と生態系破壊』岩波書店、1979 年。

森晶寿編『東アジアの環境政策』昭和堂、2012 年。

【英語・ベトナム語】

ASEAN Statistical Yearbook 2018, Jakarta: ASEAN Secretariat, 2018.

Bui Duc Hien, *Phap luat ve kiem soat o nhiem moi truong khong khi o Viet Nam hien nay,* Ha Noi: Nxb Chinh tri quoc gia su that, 2017.

Di chuc cua Chu tich Ho Chi Minh, Ha Noi: Nxb Chinh tri quoc gia, 1999.

Dang cong san Viet Nam, *Van kien Dai hoi dai bieu toan quoc lan thu V,* tap I, Ha Noi: Nxb Su that, 1982.

Hoi đong khoa hoc cac co quan Dang Trung ương, *Chu đong ung pho bien doi khi hau, day manh cong tac bao ve tai nguyen, moi truong,* Ha Noi: Nxb Chinh tri quoc gia, 2013.

Luat bao ve moi truong nam 2005, Ha Noi: Nxb Chinh tri quoc gia, 2012.

Luat bao ve moi truong, Ha Noi: Nxb Chinh tri quoc gia, 2015.

Nguyen Thi Anh Thu, Lars Blume, *Bao cao chat luong khong khi nam 2017,* Ha Noi: Green Innovation and Development Centre, 2018.

Nguyen Thi To Uyen, *Trach nhiem phap ly trong phap luat bao ve moi truong o Viet Nam,* Ha Noi: Nxb Chinh tri quoc gia, 2014.

Ngo Trong Thuan (Chu bien), Nguyen Van Liem, *Nhung thong tin cap nhat ve bien doi khi hau dung cho cac doi tuong cong dong,* Ha Noi: Nxb Tai nguyen-moi truong va ban do Viet Nam, 2014.

第6章
東南アジア島嶼部における森林・水産資源の利用と環境問題
――ボルネオ島北部を中心に

床呂郁哉

はじめに

本章はアジアのなかでも東南アジアの島嶼部、特に東マレーシアのサバ州を中心とするボルネオ島北部やその周辺地域に焦点を当てて、現地での環境問題を現場での具体的事例を交えて試論的に考察するものである。

このうち前半では、ボルネオ島などにおける森林伐採とアブラヤシ農園開発の事例を取りあげ、ボルネオなどにおける森林の減少（deforestation）や環境破壊はなぜ止まないのか、という問い対して、マクロな政治・経済的な枠組みも参照しながら焦点を当てる。後半では、こうした環境破壊が進む状況下における現地社会の応答の一つとしての、ボルネオ島北部の海・沿岸部や河川における漁業資源をめぐる実践の紹介を行う。その検討を通じて現地社会の在来知・慣習を通じた持続可能な生業実践の試みの可能性を探る。こうして本章では東南アジア島嶼部における環境問題をめぐる現状と課題、そしてその問題への現地社会の在来知・慣習を通じた解決の可能性を検討することを目的としている。

東南アジア島嶼部は海域世界東南アジアないしヌサンタラなどと称されることもあり、海を通じた交易や移住などによって何世紀にも亘り社会的・文化的に互いに結びついてきた。自然環境としては概して高温多雨を特徴とする。こうした環境を背景にとりわけ本章が扱うボルネオ島の熱帯雨林は、中南米と並んで世界でも最も生物多様性が豊かな植生として知られている。現地は概してオランウータンやボルネオ象などの絶滅危惧種の動物や、ラフレシアや食虫植物などを含む希少な動植物の宝庫であるが、近年では次節以降で詳しく述べるようにアブラヤシ農園開発などによる環境問題に曝されている。

1　アブラヤシ農園開発とそのインパクト

(1) アブラヤシの農園開発

サバ州の州都であるコタキナバルから空路で東海岸の都市のタワウやサンダカンなどへ向かう際、離陸してしばらくすると上空からはこの地域に特有の鬱蒼とした熱帯雨林が一面に広がる風景が目に入る。しかし、飛行機がさらにサバ東海岸に近づくにつれて、眼下の風景はドラスティックに変化する。一見すると緑色の絨毯のように林が続くのだが、どこかさきほどまでより単調で、場合によっては林を構成する木が規則的に並んでいるように感じられる。そうした風景が海岸線の近くまでかなり広大な面積に渡って続く。実はこれは先ほどまでの原生林ではなく、人工的に開発されたアブラヤシ（学名 Elaeis guineensis）の農園である。

サバ州の位置するボルネオ島や、スマトラ島など東南アジア島嶼部の各地では20世紀の終わり、1990年代以降からこうしたアブラヤシ農園が急速に拡大している。この背景としては、1970年代以降にボルネオなどで森林伐採が進み、樹木の伐採後の土地を再利用する過程でアブラヤシが有力な産物として注目され、農園開発が進んだことが指摘されている[1]。

アブラヤシは、その実から抽出されるパームオイル（植物性油脂の一種）の原料として近年では増産の対象となり、お菓子・加工食品・石鹸・シャンプー・洗剤などの材料として日本を含む世界各地へ輸出されている。アブラヤシの生産量ではインドネシアとマレーシアの両国の占める割合が突出しており、両国の合計は世界の生産量の80%を占める。インドネシアは毎年2,000万トンを供給し世界の半分以上の量を算出する（Varkkey 2016:41）。

マレーシアでも2018年には同国のアブラヤシの輸出額は

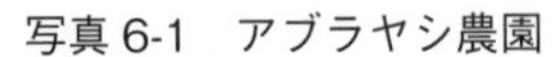
写真6-1　アブラヤシ農園

出所：筆者撮影

165億リンギットに上り、マレーシアの経済に多大な貢献をしている。マレーシアでは実はアブラヤシ農家の40%は小規模農家であり、その数は65万人に上る[2]。

アブラヤシの果肉の部分からはCPO（Crude Palm Oil）すなわちアブラヤシ原油を抽出でき、また核（種）の部分からはPKO（Palm Kernel Oil）＝パーム核油を抽出可能である。植物性油脂の原料のなかでアブラヤシは生産コストが最安値であり、同じ量の油脂を生産するときの必要となる土地の量が大豆油の約10分の1で済むなど経済的なメリットが大きいことを特徴としている（Varkkey 2016:36）。

（2）パームオイルの利用

アブラヤシ原油からはステアリンとオレイン酸が採取できる。ステアリンは常温で個体であり主に化粧品、石鹸、消臭剤、ろうそく、潤滑油など工業用原料となる。オレインは常温で液体であり食用油、マーガリン、クリームなどの食品に加工される。また近年では化石燃料の枯渇や気候変動への関心の増加により、再生燃料としてのバイオ燃料に注目が高まっており、この状況を背景にパームオイルも近年、バイオ燃料の材料としても需要が増加している。栽培の過程でCO_2を吸収するので地球温暖化問題の解消に役立つ「地球にやさしい」再生可能なエネルギーとして紹介されることもある。

しかしパームオイル利用が「地球にやさしい」というキャッチフレーズには疑問も提示されつつあり、後で詳しく述べるように、アブラヤシ産業の拡大と森林減少に伴う環境・社会問題を懸念する声も高まっている[3]。

写真6-2　アブラヤシの実

出所：筆者撮影

こうした批判を背景にEUでは2018年6月に合意を締結し、2030年までにアブラヤシからの燃料を輸送用として利用することを全廃する方針を決めた。フランスの議会でもアブラヤシ

写真6-3　アブラヤシ農園の労働者

出所：筆者撮影

燃料を「グリーン燃料」とは見做さずふつうの燃料として課税する方針を可決している (Borneo Post、2019年2月24日)。また各地の環境保護団体はアブラヤシ農園の拡大は熱帯雨林の減少を招き、オランウータンなどの希少生物の減少をもたらしていると批判している。更にアブラヤシ農園を造成するための森林火災によりCO_2が増加し、気候変動にも悪影響を与えているとも指摘されている。また後述のように森林火災は東南アジア各地で健康被害などをもたらしていることに加えて土地紛争、先住民の先祖伝来の土地の収奪などを惹き起こすという批判もある (Pye 2013:3)。この他にサバ州ではアブラヤシ農園などで働く労働者の多くがインドネシアやフィリピンなど近隣諸国からの移民・出稼ぎ労働者によって占められており、こうした移民労働者を含む外国人人口の流入・増加が社会問題化しつつある[4]。

2　東南アジア島嶼部の森林火災と煙害 (haze) 問題

1990年代後半以降から今世紀に入って東南アジア島嶼部で深刻な煙害が発生した。その影響はアブラヤシの主な産地であるインドネシア、マレーシアを超えてシンガポールやフィリピンなどにも及び、またグアムでも視界低下を惹き起こすことがあった。煙害の影響で、各地で学校の休校、空港閉鎖、航空機やタンカーの事故も発生した。

煙害の原因に関しては、自然発生した火事や焼き畑耕作による火災の例もあるが、現在では主にアブラヤシ開発を主要因としているという説が有力である。煙害の影響により東南アジア域内で累計10万人が煙害による呼吸困難等で死亡したという推定もある。1997-98年の時期には、東南アジア域内で推定28億米ドル相当の森林・農作物被害があり観光産業には2億8,700

万ドルの被害を与えたとされる（Varkkey 2016:2）。

1999年にはPSI（Pollutant Standard Index）は978を記録し、スマトラとリアウでは非常事態宣言が出された[5]。最近でも2015年には煙害が1997年以来の最悪の水準に達し、カリマンタン、スマトラ、その他の島からの煙により、少なくとも19人が死亡し、13万人が呼吸困難などの健康被害（推定340億米ドル相当の損失）を出し、一時はインドネシア、マレーシアとシンガポールなどの間で国際問題に発展する事態となった（Bush 2016: 133）。

（1）煙害はなぜ止まないのか？

1990年代後半以降に繰り返されてきた煙害の持続の要因に関しては、さまざまな説が唱えられてきた。その代表的なものは焼き畑民による焼き畑が原因だとする説などである。しかし現在では、アブラヤシ農園の拡大のための放火が主要因とする説が有力とされている。増加する需要に応じてアブラヤシ農園の土地を確保するためには、森林への放火による農地拡大は違法であるが最も安価で効率的な手段であるとする分析である。

また、「インドネシアのせいでマレーシアやシンガポールが被害を受けている」といった言説がメディア等で登場することもある。しかしながら実際にはインドネシアのアブラヤシ産業にはマレーシア、シンガポール系企業が積極的に参入しており、加害被害の関係を国で峻別することは必ずしも有用ではない。それでは、もし煙害がアブラヤシ産業と農園の拡大に起因するとすれば、なぜアブラヤシ産業は規制・処罰されないのだろうか。この点に関しては先行研究では下記の3点が主な要因として指摘されている[6]。

①新自由主義：経済グローバル化と外資の越境的な活動

②パトロン文化：東南アジアにおけるパトロン・クライアント的な政治文化

③域内の制度的枠組み：地方分権化（インドネシア）、ASEAN

以下、それぞれの項目の内容について簡単に紹介したい。

グローバル化と新自由主義

まず何よりも、近年のグローバル化にともなうパームオイルへの需要増加が、アブラヤシ農園の拡大とその農地確保のための放火による煙害の背景であるという指摘である。パームオイルに関して中国は毎年、2,000万トン、インドは1,650万トンを輸入している（Varkkey 2016:36-37）。近年、パームオイルはバイオ燃料の材料としても需要が増加しており2011年時点では300万から400万トンが利用されている。マレーシアやシンガポール系企業がインドネシアのアブラヤシ産業に本格的に参加し1998年時点でインドネシアのアブラヤシ産業に既に45のマレーシア資本が出資した（Pye 2013:7）。

パトロン文化

インドネシアやマレーシアのアブラヤシ産業の企業の多くは本国でも進出先でも域内のパトロン・クライアント的ネットワークを構築している。その結果として森林開発の許認可、政界・司法・警察にも影響力を行使しているとされる。たとえばマレーシア系のSime Darby社はインドネシアの元環境大臣、中央銀行の元総裁、地方自治体の元首長らを顧問や相談役につけている（Varkkey 2016:122）。本来の法規では農地にすることが困難な土地（例：泥炭地や保護林など）が、パトロンの働きかけによってアブラヤシ農園へ転換することが黙認されているとされる。

地方分権、ASEANの制度的問題

地方分権化の副作用という点が関係しているとも指摘されている。インドネシアの地方自治体は脱スハルト期に分権化し財政的自立も求められた。この状況下で各自治体はアブラヤシ産業を有効な税源の一つとして重視し環境問題への配慮は二の次となりがちだった。さらにASEANの制度的弱点も煙害問題の抑止にとってマイナス要因になっているとされる。煙害問題に関しては既に域内の国際合意なども存在するが、その内容は各国の経済的利害や各国の主権を脅かさないようなソフトな内容に留まっていることが指摘されている[7]。これはASEANの問題解決メカニズムが、概して各国の主権を尊重し、内政不干渉かつあまり対決的なアプローチは取らないことを特徴とすることによる。このため、環境問題でもあまり突っ込んだ厳しい措置は取りにくいとされる（Varkkey 2016:10）。

3　現地政府・産業側の反応

以上、先行研究に依拠しながら、煙害による被害や煙害がなぜ止まないのかに関してマクロな背景を紹介してきた。本節では、こうした批判に対する現地政府や社会の側の反応に関して検討したい。

まず、アブラヤシ産業による環境破壊、煙害への批判に対する現地側の反応はさまざまである。EUがアブラヤシを環境破壊の元凶としてその輸入を制限するという方針を採択したことに対して、2018年に新政権に返り咲いたマハティール首相は、もしこの方針を撤回しない場合には、EUからの輸入品に関税をかけたり、EUとの自由貿易協議停止などを含めEUに対抗措置を取ったりする可能性を表明している（NST：2019年3月25日）。

また、欧米のNGOなどの環境キャンペーンでアブラヤシは批判の対象になっており、マレーシアの消費者のなかにも影響される動きある。このためマレーシア政府は'Love MY Palm Oil'campaignを開始し、国内でマレーシア産のパームオイルの利用を推奨するキャンペーンを開始している。

アブラヤシ農園開発が環境破壊や土地争いなどの社会問題を引き起こしているという環境団体などの批判に対して、マレーシアの生産者側からの反論も提起されている。たとえばマレーシアのアブラヤシ農園の多くは、過去50年は既にゴム農園やカカオ農園だった土地を利用したものであり、新たに原生林を転換したものではないといった主張である（BP：2019年2月24日）。サラワクの先住民のアブラヤシ農家の団体The Dayak Oil Palm Planters Association（Doppa）副代表のRita Insolは、アブラヤシが森林破壊の元凶というのは事実に反するとし、現在のアブラヤシ農園は、先住民であった先祖伝来の、もともとコメやゴムなど商業作物を植えていた農地を再利用したものだと述べる。さらにアブラヤシのおかげで多くの先住民が今や家を購入したり、子どもを高等教育にも行かせることができたりするようになったとして、フランス政府などの今後の禁輸の方針を見直すように求めている（同上）。

またマレーシア政府はMalaysian Sustainable Palm Oil (MSPO) certificationと

いう認証制度を導入して、環境へ配慮したアブラヤシ産業の発展を促進する試みを開始している。2019年1月時点でマレーシアの153万8,413haのアブラヤシ農園総面積のうち26.6%がMSPO認証を取得した。MSPO認証を取得したのはサラワクで41万8,642ha、サバで39万3,554haである。この認証は農園が環境や労働者の労働条件に配慮したものになっているのかどうかで判断されるとされる（同上）。

2021年開催予定の東京オリンピックとパラリンピックでもSustainable Palm Oil（ISPO）とRoundtable on Sustainable Palm Oil（RSPO）に並んでMSPO認証が採用され、同オリンピックで選手らに提供される食物や石鹸などの原料はこれらの認証を取得した業者からのものに限られるとなった。

しかしながらこうした認証制度には、それが「グリーンウォッシング」であるとする懐疑的な見方などもあり、今後、認証制度がアブラヤシ開発による各種の環境問題への解決の切り札になりうるかどうかには未知数の点も多く、今後の推移を注意深く見守る必要があるだろう[8]。

4　ボルネオ沿岸海域での環境問題——漁業資源の利用をめぐって

ボルネオにおける森林伐採やアブラヤシ開発による環境問題と少なからず関係するトピックとして、沿岸における環境問題にも触れておきたい。

近年、サバ州を含むボルネオ島沿岸部と周辺の海における環境を取り巻く状況は厳しさを増しており、真剣な検討に値する。沿岸部における環境問題とは、より具体的には森林伐採による河川の侵食、土砂災害・洪水災害、海への土砂流入による海の環境劣化、そして乱獲による漁業資源の枯渇ないし劣化などを挙げることができる。

このうち森林伐採による河川の侵食、土砂災害・洪水災害などは前節までに検討したボルネオにおけるアブラヤシ農園の20世紀後半以降の急速な拡大と密接に関係している。農園造成のためにもともとは熱帯林であった土地が切り開かれ、土壌が風雨で侵食されて河川に流入し、それが海に流れ込むという状況が続き、水質にも影響を与えていることに加え、河川沿岸での水害などのリスクを増している。

この他にボルネオ沿岸の海における環境問題としては、水産資源の減少や枯渇を挙げることが可能である。この現象の背景の一つには、2000年代に入って顕著になった近代的な漁業技術の導入と、それを駆使した乱獲を指摘できる。具体的に言えば、下記の写真のように夜間操業の照明設備を備えた近代的動力船が導入され、その効率の良い漁船を駆使した商業的漁業が20世紀後半以降、サバ州沿岸などで急速に拡大している。

写真6-4　造成中のアブラヤシ農園

出所：筆者撮影

写真6-5　照明設備付きの漁船

出所：筆者撮影

こうした漁船は、強力な照明に惹かれて寄ってきた魚を文字通り一網打尽する極めて効率が良い漁法である。こうした漁船を駆使する商業的漁業で捕獲された魚のうち、高級魚はボルネオから中国・香港など遠隔地にも輸出される。

もともと沿岸の漁場劣化のところに、乱獲で生物資源減少が顕著になりつつある。例えば1999年から2003年の間にサバ州で大幅な漁獲量の低下が認められる（Sabah Annual Fisheries Statistic 2004）。この状況は、抽象化して言えば経済グローバル化がもたらした、いわゆる「コモンズ（共有財）の悲劇」の結果としての環境破壊リスクとして把握することができる[9]。すなわち近代的な漁業技術の導入は短期的な利益最大化には有効であるが、だからこそ、その副作用として乱獲により長期的な資源の枯渇を招いてしまうリスクが増加する。これは、無主の共有資源はすぐに乱獲されて枯渇してしまい長期的には全員が損害を被るという、いわゆる「コモンズの悲劇（G.ハーディン）」の典型的事例として理解することができるだろう[10]。

5　環境問題への在地社会の側の応答の試み

こうして、アブラヤシ農園開発に伴う森林破壊や煙害の問題と同様に、ボルネオ沿岸や周辺海域においても、新自由主義的な経済グローバル化がもたらしたいわゆる「コモンズ（共有財）の悲劇」の結果としての環境破壊リスクが増大していることを確認できた。それでは在地社会は、こうした状況下で受忍することを余儀なくされているだけであろうか。先にアブラヤシ農園開発に関しては連邦政府ないし業界サイドの対応としてアブラヤシ認証制度などを紹介した。ここでは水産資源における環境問題への在地社会の側の対応として、特にローカルな在地社会の対応である「タガル（tagal）」と呼ばれる慣行の事例を紹介したい。

タガルとは簡略化して言えばボルネオ島北部におけるローカルな生態資源の維持・管理の慣行を指す。より具体的にはカダザン／ドゥスン（Kadazan/Dusun）系の民族集団を中心としてボルネオ北部の河川などの生物資源保護のための慣習に依拠しつつ現在ではサバ州政府・水産庁などによって公式に認知・推進されている資源管理制度の総称とされる。

概して、この「タガル」の対象に指定された河川などでは、個人による勝手な漁や採取は禁止され、村全体で魚などの資源を維持・管理することが定められる。これはインドネシアの「サシ」、日本の伝統的な入会地（いりあいち）などでの資源管理の慣習などと共通点を有し、いわゆる「ローカル・コモンズ」の慣行の一つとして考えることができる[11]。

サバ州内陸の「タガル」に指定された河川では、個人が勝手に魚などを採取することは禁止され、慣習法によりタガルに違反した村人は豚や牛、罰金などを支払う義務がある。そして一年のうち一定期間のみ村人総出で共同の漁を実施し、その漁獲は村人で平等に分配される。これは生態資源の持続可能な利用を図るための管理の試みである[12]。

概して「タガル」は、先述の資源への市場原理主義的なオープンアクセスが招く「コモンズの悲劇」へのローカルな社会文化的慣行による応答として把握することができるだろう。

まとめ

本章ではボルネオ島をはじめとする東南アジア島嶼部で進行中のアブラヤシ農園開発などに関する環境問題を取り上げて検討し、20世紀後半以降の農園開発に伴い、熱帯雨林面積の減少や煙害による健康被害などが深刻化しつつある状況を指摘した。アブラヤシを原料とするパームオイルが「地球に優しい」という言説の下で進行する環境破壊という逆説的な状況にも言及しながら、萌芽的な試みとしてのアブラヤシ認証制度に関しても紹介した。

またボルネオでの環境問題として本章末では河川や海の、特に水産資源をめぐる環境問題に関して検討を行った。近年のボルネオ沿岸における環境問題の一つが、近代的技術の導入を通じた大規模な商業的漁業による水産資源の減少である。この状況は、新自由主義的なグローバリゼーションを通じた「コモンズの悲劇」の典型であり、アブラヤシの事例と構造的には共通する点を含みこんでいると言える。最後に、こうした状況に対する在地社会からの応答としてボルネオ北部サバ州にけるタガルの事例を紹介した。これは環境問題に対するローカルな在地社会の側からの持続可能な生業実践の試みとして評価することができ、今後の展開を引き続き注目していきたい。

[注]

1　東南アジアにおけるアブラヤシ栽培の歴史は19世紀前半に遡る。まず1848年にオランダ当局によってインドネシアのボゴールに移植され、1911年にはスマトラ島で最初のアブラヤシ農園が設けられたことが知られている（Varkkey 2016: 42）。その後、1990年代後半以降にアブラヤシは急拡大し、現在ではフィリピン（ミンダナオ島）、タイ、パプア・ニューギニア、アフリカ、ラテン・アメリカなどでも栽培されている。

2　さらに関連産業を入れるとマレーシアでは約300万人がアブラヤシ産業に経済的に依存している。1960年代にはFELDA小規模農家の平均月収はRM812（203米ドル）程度だったが、現在では3,000～6,000RMにも上るとされる（Borneo Post、2019年2月24日）。

3　とりわけ欧米の環境保護団体などの間ではアブラヤシは熱帯雨林への環境破壊の元凶とされることが多い（Pye 2013: 2）。

4　サバにおける近隣諸国からの出稼ぎ労働者を含む「移民／難民」問題の歴史的背景と現状に関しては拙稿（床呂 2016）を参照。

5　PSIは大気汚染の指標だが400を超えると非常に危険とされ、とくに老人や子供らには生命の危険があるとされる。

6　以下の箇所の分析は主にVarkkey及びPyeらの研究に依拠している（Varkkey 2016: 8-16, Pye 2013: 1-10）。

7　ASEAN域内の国際合意としては、例えばATHP（ASEAN Agreement on Tranboundary Haze Pollution）などを挙げることができる。

8　アブラヤシ産業の認証制度に関する課題として、マレーシア政府による生産者への認証取得の推奨にもかかわらず、実際にはその取得は必ずしも十分に進んでいないことを指摘できる。たとえば2019年6月現在でもマレーシア・サバ州のアブラヤシ農園875万haのうちMSPO認証を得ているのは半分以下（40％台）に留まっているとされる（DE及びBP：2019年8月12日）。

9　「コモンズの悲劇」とは、生物学者G.ハーディンが提唱した概念であり、ある資源が共有財として不特定多数の者が誰でも自由に（制限なく）利用できるような状況（オープンサクセス）においては、乱獲によって遅かれ早かれ資源の枯渇を招いてしまうという状況を指す。

10　ハーディンによる「コモンズの悲劇」をめぐる学術的議論の背景や経緯に関しては全米研究評議会編纂による文献（全米研究評議会2012）を参照。

11　世界各地における在地の共有資源の管理、いわゆるローカル・コモンズの実践の詳細に関しては福井らによる業績を参照（福井・田中・秋道（編）1999）。

12　本節の記述はサバ州内陸部T地区などにおける筆者の聞き取りを含む調査に基づく。

［参照文献］

BP: Borneo Post

Bush, R. "Indonesia in 2015", IN Cook, M & Singh, D.(eds.) 2016 Southeast Asian Affairs 2016, pp.131-144, Singapore: ISEAS.

DE: Daily Express(Sabah)

福井勝義・田中耕司・秋道智弥編『自然はだれのものか――「コモンズの悲劇」を超えて（講座 人間と環境）』昭和堂、1999。

NST: New Straits Times

Pye, O. 2013 "Introduction" In Pye, O. & Bhattacharya, J(eds.)2013 *The Oil Palm Controversy in Southeast Asia: A Transnational Perspective,* pp.1-18, Singapore: ISEAS.

Pye, O. & Bhattacharya, J(eds.)2013 *The Oil Palm Controversy in Southeast Asia: A Transnational Perspective,* Singapore: ISEAS.

Sabah Annual Fisheries Statistic 2004 – Department of Fisheries, Sabah, East Malaysia

床呂郁哉「フィリピン南部ムスリムの移民／難民状況の動態と「再難民化」」錦田愛子編『移民／難民のシチズンシップ』pp.179-198、有信堂高文社、2016。

Varkkey, Helena 2016 *The Haze Problem in Southeast Asia: Palm Oil and Patronage,* London & New York: Routledge

全米研究評議会（編集）『コモンズのドラマ：持続可能な資源管理論の15年』知泉書館、2012。

column

観光と自然環境

東南アジア地域は政治情勢が比較的安定し、有数のリゾート地を擁することから、訪問客の数はASEAN全体で6,228万人（2007年）から1億1,556万人（2016年）へとほぼ倍増している。その中で最も人気の高いのはタイであり、2016年の同国への訪問客数は3,253万人となっている。これには観光業が発展していることや、訪問客のほぼ3分の1が地理的に近い中国からという事情が関係していると思われる。

そのタイで2018年、日帰りツアーで人気のあるマヤ湾（ピーピーレイ島）が閉鎖される事件が起きた。ここはハリウッド映画のロケ地として脚光を浴び、同地をボートで訪れる観光客の数は2008年には1日あたり170人だったのが、2017年には3,500人へと急増した。観光客の増加は自然環境負荷の増大にほかならない。観光客の持ち込むゴミやボート、日焼け止めクリームなどにより、サンゴ礁の80％がダメージを受けたといわれ、タイ国立公園・野生動物・植物保全局は生態系回復のため、2018年6月にマヤ湾の閉鎖を決定した。当初同年10月に再開の予定だったが、生態系回復を確かなものとするため2021年6月まで延期され、再開後も日帰り観光客の人数や滞在時間が制限される見込みだという。

フィリピンでも年間200万人が訪れていた観光地ボラカイ島でホテルや飲食店から海に排泄物が垂れ流されるなどして水質汚濁が深刻となり、フィリピン政府は2018年4月から6か月にわたり同島を閉鎖、生態系の回復に注力した。再開後も当面マリンスポーツが禁止されるほか、すでに400以上のホテルや飲食店が違法建築だとして閉鎖に追い込まれた。マヤ湾同様、観光客の数も制限される予定だという。

自然環境の保護には「よそ者」を入れないことが要件の一つとなるが、経済的損失や地域住民の生活を考えると、行政が単独で決断を下すのは容易ではない。さらに当該地域に利害関係をもつ政治家の介入を招くことになるかもしれない。両国でリゾート閉鎖という断固とした措置がとられたのは、タイ軍事政権の性格やドゥテルテ大統領の個人的な資質を抜きにしては考えられない面もあるのではないだろうか。

（栗原浩英）

【参考文献】

ASEAN Statistical Yearbook 2018, Jakarta: ASEAN Secretariat, 2018.

第7章
インドネシア独立以降の環境問題と環境保護対策への提言

アディネガラ・イヴォンヌ

はじめに

インドネシアは、1万以上の島々からなる島嶼国家で、その概況は表7-1に示すとおりである。地理学的にはユーラシアとインド—オーストラリアのプレートの境界上に位置し、地震国である日本と同じように129もの火山が存在する。国土が赤道を挟んだ位置にあり、乾季と雨季に分かれる熱帯雨林気候で、平均年間降水量は、低地で1,780～3,175ミリ、山岳地帯では6,100ミリに達する場所もある。そして、6月～翌年3月までは季節風が吹き、台風や大規模な嵐の襲来は少ない。国土に占める熱帯雨林は、2010年時点で国土の約50%にあたる9,443万ha[1]に上る。

また、比較的人口規模の大きいジャワ、スンダ、バタック、ブギス、マレー、アチェ、バリ、および中国系インドネシア人を含め、約300もの民族が居住する多民族国家である。各民族や地方ごとに異なる言語を話す人々がいるものの、共通語はマレー語を基にしたといわれるインドネシア語である。ムスリム（イスラム教徒）が多数を占めるが、国家の基本的な方針として信仰上の制約はない。多宗教、多民族であるがゆえに、環境問題に関しても多様な文化や習慣の存在が認められる。

表7-1　インドネシアの概況

面積	約189万㎢（日本の約5倍）、東西に約5,110㎞
人口	約2億5,500万人（2015年、インドネシア政府統計）
首都	ジャカルタ（人口1,017万人：2015年、インドネシア政府統計）
民族	約300種族の多民族国家
言語	インドネシア語
宗教	イスラム教87%、キリスト教10%、ヒンドゥ教2%、仏教1%、その他
政治体制	大統領制、共和制
名目GDP	8,619億ドル（2015年、世界銀行統計）

出所：インドネシア統計庁、日本外務省の資料より作成。

さらに、インドネシアはオランダの植民地から1945年に独立し、初代大統領のスカルノが、大統領制・共和制の政治体制を敷き、現在のジョコ・ウィドド第7代大統領（2014年就任、任期5年の2期目）に至る。その間、歴代の大統領が採った政策が環境問題に重大な影響を与えてきたという歴史を有する。工業化や鉱物資源開発、モータリゼーション、火力発電に依存する電力供給体制や森林開発の結果、様々な環境問題が深刻化し、今や座視できない状況にある。もちろん、環境問題抑制の政策や法令も制定されているが、いまだ十分改善されているとはいえないのが現状である。

1　環境保護に関する政府の動向と法令の推移

インドネシアでの環境保護の始まりは、1972年6月にストックホルムで開催された国際連合人間環境会議に参加したことである。その後、現在までのインドネシアにおける環境保護や環境問題抑制のための政府組織や法令の推移は表7-2に示した。72年当時の大統領であったスハルトは、この会議に向けて国内関連省庁を集めた特別委員会を作り、同年5月に同会議において『インドネシアの環境問題についての報告書』を発表した[2]。

環境に関わる組織は、78年に「開発環境省」が設置されたのち、数度の改組を経て、2014年に環境省と林業省が「環境林業省」として統合された。またその過程で、90年には環境保全に関する組織が拡大され、全国に支局を持つ「環境影響管理庁（Badan Pengendalian Dampak Lingkungan、以下BAPEDAL）」が発足し、長官は環境大臣が兼務した。

環境に関わる法令は、82年に「環境管理法」が制定され、97年と2009年に改正された。また、86年に開発や工場新設などによる環境への負荷計測や保護方法を多面的に検討する「環境影響評価制度（Analisis Mengenai Dampak Lingkungan、以下AMDAL）」が導入され、93年に抜本的な改正が行われた。

環境問題の推移を見ると、スカルノ時代（1945～67年）の20年余りは、主に農業が国家経済を支え、環境保護が政治的課題に上がることはなかった。しかし、スハルト時代（1968～98年）に入ると、経済発展が最重視され、

表 7-2　1972 ～ 2011 年の環境保護に関する政府の動向

年	動向、法令、その他
1972	国際連合人間環境会議に参加
1972	国家環境委員会を立ち上げ（大統領令第16号）、1978年までに開発管理と環境に関する大臣を任命するとした
1978	開発環境省（PPLH[3]）設置
1982	環境管理法制定。開発環境省を人口環境省（KLH[4]）に改組、水質に関する法律制定[5]
1985	森林の保護に関する法律制定[6]
1986	環境影響評価制度（AMDAL）導入
1988	大気の環境基準を制定
1989	河川浄化プログラム（プロカシー）を開始
1990	環境影響管理庁（BAPEDAL）発足（1990年大統領令第23号） 陸水の環境基準を制定（1990年政令第20号）
1993	人口環境省を環境省（LH[7]）に改組、環境影響評価制度（AMDAL）の抜本的改正
1994	有害廃棄物の管理に関する政令（1994年政令第19号）
1995	企業の排水規制対策の評価（プロパー・プロカシー）を開始
1997	新環境管理法制定（1997年法令第23号）、1982年の環境管理法を改正
2009	環境管理法改正（2009年法令第32号）、1997年の環境管理法を改正
2011	大気浄化プログラム（ランギット・ビルー）[8]を開始
2014	環境省を林業省（DK[9]）と統合し、環境林業省（KLHK[10]）に改組

出典：政令、大統領令、環境大臣令や規則より作成。

工業化や鉱山開発を推進する政策が採られ、80 年代には工場や鉱山からの排水による河川や海洋の水質汚濁が顕著になった。上述のとおり、80 年代後半に環境保護に関する法律が制定され始めたものの、汚職・共謀・縁故主義（Korupsi Kolusi Nepotisme、以下 KKN）の存在もあり、企業の法令コンプライアンス意識は低く、各地で環境汚染の問題を引き起こした。また工業化に伴う都市部とその周辺の郊外地域への人口集中は、下水道の未普及とゴミ回収のインフラストラクチャーが未整備なことも相まって、一般家庭からの排汚水による地下水や都市部の河川の水質悪化と、河川へのゴミの不法投棄問題を発生させた。

工業化とほぼ同時に熱帯雨林の開発も進み、その開発に伴う森林火災の煙霧に含まれる PM2.5 が健康上の被害を与えた。そうした森林火災は、1997 年の合計 1,000 万 ha を焼失させたものをはじめ、2006 年、2013 年、2015

ウサギと化学兵器

日本の毒ガス兵器開発と戦後

いのうえせつこ 著
監修 南典男(弁護士)
1500円+税　四六判並製
ISBN978-4-7634-0925-6

知られざる化学兵器開発の「その後」と、現代にまで及ぶ被害の実相

戦時下に消えたウサギを追いかけるうち、戦前日本の化学兵器開発とその傷痕を辿ることに――

アメリカン・ボーン・チャイニース

アメリカ生まれの中国人

ジーン・ルエン・ヤン著 椎名ゆか
2000円+税　A5判並製
ISBN978-4-7634-0912-6

**アメリカに生まれても、白人に憧
ても…… やっぱり僕は、中国人と
て生きていく**

アメリカ社会の「ステレオタイプな
国人」を確信犯的に描き、中国
のアイデンティティを問うた話題作。

声なき叫び

**「痛み」を抱えて生きる
ノルウェーの移民・難民女性たち**

ファリダ・アフマディ 著 石谷尚子 訳
2000円+税　四六判並製
ISBN978-4-7634-0919-5

女性と戦争、痛み、孤立、愛。北欧・多文化社会における移民・難民女性の実態

女性たちからの聞き取りから明らかになる、移民・難民の受け入れ先進国、ノルウェーの課題と実態。

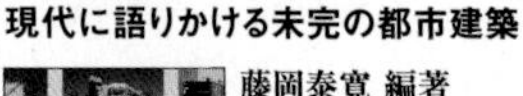

横浜防火帯建築を読み解く

現代に語りかける未完の都市建築

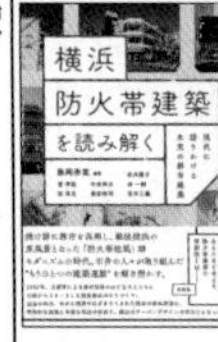

藤岡泰寛 編著
2200円+税　A5判並製
ISBN978-4-7634-0920-1

**焼け跡に都市を再興し、戦後横
原風景となった「防火帯建築」群**

モダニズムの時代、市井の人々
り組んだ " もうひとつの建築運動
解き明かす。

韓国市民運動に学ぶ

政権を交代させた強力な市民運動

宇都宮健児 著
1500円+税　四六判並製
ISBN978-4-7634-0916-4

強力な市民運動は韓国の政治・社会をどのように変革したか?

1650 万人が路上に溢れ出た、ろうそく市民革命の源流をたどる。ハンギョレ新聞への寄稿文『徴用工問題の解決に向けて』収録!

若者保守化のリアル

「普通がいい」というラディカルな夢

中西新太郎 著
2000円+税　A5判並製
ISBN978-4-7634-0908-9

**壊れゆく日本社会を生き延びる
者たちの変化**

ラディカルな保守志向が現実政
対する批判へと転回する契機は
にあるのか?

東大闘争から五〇年

歴史の証言

東大闘争・確認書
五〇年編集委員会 編
2500円+税　A5判並製
ISBN978-4-7634-0902-7

東大の全学部で無期限ストライキ……東大闘争とは何だったのか?

半世紀をへて、いま明かされる証言の数々。学生たちはその後をどう生きたか。

未来のアラブ人

中東の子ども時代(1978―1984)

リアド・サトゥフ 作　鵜野孝紀
1800円+税　A5判並製
ISBN978-4-7634-0894-5

**第23回メディア芸術祭マンガ部
優秀賞受賞作**

シリア人の大学教員の父、フラ
人の母のあいだに生まれた作家
自伝的コミック。

好評既刊本

新版 ショック! やっぱりあぶない電磁波　船瀬俊介 著　1500円+税
四六判並製 978-4-7634-0913-3
びよる電磁波被害から身を守る
リニア、5G……家族におそいかかる新たな脅威。「見えない危険」電磁波タブーを暴く!

「知識基盤社会」論批判　佐貫浩 著　2000円+税
四六判並製 978-4-7634-0918-8
力・教育の未来像
AIとロボット時代の未来像「知識基盤社会」は本当にすべての人間を豊かにするのか?

裁判員制度は本当に必要ですか?　織田信夫 著　1500円+税
四六判並製 978-4-7634-0924-9
法の「国民」参加がもたらしたもの
裁判員法施行から10年以上——司法のあるべき姿を問い直し、改めて裁判員制度廃止を訴える。

Red Mail 日本に徴兵制が復活する日　角南正義 著　1500円+税
四六判並製 978-4-7634-0917-1
現政権の軌跡から浮かび上がる、近未来シナリオ。戦争体験最後の世代が若者に伝える、「赤紙」の実態。

自衛隊も米軍も、日本にはいらない!　花岡しげる 著　1500円+税
四六判並製 978-4-7634-0914-0
災害救助即応隊」構想で日本を真の平和国家に
護憲派のための究極の安全保障論。自衛隊を非軍事組織「災害救助即応隊」に衣替え! 推薦:望月衣塑子

奴隷労働 ベトナム人技能実習生の実態　巣内尚子著　2000円+税
A5判並製 978-4-7634-0880-8
「労働力」の前に「人間」だ! 急増するベトナム人技能実習生が見た、もう一つの〈日本〉。

日本近世の都市・社会・身分　塚田孝著　2200円+税
A5判並製 978-4-7634-0900-3
分的周縁をめぐって
日本近世の重層的社会像に迫る! 多様な身分集団を統一的に把握する。

幕末維新像の新展開　宮地正人 著　2000円+税
A5判並製 978-4-7634-0871-6
治維新とは何であったか
維新史研究の第一人者が通説・通念を書き換える"巨大な過渡期"としての明治維新論!

欧州社会派コミック
わたしが「軽さ」を取り戻すまで　カトリーヌ・ムリス 著　大西愛子 訳　1800円+税
A5判変形並製 978-4-7634-0875-4
シャルリ・エブド"を生き残って ●シャルリ・エブド襲撃事件生存者、喪失と回復の記録

欧州社会派コミック
ゴッホ 最後の3年　バーバラ・ストック 作　川野夏実 訳　2000円+税
A5判変形並製 978-4-7634-0833-4
新たな視点からゴッホの晩年を描き出す「ひまわり」など傑作の生まれた3年間。その果てに彼が見出したものとは——?

欧州社会派コミック
亀裂 欧州国境と難民　カルロス・スポットルノ 写真　ギジェルモ・アブリル 文　上野貴彦 訳　2000円+税
A5判並製 978-4-7634-0886-0
ヨーロッパに押し寄せる移民・難民たち。地中海、国境地帯で、何が起こっているのか?「フォト」グラフィック・ノベル。

欧州社会派コミック
禁断の果実 女性の身体と性のタブー　リーヴ・ストロームクヴィスト 作　相川千尋 訳　1800円+税
A5判並製 978-4-7634-0872-3
女性の身体をめぐる支配のメカニズム、性のタブーに正面から挑んだ、フェミニズム・ギャグ・コミック!

書評・記事掲載情報

◉ 京都新聞　「本屋と一冊」欄　2020年4月12日号

アメリカン・ボーン・チャイニーズ―アメリカ生まれの中国人
ジーン・ルエン・ヤン 作　椎名ゆかり 訳
＜前略＞
本作は「中国系アメリカ人」の物語だ。台湾出身の両親を持つカリフォルニア生まれの著者の自伝的作品ともいえる。
　本作は三つのパートから成り立っている。まず、孫悟空が主人公のパート。次に中国系アメリカ人二世で中学生の男の子ジン・ワンのパート。白人コミュニティに引っ越してきたものの、なかなかクラスメイトになじめない様子が描かれている。そして最後に白人の高校生ダニーのパート。ダニーのもとには毎年従弟の中国人チンキーが遊びに来るのだが、彼の存在が悩みの種となっている。このチンキーという名前は、同じ発音でスペルを変えれば中国人への蔑称となる。チンキーの見た目は弁髪・細目・出っ歯。勉強はできるが、空気を読まない、という態度も含めて、アメリカにおける極めてステレオタイプな中国人が描かれている。
　この三つのパートが次第にジン・ワンの物語に収斂されていく。＜中略＞最終的に中国系アメリカ人としてのアイデンティティをしっかり認めたうえで前に進んでいこうとするジン・ワンの姿は見ていて頼もしい。全米図書賞の最終候補にも残った名作。日本人にもぜひ読んでもらいたい（サヴァ・ブックス 宮迫憲彦）

◉ 第23回メディア芸術祭マンガ部門優秀賞　贈賞理由

未来のアラブ人ー中東の子ども時代（1978－1984）リアド・サトゥフ 作　鵜野孝紀 訳

贈賞理由
誰にでも幼少期はあるが、誕生から6歳までという短い期間に3つの国で暮らすことは珍しいだろう。しかもそれは、フランスと独裁政権下のリビアとシリアの生活である。シリア人の父とフランス人の母という2つのルーツを持つ作者は、異なる文化を有する国々で幼い彼が見聞きし体験したことを驚くほど率直に描く。その一方で表現には周到に工夫がなされ、それぞれの国の地面と印象に由来するという背景の色分けや、配給のバナナのおいしさ、早朝に突如響く礼拝の声などの印象的な音、そして特に匂いに関する細やかな描写などが読者の感覚に訴え、物語を立体的に感じさせてくれる。シンプルな描線のキャラクターを独特のリズムを持つコマ割りで描くことで、ときに衝動的な部分もある内容を淡々とユーモラスに伝えることに成功した本作は、稀有な体験の貴重な記録であるとともに、すぐれたクリエイターのすばらしくおもしろいマンガ作品として贈賞にふさわしいと判断した。（川原和子）

〒101-0065　東京都千代田区西神田2-5-11 出版輸送ビル2F
電話　03-3263-3813　FAX　03-3239-8272
E-mail　info@kadensha.net　ホームページ　http://www.kadensha.net

年にも発生し、煙霧が越境汚染を引き起こした。これらの森林火災のなかには過失も含まれるが、大規模農園の開墾や有用な天然木を伐採した跡地での植林の準備などを目的に、故意に森林を焼き払った違法な事例もあった。

インドネシアでは、水質、大気、土壌への汚染防止と、今後の環境に大きな影響を与える熱帯雨林（森林）の保護に関するさまざまな法令や規制が定められている（詳細は後述）。なかでも、水質汚濁の防止と浄化が最優先課題であり、次いで大気汚染、土壌汚染の防止へと進んでいった。

2　環境問題の事例

インドネシアで発生した環境問題の事例は多いが、そのなかでも規模の大きなものを表 7-3 にまとめた。それらの多くは、スハルト時代に発生しており、スハルトの環境保護への努力は、経済成長を目指す努力よりも劣っていたといえる。規制を行う政府側の姿勢が、企業側の法令違反に対する甘えを引き出すとともに、大規模な事業であればあるほど KKN の影響を受けたため、企業による法令無視や軽視が横行した。

企業が起こした汚染問題の大部分は、排水や産業廃棄物の未処理か、不十分な処理のまま河川や海洋に排出し投棄したこと、生産管理が不十分なため有害な化学物質を生産設備から漏出させたことが原因である。また、全国各地にその存在が確認されている、個人もしくは少人数の集団により行われる人力小規模金鉱山（Artisanal and Small-scale Gold Mining、以下 ASGM）による環境問題は、金を取り出す工程において使用した水銀を金と分離するために加熱し大気中に蒸散させたこと、水銀を含む汚水や汚泥を環境中に排出・廃棄したことが原因である。

環境問題の事例における加害者と被害者は、企業が加害者、住民が被害者という事例が多い。他方で ASGM では加害者と一次被害者が同一で、二次被害者が住民という事例である。特に 1980 年代から 2000 年ごろにかけて多くの汚染問題が発生した要因としては、次の点があげられる。すなわち、第一に政府が経済成長のための開発計画（1968 ～ 98 年）で、環境保護よりも工業化を優先したこと。第二に企業の環境保護法令の遵奉欠如や環境問題

表 7-3　インドネシアの環境問題の事例

場所／年	汚染源	生産品	汚染の概要	被害の実態
スマトラ島北端 アチェ州 ロークスマウェ市 1982年汚染問題化	ププック・イスカンダル・ムダ社（PT.Pupuk Iskandar Muda）	LNGから製造された肥料	・致死性のアンモニアガス（NH_3）の複数回の漏出	・地元の500haの養殖池を汚染 ・多数の住民がガス中毒と健康被害
スマトラ島北端 アチェ州 南アチェ地区 2009年汚染問題化	人力小規模金鉱山（ASGM）	金鉱石と粗金（違法）	・金を回収するために水銀を使用し、井戸と川が水銀に汚染された	・住民への健康被害（特に13人の乳児死亡）
スマトラ島東北部 北スマトラ州 ポルセア市 1989年汚染問題化	インティ・インドラヨン・ウタマ社（PT. Inti Indorayon Utama）	パルプと紙	・３万7,000㎥の有害廃棄物をアサハン川に排出 ・工場排水を処理施設通さず川に排水 ・塩素タンクから144万㎥の汚染水が川に流出	・住民への健康被害（皮膚病、呼吸困難と嘔吐） ・川の魚の大量死 ・川の水の飲用不可
スマトラ島中部 リアウ州 プカンバル市 1970年操業開始	インダ・キアット・パルプ＆ペーパー社（PT. Indah Kiat Pulp & Paper）	パルプと紙	・未処理有害化学廃棄物をシアク川に排出	・漁業が成り立たず、地元漁師の生計への被害 ・住民への健康被害
ジャワ島 ジャカルタ湾 1980年頃から汚染問題化	3つの工業団地内の208の合弁企業と592の国内企業、団地外の３万6,372の工場	主として軽工業と食品製造業	・湾につながる17の河川から未処理の排水が湾に流入	・海底の泥から水銀検出と魚介類への水銀の蓄積の懸念 ・海洋生物の減少
ジャワ島中部 西部ジャワ州 スマラン市 1978年操業開始	スマラン・ダイアモンド・ケミカル社（PT. Semarang Diamond Chemical）	食品製造や石鹸、薬品	・未処理や不十分な処理の廃棄物をタパック川に排出	・流域の300の村のエビと魚の養殖業が壊滅的被害 ・住民への健康被害
ジャワ島西部 バンテン州 1978年操業開始	インダ・キアット・パルプ＆ペーパー社（PT. Indah Kiat Pulp & Paper）	パルプと紙	・未処理有害化学廃棄物をチウジュング川に排出	・汚泥により地元の漁業に被害 ・住民への健康被害（皮膚病と嘔吐）
スラウェシ島北部 北スラウェシ州 ミナハサ地区 1996年汚染問題化	ニューモン・ミナハサ・ラヤ社（PT. Newmont Minahasa Raya）	金と銅鉱石の採掘	・海中のテーリング排出管が壊れ、浅い海中や海底に有害廃棄物が漏出 ・排水基準に違反して海に排水	・村の漁民の漁獲量が８割減少 ・住民への健康被害（高熱、皮膚の色素沈着、視力障害、手足の痙攣）
スラウェシ島中部 中部スラウェシ州 パル市 2009年頃から採掘が拡大	人力小規模金鉱山（ASGM）	金鉱石と粗金（違法）	・金の製錬所から水銀を大気中に放散 ・水銀の混入した水を未処理で排水	・家畜（牛・ヤギ）が水銀の混入した水を飲み死亡 ・採掘従業者は大気中へ放出されている水銀を直接暴露
ニューギニア島西端 西パプア州 アジクワ川 1968年操業開始	アメリカ合弁フリーポート・インドネシア社（PT. Freeport Indonesia）	金と銅鉱石の採掘	・川へ未処理のテーリングを排出 ・排出物からの重金属の漏出汚染	・川が50㎞に渡り廃棄物で埋まり、洪水の危険性 ・漁民の生計破壊

出所：The Politics of Environment in South East Asia, 2002.p182.；インドネシアにおける独裁的体制から民主的体制への移行の環境問題への影響、2012.pp. 2-20. ；途上国の水銀汚染の現状と水俣病の教訓を国際的な規制に生かす方策について、2014.pp. 22-39.より筆者作成。

に関わる裁判において企業寄りの司法判断がなされたこと。第三に環境保護に関する執行機関の監視能力や予算が重要視されず、さらに法令違反に対する是正処置の権限が欠如していたこと。第四に現地資本の企業にとっては、汚染防止技術の導入コストが高かったこと。第五に政治的な問題として、企業経営者と公的部門との間でKKNが存在したこと。

インドネシアにおける環境汚染の問題には、政治的、科学的、文化的な側面があると考えられる。政治的な側面としては、大統領が強い影響力を持つアクターとして存在する。例えば、スハルトは経済開発に軸足を置いていたので、彼の任期中には、彼のイデオロギー（考え）に反する行動を控える傾向が公務員に蔓延し、そもそも環境問題が存在しないとする地方自治体の対応や、住民が裁判に持ち込めた場合でも企業側に有利となる恣意的な判決が出されることがあった。しかし、彼の退陣後に就任した大統領らが民主化や人権尊重を進めた結果、問題企業を管轄する官公庁が是正処置命令を該当企業に出し、企業もそれに従った事例や住民が裁判で勝訴することが増えてきた[11]。また、討論の場である地方議会や地方裁判所における訴訟でも環境問題が取り上げられるようになり、過去に出された原因企業の運営許可の是非などをめぐり討論が行われたり、住民による訴訟を裁判所が受理したりする事例が出現してきた。このように大統領のイデオロギーが、環境問題の解決に対して大きな影響力を持つことが分かる。

科学的な側面の技術、経済、法令、運用に起因している例として、環境問題の防止に関する法律がアジェンダとして定められたものの、それらの規制値を守らせるために必要な政府や地方自治体の予算、人員、設備、技術が不足しており、企業の法令遵守行動のモニタリングが不十分という現状がある。これを補完するアクターとしてのNGOの活動があげられる。それらのなかには、企業からの排水を採取・分析し、BAPEDALの支局にその結果を報告したり、被害住民を支援する目的で、原因企業の周辺や住民の活動域内から試料を採取し、環境問題が存在することの証拠として、地方議会や地方裁判所に提示したりする組織もみられる。NGOは環境林業省やBAPEDALの能力不足を補う形で活動を展開している。

文化面としては、国内には多数の宗教があり、それらを信仰し、それぞれの教義に沿って行動する人々が存在することを指摘できる。また、多民族国家であるので、民族（集落）ごとの伝統に基づく行動様式を重んじる人々も存在する。そのため、国全体の環境意識について、一概に論じることは困難であろう。インドネシアでの宗教、文化、習慣の面から環境問題をとらえると、たとえば、ヒンドゥー教徒の多いバリ島の地元民は、自然界の至るところに神が存在すると信じ、ゴミを決められた場所以外には捨てない。昨今のバリ島のゴミ問題は、島外の資本による観光産業によってもたらされた処理能力を超えたゴミの排出や、島外から潮流や海流に乗って漂着したゴミによる海浜部の汚染である。また、パプア州のある民族は、年に一度の祭礼のため、育つのに10年かかる樹木を切る。彼らは切った跡地に必ず新しい苗を植え、10年後に備える。しかも、彼らの居住範囲内に同種の樹木が全部で11本あり、毎年の祭礼のために順番に使用していくというサステナブルといえる習慣を有する。他方、国民のなかには、川はゴミ捨て場だと信じて疑わない人が存在するのも事実である。彼らによって不法投棄されたゴミや廃汚水などは、河川の増水によって押し流され、海まで到達し海洋の水質汚濁につながっている。

さらに、表7-3には挙げられていない環境汚染の懸念がある問題が存在する。たとえば、国内に豊富に賦存する原油、天然ガス、石炭などの火力発電による電気エネルギーは、2004年の総発電量の94%を占める。そのため、化石燃料の燃焼排気ガスに含まれる二酸化炭素（CO_2）、二酸化硫黄（SO_2）、窒素酸化物（NOx）、煤塵や、石炭火力発電所からの排煙中に含まれる重金属（特に水銀）による環境汚染の問題も深刻な懸念材料のひとつである。その後も電力需要は増加し続け、それを石炭火力発電所の増設で賄うエネルギー政策をユドヨノ政権が打ち出した。この政策は、石炭火力発電所から排煙と一緒に排出されるCO_2や重金属による環境問題の拡大を意味し、インドネシアのみならず世界中で懸念される環境問題を増幅させている。さらに、1985年から石炭の輸出量が急増し、それに伴い石炭の生産量が増加している。そのため採掘地での森林の皆伐や、石炭の採掘跡のくぼみに溜まった酸性水の池の放置が問題化している。

また、インドネシアは2014年のパーム油の生産高と輸出高では世界一であった。しかし、そのパーム油の生産のための大規模農園の拡大による熱帯雨林や泥炭地の開墾、大規模農園からの農薬、肥料、そして有機物の混ざった排水が問題化しつつある。新規の大規模農園の多くは、熱帯雨林や泥炭地を開墾して開発されており、それが隣接する熱帯雨林や泥炭地の乾燥を招いている。これらの土地が乾燥すると地中からのメタンガスやCO_2の排出を加速させるという研究結果があり、こうした場所での大規模農園の開墾は温室効果ガス（Greenhouse Gases、以下 GHGs）の排出を促進させている[12]。これら ASGM を含む鉱山、石炭火力発電所や大規模農園では、直接の加害者は事業を行う者や企業であるが、間接的には電力や製品の利用者である国民も加害者であり、自然と住民が被害者であるということができる。

3　主要な環境問題に関する法令や規制の推移

先に、インドネシアでは水質、大気、土壌などへの汚染防止等、さまざまな法令や規制が定められていることを述べたが、本節ではその推移をまとめておく。まず、水質の汚濁防止に関する規制は、1982 年の水質に関する法令から始まったが、その時代の工業化・鉱山開発などの影響とそれらの事業者の法令順守意識の欠如も相まって、河川や海洋の汚染が 80 年代後半から顕著に現れるようになった。環境報告書の分析によると、環境問題のうち 41％が河川の汚濁に関連しており、政府の汚染防止の優先順位は河川の汚染対策が優位にあった。政府は 89 年に 8 つの州の汚染の深刻な 20 の河川を浄化するための河川浄化プログラム（プロカシー、PROKASIH：Program Kali Bersih）を策定した[13]。次いで、90 年に陸水[14]の環境基準を制定したが、河川汚染の改善は進まなかった。なぜなら、プロカシーは、その流域に立地する工場に公害対策の導入を促すものであり、政府は排水基準に違反しながら操業している企業への是正処置の命令を出す権限を、人口環境省（当時）に与えなかったためであった。

そこで、91 年に人口環境大臣がプロカシーの一環として、対象企業の公害対策努力を評価し、その結果と企業名を公表するという手法を編み出した。公表から 2 年後の 93 年には、公表の対象となった河川の浄化が飛躍的に進んだ[15]。この実績を受け、95年に企業の排水対策の程度を格付けし公表する、プロパー・プロカシー制度（PROPER PROKASIH：Program Penilaian Peringkatan Kinerja Perusahaan PROKASIH）を実施した[16]。2000年には、17州、37水系、77河川がプロカシーの対象となった。2001年に陸水を飲料水、レクリエーション、養殖、灌漑の利用用途別に分類し、2010年にこの分類方法の手順を制定した。2014年に工場からの排水基準について、55業種の規制対象業種とそれ以外の一般工場に分け、それぞれ個別に排水基準が制定された。基本的にこれらの水質汚濁の規制値は、欧州などで定められた法令を参考にして設定された。また、指定された特別な地方自治体において、その首長は国の基準とは別に、一般の工場の規制値に関して、より厳しい独自の排水基準を設けることができるとされた。

表7-4　水質に関する法令および規制の整備状況の推移

1982	水質に関する法律制定
1989	河川浄化プログラム（プロカシー）開始
1990	陸水の環境基準制定（1990年政令第20号）
1991	工場排水の環境規制値制定（1995年に改定）
1995	企業の排水規制対策の評価（プロパー・プロカシー）を開始
2001	水質汚濁の防止および水質管理に関する政令（2001年政令第82号）で陸水を利用用途別に4つに分類
2010	2001年政令第82号の分類の手順を制定（2010年環境大臣規則第1号）
2014	工場等の排水基準改定（環境大臣規則第5号）

出典：政令、大統領令、環境大臣令および規則より作成。

次に、大気汚染についてである。1980年代から急速な工業化および都市部への人口流入が始まり、化石燃料の消費量は増加の一途をたどっている。このため、化石燃料の燃焼過程からのSO_2、NOx、および煤塵の排出量の増加によって、工場が集中している地域では、大気汚染が顕在化している。また自動車の保有台数の増加に伴い、排気ガスによる大気汚染が人口密度の高い都市部とその近郊で顕著となっている。さらに、当面の電力需要増加を石炭火力発電で賄う政策が推進されており、また石炭火力発電所からの排煙の環境規制値が他の諸国と比べて緩く、発電所がある地域では大気汚染を引き起こしている。

大気汚染の防止に関する法令は表7-5に示した通りで、水質の汚濁防止より遅れて規制が進んだ。88年の大気の環境基準の制定後、環境大臣令として、93年に自動車の排気ガス規制、95年に固定発生源からの排出基準の設定が行われた。99年に大気汚染防止に関する政令によって、14項目[17]の基準値が定められ、大気汚染に対する本格的な規制が始まった。92年からは大気汚染の深刻なジャカルタ特別州、西ジャワ州、中央ジャワ州、東ジャワ州において、ランギット・ビルーを実施した。このランギット・ビルーでは排出基準の遵守と、低公害の燃料を使用する技術や設備の採用の推進を目標に掲げており、96年と2002年に内容が拡大、改定された。

表7-5　大気汚染防止に関する法令および規制の整備状況の推移

1988	大気の環境基準制定
1992	大気汚染の深刻な地域でランギット・ビルーと呼ばれるプログラムを開始
1993	自動車の排出ガス規制（1993年環境大臣令第35号）
1995	固定発生源からの排出基準に関する環境大臣令（1995年環境大臣令第13号）
1997	大気汚染指標に関する環境大臣令（1997年環境大臣令第45号）
1999	大気汚染防止に関する政令（1999年政令第41号）制定
2001	ジャカルタでガソリンの無鉛化実施（その後、対象地域を拡大し、2007年に全国で無鉛化実施）
2003	新型自動車および継続生産自動車の排出ガス基準の改定（2003年環境大臣令第141号） 天然ガス・石油事業に関する排出基準（2003年環境大臣令第129号）
2004	肥料産業に関する排出ガスの排出基準（2004年環境大臣令第133号）
2008	セラミック産業に関する排出ガスの排出基準（2008年環境大臣規則第17号） カーボンブラック産業に関する排出ガスの排出基準（2008年環境大臣規則第18号） 火力発電事業における排出ガスの排出基準改定（2008年環境大臣規則第21号）
2009	自動車の排出ガス規制値の改定（2009年環境大臣規則第４号）

出典：政令、大統領令、環境大臣令や規則より作成。

固定発生源からの大気汚染は、95年に製鉄、紙・パルプ、セメント、石炭火力発電所の４業種と、それ以外のすべての工場・事業所を対象として、５種類の排出基準が設定された。また、99年には大気汚染防止に関する政令によって強化された。このうち、石炭火力発電所の排出基準は、2008年環境大臣規則第21号により改定された。

移動発生源の大きな要素は自動車である。90年代半ばまでインドネシアでは古いディーゼル大型車や混合ガソリン[18]を使用する自動二輪車が多数利用されていた。都市部ではこれらを含めた自動車の排気ガスにより、決して健康的な大気とは言えない状況にあった。モータリゼーションの進展により、98年に1,761万台であった自動二輪車を含む自動車の保有台数が2004年には3,054万台に増加した。2000年にはジャカルタ市で、自動車燃料であった有鉛ガソリンによる沿道付近での大気中の鉛汚染が問題化した[19]。そこで、政府は2001年にガソリンの無鉛化を決定し、ジャカルタ市から順次、実施地域を拡大した。その結果、2007年に全国レベルでガソリンの無鉛化が達成された。ジャカルタ市でも、WHO欧州大気ガイドライン値の500ng/㎥を下回る40ng/㎥まで大気中の鉛濃度が下がったことが判明している。

政府は、97年に大気汚染の度合いを一般人にも分かりやすく大気汚染指標に変換し、毎年公表するとした。しかし、定期的かつ継続的な計測が行われていない（欠測が多い）ため、参考にならないのが現状である。

最後に、有害物質に関する法令と規制では、インドネシアは93年に廃棄物の国際的な取引に関するバーゼル条約を批准（1993年大統領令第61号）した[20]。その後、表7-6に示した通り有害廃棄物に関する法令の整備が急速に進んだ。

インドネシアでの廃棄物は、「家庭廃棄物」と、インドネシア語でB3と略称される「危険・有毒な廃棄物」(Limbah Bahan Berbahaya dan Beracun) に大別される。家庭廃棄物に関する法令の整備は進んでいないが、B3に関

表7-6　有害物質に関する法令や規制の整備状況の推移

1994	有害廃棄物の管理に関する政令（1994年政令第19号） 危険・有害廃棄物の保管、回収、最終処分に関する許可の取得（1994年環境影響管理庁長官令第68号）
1995	1994年政令第19号の部分改正（1995年政令第12号）、政令の運用規定（B3廃棄物の保管、回収や管理の技術指針など５本の環境管理庁長官告示）の公布（1995年環境影響庁長官令第１～５号）
1996	廃油の保管、回収の方法と条件（1996年環境影響管理庁長官令第255号）
1998	地方のB3廃棄物の管理に関する規定（1998年環境影響庁長官令第２～４号）
1999	1994年政令第19号の抜本的改正（1999年政令第18号）、政令の部分改定（1999年政令第85号）
2001	危険・有害物質に関する政令（2001年政令第74号）
2003	油による汚染に関する技術指針（2003年環境大臣令第128号）
2007	港湾におけるB3廃棄物の回収・貯蔵施設（2007年環境大臣令第３号）

出典：政令、大統領令、環境大臣令や規則より作成。

する規制は進んでいる。有害廃棄物の管理についての基本的な枠組みは1994年政令第19号で初めて定められ、1999年政令第18号で抜本的な改正が行われた。しかし、規制とは裏腹にB3の排出が原因の環境問題が発生した事例が多数存在する。B3を回収・処理できる会社は、当初1社[21]であったが、2018年時点ではジャワ島東部に3社が存在する[22]。したがって国内のすべての企業は、発生したB3をこれらの会社に回収・処分を依頼するか、自社敷地内に一時的に保管するしか選択肢がないことが問題である。

2018年5月に行った現地調査では、家庭廃棄物は分別がほとんどなされておらず、その回収のインフラも十分に整備されていないことが分かった。家庭廃棄物にはインドネシアで伝統的に廃棄物とはみなされないプラスチックが含まれ、これが環境中で自然分解されないため、河川や海洋におけるゴミ問題の主役となっている現状が判明した[23]。家庭廃棄物からプラスチック、ガラス、金属、および生ゴミを分別し、再利用するシステムの構築が必須であると考えられる[24]。

4　国際的な規制と対応途上の環境問題

インドネシアの環境問題に対する規制は、国内のそれを解決するための独自のアジェンダがある一方で、国際規制からの影響を受けたアジェンダもある。

環境問題に対応する国際的な条約や協定として、有害廃棄物の越境移動およびその処分の規制に関する「バーゼル条約（92年発効）」、生物多様性の保護を推進し、遺伝資源の持続可能な利用と衡平な配分の実現を目的とする「生物多様性条約（93年発効）」、大気中のGHGs濃度を安定化させることを究極の目標とする「気候変動枠組条約（94年発効）」、またその締約国会議で採択された、気候変動への国際的な取組を定めた「京都議定書（97年採択）」や「パリ協定（2015年採択）」、そして水銀そのものや水銀を使用した製品の製造と輸出入を規制する「水銀に関する水俣条約（2017年発効）」がある。さらに、条約の提案や署名に至ってはいないものの、2017年のG7環境相会合の声明には、海洋ゴミに関して独立した章が設けられ、特にプラスチックゴミおよびマイクロプラスチックが海洋生態系にとって脅威であると明記され、加えて同年の国連海洋会議では、深刻化するプラスチックゴミによる海洋汚染を防ぐため、使い捨てのプラスチック製品やレジ袋の廃止を各国に求めており、海のプラスチック汚染対策に国際社会が協力して取り組む姿勢が示された。このように国際的なアリーナで討議され採用されたこれらのアジェンダ（条約）は、先述の通り、インドネシアの国内法へ影響を与えてきた。しかし、環境問題に関する現状の国内法では、「水銀に関する水俣条約」や「気候変動枠組条約」への対応と、プラスチックゴミへの対応は、不十分であるといえる[25]。

インドネシア政府は、多々ある環境問題を座視していたわけではなく、それらへの対応は試みてきた。しかし、国土が広大な上に、経済成長が急速に進行したため、それらの防止対策が追い付いていないのが現状である。中でも、もっとも深刻だと考えられる環境問題の一つが、ASGMの活動に伴う水銀による環境汚染の問題と、先述の石炭火力発電所の排煙に含まれる水銀の環境への拡散の問題である。

水銀の人体への影響は、環境中に放出された水銀が、食物連鎖を通じて人体に蓄積され、水俣病と呼ばれる中毒性の脳神経系の疾病を引き起こすことと、妊娠中の母親が水銀に汚染された魚介類を食べることによって、胎盤を経由して胎児がメチル水銀中毒になり、小児麻痺に似た障害を持って生まれる胎児性水俣病が生じることは広く知られている。また、カナダでの水銀汚染地区における長期経過後の疫学的・臨床的調査[26]によると、69年に河川の水銀汚染が発覚したカナダ・オンタリオ州で、75年に原田正純（熊本学園大学教授）らが、軽症だが水俣病が既に発生していると報告した。同教授らは2002年、2004年に経過を追跡調査した。そして2010年3月に上記の居留地を再び訪れ、水俣病検診で行われているのと同じ臨床検診を行った。その結果、対象者の頭髪水銀量が27年前と比較して顕著に減少していた（平均2.11ppm）にもかかわらず、75年当時軽症だった患者が重症化している事例が報告された。また住民に対する水銀汚染の原因は魚食にあることがわかった。追跡ができた住民たちの頭髪水銀値は安全基準とされる50ppmを超えてはいない。従って、水銀汚染地区におけるこのような長期経過後の追跡調査を経て、安全基準以下でも長期に汚染が継続すれば水俣病（慢性型）が発症することが実証された[27]。また、2004年に国連食糧農業機関およびWHOによる合同専門家委員会は、胎児の神経系を水銀の曝露から守るため、妊婦の体重1kgあたり1週間1.6μgまでというメチル水銀の曝露許容量を設定している[28]。以上の事例が存在しているにもかかわらず、環境中に水銀を大量に排出しているASGMは、インドネシアでは依然として継続されており、この問題に詳しいNGOのバリフォックスによると、2017年に国内でASGMが原因とされる水銀汚染が確認されている地点は1,200ケ所あり、全国34州の内30州の93県に存在している[29]。法令の規定では、水銀は要管理物質であり、水銀を含む廃棄物はB3であるが、ASGMに使用される水銀の大部分は、国内の水銀鉱山から採掘された鉱石を正式な管理下にない状態で精製し、違法なルートを通じ流通している[30]。さらに、ASGMからの水銀を含む廃棄物は、未処理のまま金鉱石の採掘跡や坑道などに不法投棄されていると考えられる。

また、2008年に石炭火力発電所からの排煙中の水銀濃度を0.03mg/N㎥以下に規制することが決定されたが[31]、この規制値は、米国の60倍、EUの7.5～15倍であり、先進国における規制水準からみると不十分である[32]。石炭火力発電所は燃料炭の輸送や設備の冷却水の確保のため沿岸部や沿岸部に近い島部に建設されるケースが多く、燃焼排気ガス中の水銀を含む有害物質は、発電所周辺の陸上のみならず海上にも拡散する。燃焼後の石炭灰は通常埋め立て処理されるケースが多いが、埋め立て地からの排水に有害物質の一つとして水銀が含まれる可能性が懸念される。インドネシアでは、海水産・淡水産を問わず、魚介類を食する人々も多く、石炭火力発電所からの水銀排出に適切な防止策を講じないと、短期的には問題がないとされる基準以下であっても、先のカナダの事例のように、長期にわたる環境汚染による健康被害が懸念される。

また、GHGsの排出を促す、泥炭地や森林の大規模農園への土地利用変化は、ジョコ政権になってから規制が始まっている。しかし、過失や違法な行為による森林火災は、依然としてあとを絶たず、化石燃料を使用する火力発電に伴うCO_2排出量の削減も容易ではない現状を顧みると、「パリ協定」に向けて提出した約束草案（Intended Nationally Determined Contributions、以下INDC）に記載された、CO_2を中心としたGHGsの削減目標を達成するための自助努力の取り組みとしては十分でない。

先進国のみならずインドネシアにおいても、ペットボトルに代表される使い捨て容器や、いわゆるレジ袋は日常の生活に浸透してきており、これらのプラスチック製品による海洋や河川の汚染も深刻化している。しかし、後述するゴミ回収インフラの未整備とも相まって、取り組みが進んでいない環境問題も現存する。

5　インドネシアにおける環境への対応と提言

インドネシアは水質と大気の汚染や有害廃棄物に起因する環境問題に対応するために、法令や規制を進めている。さらに、国内での環境問題だけではなく、GHGsの排出による気候変動という地球全体の環境に影響を及ぼす国際的な環境問題にも対応していかなければならない。

政府は、先述の「京都議定書」に基づき導入されたクリーン開発メカニズム（Clean Development Mechanism、以下CDM）や、日本政府の推奨する２国間クレジット制度（Joint Crediting Mechanism、以下JCM）などの環境への負荷を減少させる事業や技術の導入を試み、GHGs排出量の削減や省エネルギーに成功しており、CDMとJCMの事業について、既存の事業の継続や新規導入を続けるとしている。

2015年に国際的な環境問題を討議するアリーナにおいて、地球温暖化防止に向け、GHGsの排出量を抑制しようとする「パリ協定」が結ばれた。それに先立ち、インドネシア政府はGHGs排出削減目標のINDCを提出した。その内容は2020年までに自助努力で対BAU比29%、国際協力を得てその41%までGHGs排出量を削減し、2050年までに対BAU比10億トンのCO_2排出量の削減を図るというものであった。また、INDCの中で熱帯雨林と泥炭地の土地利用の変化を制限するとコミットメントしている。

政府は、化石燃料から得られる電力の代替として、再生可能エネルギーによる発電を80年代から開始したが、その発電量の伸びは非常に低かった。

第6代大統領のユドヨノ時代（2004～14年）に政府は、その発電量を増加させる方策の一つとして、再生可能エネルギー源によって発電された電力の固定価格買取（Feed in Tariff、以下FIT）制度を2008年から導入した。このFIT制度は、水力、バイオマス、太陽光、都市ゴミ、および地熱をエネルギー源とする電力に、それぞれFIT価格を設定したものであった。しかし、FIT価格と売電価格の逆ザヤの解消方法が定まっていないため、現状では機能していない。

ジョコ時代（2014年～現在）にはCO_2排出量削減のため、短期的には石炭から天然ガスへ移行させる計画を発表するとともに、中長期的には、地熱、水力、太陽光、風力、およびバイオ燃料を活用し、エネルギー源に化石燃料が占める割合を減少させる政策を打ち出したが、化石燃料に頼る経路依存からの短期間での脱却は容易ではない。

環境関連の金融面では、政府は再生可能エネルギー開発や省エネルギー設備の投資への支援を行っており、2016年に中央銀行が政策金利の引き下げを実施した。しかし、実質金利は、例えば、最大手の国営マンディリ銀行の2017年1月31日現在のプライムローンは年利9.95%、リテール9.95%、マイクロローン18.75%であり、資金調達コストが高いことが、企業での環境問題の発生防止や省エネルギーへの投資を阻害している。

2018年の現地調査の際に、開発が一番進んでいるとされるジャワ島でも未電化の地区が存在することを突きとめたほか、これらの地区の一部では、太陽光と風力の再生可能エネルギー源による発電と、牛糞と農業廃棄物などのバイオマスの発酵によるバイオガスを利用するプロジェクトが確認できた。また、都市部では、分別ゴミの回収ボックスが見受けられたが、地方自治体職員への聞き取り調査では、十分に活用されていない様子であった。また、同調査時のインドネシア環境フォーラム（Wahana Lingkungan Hidup Indonesia、以下WALHI）からの聞き取り調査では、ASGMの問題は、従事者の経済的な状況や、公的団体が関与している場合もあり、その解決は簡単ではないとの意見であった。

インドネシアでは、多数のNGOが、環境問題を抱える住民に対する支援や、環境保護にもつながる再生可能エネルギー源の活用、および植林や動物の保護などの活動を行っており、国内での活動を重視する団体と、国際的な協業活動に重点を置く団体がみられる。NGOの数が多く、規模もさまざまなため、すべての活動を把握することは困難であるが、管見では、石炭火力発電所による環境問題[33]や水銀による環境汚染問題[34]、小水力発電設備の設置・運営と地域おこし[35]などの住民に密着した活動をしている事例がみられる。NGOの活動は、彼らが住民に密着でき、課題を見出し、解決できる限り、政府や地方自治体の補完活動を行うアクターとして、今後とも重要である。

今後の環境対策への提言

本章では、インドネシア独立以降の環境問題を取り上げた。そしてそれらに対応するために出された政策や法令は、改善されつつあることを述べた。他方で、未解決の環境問題として、人口の集中地域での下水道の未普及、ゴミ回収インフラの未整備、ゴミの不法投棄の問題、さらには企業から排出されるB3の処理能力の欠如と、それらに対するアジェンダが未だ不十分であることを指摘した。加えて、ASGMで違法に使用されている水銀による環境被害や、化石燃料消費の増加による有害物質を含む排煙や排気ガス、地球規模の環境問題であるCO_2の排出抑制に対する政策が不十分であり、その対策が必須であることを議論してきた。

このような未解決の環境問題を解決するために政府というアクターは、これらの問題を減少させるアジェンダを策定すること、また打ち出された法令の強化を行う必要がある。しかし、インドネシアのような開発途上国に限らず、先進国でも人々の利便性を大幅に犠牲にする環境保護は受け入れがたいことは事実である。したがって、利便性の最小限の犠牲と環境の最大限の保護のバランスを持ったアジェンダが必要となる。筆者は、政府による環境保護のための法令強化よりも、政府の対極にある市民というアクターの個々の行動の方が、インドネシアにおける環境問題を解決に導く大きな要素となると考える。それは、市民というアクターの意識改革が、将来の環境対策にとってより重要になるといえるからである。たとえば、地方によって格差はあるが、「自分が関係していない物事には興味を示さない」人々がいる。つまり、政府がおぜん立てするような環境保護政策が、うまく結果を出せなくても関心を示さないのである。他方、「ある物事に関係し、利害がある」場合、彼らは積極的に参加する傾向にあるといえる。したがって、政府やNGOによる環境問題の啓もうや教育の場、そして実行の場面では、地元住民の巻き込みが重要な鍵となる。インドネシアでは様々なNGOが活動を行っているが、地元民を巻き込んだ活動が成功や高い評価を受けている傾向にある。地元住民の文化や習慣を変えることを強制せず、彼らの理解を得ながら環境問題を解決し、生活の質を改善させることが肝要である。

国内の多くの企業や経営者というアクターは、独自の技術開発を目指す傾向は少なく、環境問題の防止技術に関しても海外からの技術導入に頼る傾向にあるが、その導入コストは現地資本の企業にとって小さいものではないという現状がある。このような状況の中で、企業からの排水浄化の向上を目指すプロパー・プロカシー制度が効果を上げた要因は、排水浄化の達成度のランクが公表されるため、企業の自社ブランドの好感度を上げたいという要望もさることながら、企業の大株主がそのまま経営者である場合、自社が高く評価されることが、経営者の高評価につながり、当該企業の環境対策が進むという面も見逃せない。企業の総合的な環境対策の達成度を評価・公表する新しいプロパー・プロカシー制度の構築が、企業の環境対策の向上に有効であろう。

再生可能エネルギー源を利用した発電について、インドネシアには、地熱、水力、風力、太陽光、バイオマスなどのカーボンニュートラルなエネルギー源が豊富に賦存している。先述のFIT制度の確立、維持のために、化石燃料に炭素税を課し、その原資の一部をFIT価格の上乗せ部分に充当する方法が、平均的な国民の経済状況からみて妥当であろう。

また、環境保護という命題の人々への啓もうや教育なども重要であるが、これ以上の環境の悪化を防止するために、下水道の整備とゴミの回収、焼却処分、焼却灰の埋め立て処分のインフラ整備も鍵となる。その方法論などについては、今後も検討を続けていく必要がある。その検討過程において考慮されるべき点は、大都市部では回収された家庭ゴミを特定の場所に投棄・埋め立てを行っている場合があるが、投棄場所でのゴミの中から有用物を回収することで生計を立てている人々が少なからず存在することである。このことは、分別されていないゴミをそのまま焼却し、その熱エネルギーによる発電を行うというシステムを構築した場合、彼らの生活の糧を奪うことになるため、ゴミ処理対策とともに、このような人々へのゴミ拾いに頼らない自立対策を並行して行うアジェンダが必須である。家庭ゴミに混在するプラスチックゴミの処理方法に関しては、先進国型の手法を押し付けるのではなく、多少効率が悪くとも、現地に適した手法をまず構築し、のちに改善していく方法が好ましいであろう。

ASGM 活動による環境中への水銀の排出防止対策として、水銀を使用することを単純に国内法で禁止（または規制）しても、その使用は隠れて（違法状態のまま）続けられる可能性が高い。そうなれば水銀蒸気や水銀を含む廃棄物は、ますます不法に放出・投棄され、水銀による環境汚染は終わらない。金の採掘権を政府が買い取る方法もあるが、一時的な ASGM 行為の解消にしかならず、また辺地で不法に採掘されないように監視するのは費用対効果が低いと考える。零細採掘者の自主的、あるいは政府指導での協同組合化による（水銀排出を含む）環境汚染の防止機能の拡充という方法は、過去に日本でも捺染業や皮革加工業で実施された方法である。しかし途上国へそのまま適用しても、零細採掘者の教育のレベルや貧困の度合い、採掘地域での治安状態を考慮した場合、それが成功する可能性は低いと思われる。現在では技術の進歩に伴い、金の製錬方法で水銀（やシアン化合物）を使用しない方法が開発されている。したがって ASGM の行われている地域において、金採掘地区内に政府、または国際的、もしくは公共組織による支援のもとで水銀を使わない製錬設備を導入し、零細採掘者は選鉱した沈泥をその製錬施設に持ち込み、沈泥中の金の含有量により対価を受け取るという、環境負荷の少ない製錬プロセスを持った透明性の高い制度の構築が必要である。これにより、政府は採掘地区からの金（粗金）産出量を国家のコントロール下に置けるうえ、無秩序な水銀使用による環境汚染も防止が可能となる。そして、製錬設備を核として地域に環境保護の啓発・教育施設や医療施設を併設できる。この制度で得られた利益の地元還元策として、インフラ整備費用や学校建設費用も賄えるのではないだろうか、またその地域の経済発展につながるのではないかと考える。このような教育や貧困解消の施策が、ASGMに携わる脆弱な立場の人々を健康と経済両面から支え、環境負荷を減少させるとともに、環境保全について教育する場も提供できる。ひいては結果的にその地域全体の住民の健康被害を防ぐことにつながり、環境ガバナンスの強化と環境法令コンプライアンスの確立につながると考える[36]。

石炭火力発電によって排出される水銀は、酸化水銀に変化させることによって、既存の有害物質除去装置で捕集できる方法が発表されている。その方法は、ローレンス・バークレイ国立研究所のシー・ガー（テッド）・チャンの率いるグループにより開発された、燃焼後の排気に含まれる水銀単体（＝金属水銀蒸気）を酸化させ、酸化水銀にし、既存の有害物質除去装置を使用することで取り除くことができる方法である[37]。これらの煤煙処理と水銀の捕集技術の利用によって、水銀を含む汚染物質の環境への排出を抑制することが可能である。また、日本の環境省によると、水銀の連続排出量監視システムは、米国やスウェーデンにて開発がされており、その利用が可能であると考える[38]。さらに、既存の石炭火力発電所は、設備の設計寿命の終了後に発電設備そのものを廃止し、跡地に太陽光（メガソーラー）と風力を併用した再生可能エネルギーによる発電所への転換を推進することが必要である[39]。水銀や有害物質の環境への排出防止や除染のための対策を行ううえで、B3にあたる回収された水銀および有害物質の移送手段の確保や保管場所の整備（増設）が必須である。また、企業による鉱山活動のテーリングの安全な処理方法の法制化も必要である。前述の通り、インドネシアでは降雨量が多いため、露地に設けられた保管場所に浸透、透過した雨水の処理も重要になる。環境問題による健康障害や自立維持手段の喪失（収入の喪失）、ならびに環境中からの汚染物質の除去（除染）は、国民全体にとって将来の経済的負担となるため、途上国といえども先進国と同等の環境対策が望まれることはいうまでもない。

[注]

1　FAO (2010)「世界の森林資源評価2010」国連食糧農業機関（FAO (2010) Global Forest Resources Assessment 2010, Country report: Indonesia）。

2　OECD (1991), pp. 140-143.

3　Pengawasan Pembangunan & Lingkungan Hidup.

4　Kependudukan Lingkungan Hidup.

5　水は国家のものであり、利水や水質保全に関する項目を定め、地方政府は水に関する情報を環境大臣に報告し、中央に集められた情報は水質保全などに役立て、環境大臣は国民が水を利用する際の水質などの勧告を行うことが定められている。

6　森の豊かさを守るための法律では、森の破壊や樹木の病気を防ぐために許可のない私的利用を禁止、水源近くや傾斜地の森林伐採を禁止、森林の開発には環境大臣への事前報告と大臣の事前許可が必要などと定めている。

7　Lingkungan Hidup.

8　Langit Biru、以下ランギット・ビルーと表記。

9　Departemen Kehutanan.

10　Kementerian Lingkungan Hidup dan Kehutanan.

11　スハルト時代には、是正処置命令に従わない事例が見受けられた。

12　北海道大学、平野高司『熱帯泥炭林の炭素収支に与える錯乱の影響』2012。『火災の被害を受けた熱帯泥炭地における泥炭の後記的分解による CO_2 排出について』2013。

13　Hirsch & Warren (2002).

14　国内の河川と湖沼の水。地下水は含まれない。

15　公表の対象となったジャカルタの３河川での 1993 年の１日当たりの BOD 汚濁負荷量が、1991 年の約 500 分の１以下に浄化された。

16　小島道一（2005）。

17　二酸化硫黄、一酸化炭素、窒素酸化物、オゾン、炭化水素、PM10、PM2.5、浮遊量子物質、鉛、降下ばいじん、フッ化物、粉末指数、塩素・二酸化塩素、硫酸塩指数の 14 項目。

18　ガソリンに潤滑油（エンジンオイル）を混合した、２サイクルエンジン用の燃料。

19　大気中の鉛濃度が 1998 年の 420ng/㎥から 2000 年には 1300ng/㎥まで上昇した。

20　2005 年にバーゼル条約 BAN 改正案も批准した（2005 年大統領令第 47 号）。

21　米国との合弁会社、処分費用が米ドル建ての上高額なことが、依頼する企業の不満となっている。

22　この３社の他に、５社が回収や運搬（処分ではない）の許可を持つ。

23　伝統的な家庭廃棄物は、生ゴミや有機物素材であり、時間が経てば分解され自然に還る。

24　ジョグジャカルタの地方自治体では、プラスチックのゴミを再溶解し路面材とする試みを行っている。小規模ではあるが、住民も参加する現地ならではの方法である。

25　国連による 2017 年の報告では、インドネシア国内での年間の水銀全排出量は約 380 トン。

26　このような長期経過後の追跡調査は水俣でも十分に行われていない。

27　原田正純ほか（2011）「カナダ・オンタリオ州先住民地区における水銀汚染―カナダ水俣病の 35 年間―」『水俣学研究』（第３号）、水俣学研究センター。およびアディネガラ（2014）。

28　WHO (2007) Preventing Disease Through Healthy Environments, Exposure to Mercury: A Major Public Health Concern.

29　Balifokus (2017).

30　Ibid.

31　2008年環境大臣規則第21号。

32　石炭火力発電所からの水銀排出基準は、米国が約0.5μg/N㎥、EUが2～4μg/N㎥、日本が8～15μg/N㎥と提案されている。

33　WALHIはスハルト時代から、企業が原因者の環境問題に関して、住民を支援している。

34　BaliFokusはスラウェシ島などでのASGMによる水銀汚染問題に関して、活動している。

35　IBEKAは辺地での小水力発電事業の拡大の活動をしている。

36　アディネガラ（2014）。

37　米国ローレンス・バークレイ国立研究所（Lawrence Berkeley National Laboratory）で開発された方法。

38　環境省（2014）「水銀に関する国内外の状況」（第3号）、p.25。

39　アディネガラ（2014）。

［参考文献］

アディネガラ、イヴォンヌ（2014）「途上国の水銀汚染の現状と水俣病の教訓を国際的な規制に生かす方策について―インドネシアの事例研究として―」『経済学研究論集』（第40号）、明治大学大学院。

――（2018）「インドネシアにおける石炭火力発電所からの水銀排出の問題およびアクター、アジェンダ、アリーナ（AAA：Actor, Agenda, Arena）の分析による水銀排出抑制シナリオの前提条件の抽出」『政治経済学研究論集』（第4号）、明治大学大学院。

原田正純（2011）「カナダ・オンタリオ州先住民地区における水銀汚染―カナダ水俣病の35年間―」『水俣学研究』（第3号）、水俣学研究センター。

セーデルバウム、ペーテル（2010）、大森正之・小祝慶紀・野田浩二訳『持続可能性の経済学を学ぶ』、人間の科学新社。

NEDO（2007）「石炭火力発電所からの水銀排出の規制（米国）」海外リポート、№992。

Philip Hirsc and Carol Warren (2002) *The Politics of Environment in South East Asia,* Routledge.

Republik Indonesia, Peraturan Pemerintah No.20 Tahun 1990, Tentang Pencemaran Air, Jakarta.

―― No.19 Tahun 1994, Tentang Pengelolaan Limbah Berba haya dan beracun, Jakarta.

―― No.12 Tahun 1995, Tentang Pengelolaan Limbah Bahan Berbahaya dan Beracun, Jakarta.

―― No.18 Tahun 1999, Tentang Pengelolaan Limbah B3, Jakarta.

―― No.41 Tahun 1999, Tentang Pengendalian Pencemaran Udara, Jakarta.

―― No.85 Tahun 1999, Tentang Pengelolaan Limbah B3, Jakarta.

―― No.74 Tahun 2001, Tentang Pengelolaan Limbah B3, Jakarta.

―― No.82 Tahun 2001, Tentang Baku Mutu Air Permukaan, Jakarta.

Republik Indonesia, Peraturan Menteri Negara Lingkungan Hidup No.1 Tahun 2010, Tentang Tata Laksana Pengendalian Pencemaran Air, Jakarta.

―― No.3 Tahun 2007, Tentang Fasilitas Pengumpulan dan Penyimpanan Limbah B3, Jakarta.

―― No.17 Tahun 2008, Tentang Baku Mutu Emisi Sumber Kegiatan Industri Keramik,

Jakarta.
—— No.21 Tahun 2008, Tentang Tentang Baku Mutu Emisi Tenaga Listrik Termal, Jakarta.
—— No.18 Tahun 2009, Tentang Tata Cara Perizinan Pengelolaan Limbah B3, Jakarta.
—— No.5 Tahun 2014, Tentang Baku Mutu Air Limbah, Jakarta.
Republik Indonesia, Keputusan Menteri Negara Lingkungan Hidup No.13 Tahun 1995, Tentang Baku Mutu Emisi Sumber Tidak bergerak, Jakarta.
—— No.45 Tahun 1997, Tentang Indeks Standar Pencemaran Udara, Jakarta.
—— No.128 tahun 2003, Tentang Tata Cara dan Persyaratan Teknis Pengelolaan Limbah Minyak Bumi dan Tanah Terkontaminasi oleh Minyak Bumi Secara Biologis, Jakarta.
—— No.129 Tahun 2003, Tentang Baku Mutu Emisi Usaha Dana tau kegiatan Migas, Jakarta.
—— No.141 Tahun 2003, Tentang Ambang Batas Emisi gas Buang Kendaraan Bermotor, Jakarta.
—— No.133 Tahun 2004, Tentang Baku Mutu Emisi Bagi Kegiatan Industri Pupuk, Jakarta.
Republik Indonesia, Keputusan kepala Bapedal No.255 Tahun 1996, Tentang Persyaratan dan Tata Cara Penyimpanan Limbah B3, Jakarta.
—— No.2 Tahun 1998, Tentang Tata laksana Pengawasan Pengelolaan Limbah B3 , Jakarta.
—— No.3 Tahun 1998, Tentang Program Kemitraan Dalam Pengelolaan B3, Jakarta.
—— No.4 Tahun 1998, Tentang Penetapan Prioritas Propinsi daerah Tingkat 1 Program kemitraan Dalam Pengelolaan Limbah B3, Jakarta.

[参考 URL]

環境省（2007）「水銀に関する国内外の状況」、第３号資料：https://www.env.go.jp/council/07air-noise/y0710-02/ref02-2_27_2-1.pdf （2018年９月アクセス）。
米国と EU での石炭火力の水銀規制値：http://sekitan.jp/airpollution-jg_20160810 （2018年８月６日アクセス）。
BaliFokus/Nexus3 Foundation (2017) *Illegal and Illicit Mercury Trade in Indonesia.*：https://www.balifokus.asia/reports （2019年１月アクセス）
Science@Berkeley LAB (2006) *Clamping Down on Mercury Emissions*：http://www2.lbl.gov/science-Articles/Achive/sabl/2006/oct/2.html（2017年３月アクセス）。
WHO (2007) *Preventing Disease Through Healthy Environments , Exposure to Mercury : A Major Public Health Concern*：http://www.who.int/phe/news/Mercury-flyer.pdf（2018年９月アクセス）

column

エコフェミニズム

エコフェミニズム（Ecofeminism）は、エコロジーとフェミニズムの理論から成立した言葉といえる。エコロジーとは、生物と環境との相互関係である生態系を研究する学問分野である。フェミニズムとは、男女の性別による格差を明示し、性差別に影響されない平等な権利を行使できる社会の実現を目的とする思想や運動である。エコロジーでは「自然は人類によって搾取されてきた」と定義されている。また、フェミニズムでは「女性は男性によって搾取されてきた」という考え方がある。これら２つの考えに共通する、搾取される側の自然と女性を重ねて理解するのが、エコフェミニズムの考え方といえるであろう。

エコフェミニズムという言葉は、1974年にフランスワーズ・ドボンヌによって作られたといわれている。しかし、1962年にレイチェル・カーソンが出版した『沈黙の春』は、女性からの発言によるエコロジー運動という意味において、その後のエコフェミニズム運動に大きな影響を与えた。先進国におけるエコフェミニズム運動は、1980年代にアメリカで、観念的な男性社会批判としてではなく、男性社会の支配構造の権化である軍事施設をターゲットとした反核運動によって開始され、イネストラ・キングらによってリードされた。また、スーザン・グリフィンは、詩的書物『女性と自然』（1978）の中でジェンダーとネイチャーについて取り上げ、エコフェミニズム運動に影響を与えた。

フェミニズム理論は、リベラルとみなされるものからマルクス主義の影響が強いものまで非常に多様である。1992年にキャロリン・マーチャントは、『ラディカル・エコロジー』においてエコフェミニズムの思想を、リベラル・エコフェミニズム、カルチュラル・エコフェミニズム、ソーシャル・エコフェミニズム、ソーシャリスト・エコフェミニズムの４つに分類した。また、1999年にジェームス・コネリーとグラハム・スミスが、エコフェミニズムは、ジェンダーの偏りの排除に関してフェミニスト運動の幅広い概念を共有している。謙虚さ、世話、育児など、女性的であると通常考えられている価値や特性は、家父長制度の出現によって過小評価されていると指摘している。加えて、エコフェミニズムは、女性と自然の支配と抑圧の間にはつながりがあると主張している（Connelly and Smith, 1999）。

途上国においても女性たちによる環境を守る活動や運動が行われ、それらをエコフェミニズムの枠組みで捉えようとする動きがある。その代表的な存在は、1988年に『ステイン・アライブ』を書いたヴァンダナ・シヴァである。彼女は、環境とフェニミズム運動が関連を持つと述べ、資本家による自然の略奪の影響をもっとも受けるのは女性であるとしている。エコフェミニズムの運動そのもので言えば、たとえば、1970年代にインド北部地方で、企業による山林の皆伐が原因である洪水や土砂崩れから畑を守ろうと、地元の女性たちが木に抱き着いて樹木を伐採から守る「チプコ」と呼ばれた運動が成功したのち、この運動が他の地域にも広がり森林の商業的な大量伐採を阻止した。また、インドネシアの中央ジャワ州では、2016年にPT. Semen Indonesia Tbk社のセメント工場の建設に対する９名の地元農民女性の建設反対運動と訴訟があった。これは、工場建設予定地近くの石灰岩からなる山を爆破し、セメントの原料である石灰岩を採取する計画を伴うものであった。その石灰岩の山は、雨水をろ過し地下に浸透させ豊かな水源となっていたため、山を爆破することで、日常生活に代々使用してきた川や井戸が枯れる恐れがあったことと、鉱石の採取のために山林が皆伐され、樹木による保水力がなくなり洪水が発生する恐れも予見された。上記の女性たちが裁判に訴え、最高裁で住民が勝訴し、建設計画は中止された。これらは、女性が中心となって行動したエコフェミニズムの実践であるともいえる。

以上の２つの事例をはじめ、先進国や途上国での事例をたどると、エコフェミニズムは、環境破壊などに対する女性たちによる反対運動が先行し、理論の構築が追随しているということができる。

（アディネガラ・イヴォンヌ）

【参考文献】

嘉田由紀子、新川達郎、村上紗央里『レイチェル・カーソンに学ぶ現代環境論―アクティブ・ラーニングによる環境教育の試み―』法律文化社、2017年。

ジャルダン、ジョゼフ・R・デ、新田功、生方卓、藏本忍、大森正之訳『環境倫理学―環境哲学入門―』株式会社出版研、2005年。

Griffin, Susan *Women and Nature: The Roaring Inside Her,* Harper & Row,1978.

Merchant, Carolyn ,*The Death of Nature: Women, Ecology, and the Scientific Revolution,* Harper & Row, 1980.

Shiva, Vandana, *Staying Alive: Women, Ecology and Survival in India,* Kali for Women,1988.

森岡正博「エコロジーと女性――エコフェミニズム」『環境思想の系譜 3』東海大学出版会、1995年、pp.152-162（ホームページ：https://ci.nii.ac.jp/ncid/BN12537753）。

第Ⅲ部　現代南アジアと環境問題

長きにわたる英国の植民地支配を経験した南アジア。人口13億を数えるインドを筆頭に、その東西に位置するバングラデシュ（1億6000万人以上）とパキスタン（2億7000万人以上）でも、独立後に希求された工業化・開発政策、近年の急速な経済成長とグローバル化の進展によって、環境問題は深刻化している。それは、経済格差、政治的緊張、社会的差別などの様々な諸条件と密接に結び付きながら、複雑な様相を呈している。

（写真上から）大渋滞の横で地下鉄の建設工事が進む（インド・デリー、2017年8月、小嶋撮影）／下水が溢れて道路が冠水した光景（パキスタン・カラーチー、2019年8月、近藤撮影）／洪水で冠水した小学校（バングラデシュ・ネットロコナ、外川撮影）

第８章
バングラデシュの環境問題
――グローバルな課題への挑戦

外川昌彦

1　バングラデシュの概要

(1) バングラデシュの国土と環境変動

インド亜大陸の東部に位置するバングラデシュは、インドとミャンマーに挟まれ、人口は１億6,000万人を超え、世界第８位の人口を擁している。しかし、国土面積は、北海道の２倍程の約15万㎢で、都市国家（シンガポールなど）を除くと１㎢あたり1,127人という、世界最大の人口稠密国家である。

世界最大の降雨地帯であるチェラプンジを源流に持つメグナ川やブラフマプトラ川（ジョムナ川）の下流域に位置するバングラデシュは、インド側から流れ込む大河ガンジス（ポッダ川）が生み出す広大な沖積平野に農村社会が広がり、歴史的には豊かな水稲耕作地帯として知られてきた。しかし同時に、熱帯モンスーン気候帯に属し、毎年、洪水やサイクロンの被害に見舞われるなど、自然環境の厳しさとその急激な変動に対して、極めて脆弱性の高い地域となっている。

たとえば、南東部の丘陵地帯などを除けば、バングラデシュの国土の約90％は沖積平野からなり、全人口の約71％（2015年）は、この広大な沖積平野に展開する農村地帯の居住者である。1970年にそのバングラデシュを襲ったサイクロン（台風）では、推定50万人もの犠牲者を生み、それは世界のサイクロン災害史上でも最悪の台風被害として知られている。バングラデシュの地域開発と災害対策支援を検証する日下部尚徳（2012：64）によれば、世界の大規模サイクロン災害（千人以上の死者）の64件中、バングラデシュは18件を占めている[1]。

このようなバングラデシュの環境変動への脆弱性は、サイクロン被害にとどまらず、たとえば、地球温暖化にともなう海水面上昇では、海面が1m上昇することで、バングラデシュの国土は約18%が水没するとされる。世界銀行の報告によれば、海水面の上昇は、特に沿岸部を中心としたバングラデシュの農村地帯の2,500万人以上の人々の生活を直撃すると推計されている。『不都合な真実』で2007年にノーベル平和賞を受賞したアル・ゴア氏も、「カルカッタとバングラデシュでは、6,000万人が行き場を失い、想像を絶する貧困と死の脅威に直面するだろう」と述べていた。

しばしば話題にされるツバルやキリバスなど、海水の侵食で移住を余儀なくされる太平洋の島国は、人口規模でいえば、それぞれ約1万人と約10万人である。単純な数値では比較のできない問題だが、地球環境の変動が人々の生活に与える影響や被害の大きさという意味では、バングラデシュは世界でも特筆すべき国のひとつと言えるだろう。

(2) 環境変動と社会

環境変動への脆弱性に関連して見過ごせない点は、厳しい生態環境や自然災害などの外的条件が、バングラデシュに暮らす人々の社会や文化にも深い影響を与えている問題だろう。

バングラデシュは、1947年に英領インドからの分離独立後に東パキスタンとなり、1971年には西パキスタン政府と独立戦争を戦うことで、バングラデシュとして改めて独立する。その戦争や貧困がもたらす社会基盤の混乱や整備の遅れは、環境変動や災害などに対する防災や復興という地域社会の人々の課題に直結する。たとえば、20世紀最悪とされる、先述の1970年のバングラデシュのサイクロン災害では、当時はまだ統一パキスタンだった西パキスタン政府による、被災地東パキスタンへの救援活動の出遅れが目立ち、人的被害の拡大につながったことが指摘されている。西パキスタン政府への東パキスタンの人々の不信や怒りを招いたことは、その直後に実施されたパキスタン初の国会選挙でベンガル人の団結を強め、最大野党アワミ連盟党を率いるシェイク・ムジブル・ラフマンの圧勝をもたらした、ひとつの背景とされる。

当時、パキスタン国会の総議席数は300で、東西の人口比率に基づいて、東パキスタンは162議席、西パキスタンは138議席が配分されていた。結果は、東パキスタンでは、シェイク・ムジブル・ラフマン党首が率いるアワミ連盟党が160議席を獲得して国民議会での過半数を制し、ズルフィカール・アリー・ブットーが率いるパキスタン人民党は、西パキスタンで81議席を獲得したのみで、第二党にとどまる。しかし、東パキスタンのアワミ連盟党が主体となる内閣が組織されることに危機感を抱く西パキスタンのヤヒヤー大統領・戒厳司令長官は、議会の無期限延期を発表し、制憲議会の招集を反故にする。激高するベンガルの人々に対し、1971年3月26日に西パキスタン政府は軍事作戦を決行し、独立戦争が勃発するが、ベンガルの民衆は約9か月にわたってゲリラ戦で抵抗し、それは最終的に、ムジブル・ラフマンを首相とする、新生国家バングラデシュの独立をもたらす。

大規模な自然災害が地域社会にも様々なインパクトを与え、時に戦争が引き起こされる要因となり、また新たな国家の誕生をもたらすこともある。バングラデシュの環境問題はこのような意味で、自然環境と国家、あるいはグローバルな環境変動と地域社会の人々との関りを考えるうえで、ひとつの興味深い事例を与えるものといえるだろう。

バングラデシュが極めて厳しい環境条件に置かれているということは、しかし、バングラデシュの人々が、環境問題に対して脆弱な社会であり、ただ為すすべなくリスクにさらされている、ということを意味する訳ではない。世界最古の文明のひとつであるインダス文明に起源をもち、長年にわたり多様な気候変動に対処し、独自の文化を育んできた南アジア社会の人々は、長い歴史のなかで激しい環境変動や自然災害に対処する固有の社会基盤や文化を生み出し、また、多様な在来知を蓄積してきたと考えられる。

開発支援の現場で先進的な取り組みが見られるバングラデシュでは、厳しい気候変動に対処する人々の環境変動との多様な関わりを背景にすることで、地域社会が主導する防災への積極的な取り組みでも知られている[2]。そのバングラデシュの人々の経験は、地球環境変動に対処する今日の日本や世界の多様な課題を考えてゆく上でも、ひとつの貴重な示唆を与えるものとなるだろう。本章は、以上のような観点から、バングラデシュの環境問題について取り上げてみたい。

2　経済成長と環境問題

1971年の独立戦争と国土の荒廃によって、バングラデシュは長らく開発途上国の中でも、最貧国の事例として紹介されてきた。広大な農村人口を抱え、水稲耕作を中心とした農業を主要な産業としてきたバングラデシュでは、わずかな天然ガスなどを除けば外貨獲得の手段も限られていた。政府の開発政策の遅れを補う多様なNGO団体の活動が活発になされることで、NGOの実験場とも呼ばれ、独立以来の日本政府による開発支援（ODA）と合わせて、海外援助を抜きには語れない最貧国として知られてきた。「貧者の銀行」と呼ばれ、2006年にノーベル平和賞を受賞したムハマド・ユヌス博士のマイクロ・ファイナンス（小規模金融）の活動は、このような開発途上国としてのバングラデシュを象徴するものといえるだろう。

ところで、縫製産業の発展と海外出稼ぎ労働者によってけん引される1990年代以降のバングラデシュの経済成長は、そのような既存のイメージを塗り替える、目覚ましい経済成長を実現している。

図8-1にあるように、GDPの平均成長率を見ると、2000年代以降は、

図8-1　バングラデシュのGDP平均成長率の推移

出典：World Economic Outlook Databases: International Monetary Fund, World Economic Outlook Database, October 2019より筆者作成

６％以上という安定した経済成長を続けており、１人当たりのGDPの伸び率を見ても、1990年の222ドルは、2000年には406ドル、2010年には760ドルとなり、2015年には1,212ドルに達している[3]。

GDPにおける農業部門の割合を見ると、1980年の33％は、2006年には22％に減少し、農業セクターの雇用率も1980年の61％から、2009年には43.6％に低下する[4]。それに対して、工業部門が占めるGDPの割合は1980年の17％から2009年には29％に拡大し、雇用におけるサービス部門の拡大は、1980年の30.3％から2006年の40.8％となる。こうして、21世紀に入るとバングラデシュは、村山真弓と山形辰史（2014）が「知られざる工業国」と呼ぶように、低開発の農村社会から、縫製産業に依拠した工業立国へと、その産業構造は大きな変貌を遂げてゆく。

国連の開発政策委員会は、2018年３月にバングラデシュが、最貧国からの卒業資格（eligibility）を得たと発表するが、これは最貧国ブロックから卒業するための要件である、１人当たりの国民所得、経済的脆弱性指標、及び、児童死亡率・栄養不良人口比率・成人識字率などの人的資源の３つの基準をバングラデシュが満たしたことを意味している。今後３年間、この状況を維持することで、バングラデシュは正式に最貧国からの卒業が認定されるものとされる[5]。実際に、バングラデシュ政府は、独立後50年にあたる2021年には、中所得国入りすることを主要計画（Perspective Plan）に掲げている。

このように、近年のバングラデシュ社会の目覚ましい経済成長は、人々の豊かな生活が、バングラデシュでも決して夢物語ではないことを示している。しかし、それは同時に、農業を中心とした地域社会が急速な都市化に向かうことで、農村人口の流動化や農村構造の変動をもたらし、都市や海外への人口移動を促すことで、低開発国における貧困問題から、新たな課題としての経済成長下の環境問題へと、社会の主要な争点が変化していることを意味している。

実際、たとえば、2011年の国別統計では、独裁体制下での政情不安が続くジンバブエの首都ハラレに次いで、バングラデシュの首都ダカは、世界の２番目に居住環境の悪い都市にランキングされ、2012年には世界最悪の都市にランクされる[6]。その要因には、熱帯モンスーン地帯で高温多湿な気候が、もともと人々の居住環境には適さないという理由が指摘される。しかし近年のダカ都市圏の居住環境の悪化は、単なる自然環境の問題にとどまらず、すでに述べたように、急速な経済成長にともなう産業構造の変化や、人口稠密な農村地帯から縫製工場への出稼ぎ労働者の流入などによる急速な都市化の進展が、その背景を与えている。1,800万人以上の人口が、上水道の整備や公衆衛生、交通網などの公共インフラが未整備のまま首都ダカに集住することで、大気汚染や水質汚染などを引き起こし、居住環境の悪化を招いているのである。

そこで、次に先行研究を手掛かりに、近年のダカ都市圏を中心としたバングラデシュにおける、多様な環境問題を概観してみたい[7]。

3　多様な環境問題

（1）大気汚染

急速な経済成長を遂げるバングラデシュでは、特に首都ダカへの一極的な人口集中が続いている。ダカの人口は1990年の662万人から、2014年には1,698万人に増加し、広大な農村部からの出稼ぎ移民の流入は、都市の稠密化と近郊エリアの都市化、周辺地域での新たな工業地帯の形成など、経済成長にともなう建設ラッシュと都市圏の拡大を促している。

ところで、バングラデシュの主要な建設資材は焼成レンガであり、ダカ近郊の農村地帯には、高い煙突を立てた無数のレンガ製造工場が操業している。バングラデシュ政府が公表するレンガ工場の数は約1万とされるが、実際にはその3倍は存在すると推計されている[8]。農地を転用したダカ近郊のレンガ工場は、一工場あたり毎年7.5トンから30トンの木材や石炭を燃料として消費し、バングラデシュ全体では、年に計200万トンの石炭が消費されていると推計される。その結果、多量の煤煙が、特に工場の操業が集中する10月から3月の乾季に排出され、自動車の排気ガスと合わせて、深刻な大気汚染を引き起こしている。その結果、バングラデシュ政府環境森林省は、その首都ダカの大気粉塵の密度を、国の基準値（Ambient Air Quality Standard、NAAQS）の約5倍、1㎥あたり247μgと報告する。

このような煤煙の問題に加えて、特にダカ都市圏の大気汚染を悪化させている要因として指摘されるのは、自動車保有台数の急速な増加である。

バングラデシュの自動車登録台数は、表 8-1 にまとめたように、2006 年の 32 万台から 2012 年の 57 万台に急増しており、自動車の登録件数で見たバングラデシュ政府の最新の統計では、2012 年の約 16 万台から 2017 年の 42 万台へと拡大している[9]。このうち、中古自動車市場では、日本からの輸入自動車が約 90%を占めており、排気ガスの排出基準を満たしていない車も多いと考えられている。

表 8-1　バングラデシュの自動車保有台数の推移

年度	自動車四輪以上（千台）	乗用車	バス	貨物車	二輪車	千人当たり自動車数（台）
2006	320	196	67	57	390	2
2007	358	158	32	169	654	2
2008	387	178	71	139	768	2
2009	426	282	73	72	868	3
2010	466	310	74	82	976	3
2012	570	290	104	176	1,161	4

出典：法務省統計局「世界の統計」各年度版より筆者作成

WHO は、大気汚染の指標として、空気中の粒子状物質が 2.5mcm 以下を基準とするが、ダカ市では 2003 年には 330mcm、2004 年には 238mcm、2008 年には 291mcm と報告されている[10]。この劣悪な大気汚染の 80%以上が、自動車の排気ガスによるものと政府は推計している[11]。

このようななかで、2000 年にダカ市では、排気ガスの排出量が比較的大きい古い車の利用を禁止する試みがなされ、2003 年には、オート・リキシャ（2気筒三輪自動車）の CNG（天然ガス）車の導入が実施され、また、2サイクルエンジンの段階的廃止が進められることで、大気汚染軽減への取り組みがなされる[12]。

この自動車台数の増加に付随する問題として指摘されるのは、ダカ市の環境騒音の問題である。近年の報告では、ダカ市街地の騒音の主要因は車のクラクションであり、ウットラ地区とショナルガオン地区における騒音レベル（A特性音圧レベル）は、それぞれ 70.6db と 88.2db で、非常に高い騒音が定常的に観測されている[13]。ちなみに、EU 夜間騒音ガイドラインでは、健康被害から住民を保護する数値は40db以下とされ、暫定目標値は55dbとされる[14]。

こうして、経済成長に伴う中間層の消費社会化は、これまでの人々の交通手段であったサイクル力車から自家用車へと、ダカ都市圏での急速なモータリゼーションを促しているが、それは同時に、深刻な大気汚染や騒音公害という新たな問題も引き起こしているのである。

自動車数の急激な増加によって引き起こされているもう一つの問題は、ダカ市を訪れるビジネスマンがしきりに訴える、市内の深刻な交通渋滞の問題である。公共交通インフラ整備の遅れとあいまって、ダカ市の交通事情は、年々、悪化を遂げている。たとえば、ダカ市における車両の平均移動速度は6.4km/h（日本の東京都都心部で16 km/h）と推計され、交通渋滞による経済損失は、年間38億6,800万米ドルにも上るとされる。それは、外国企業や海外投資家の進出をも阻害する要因と見なされるようになっている。

この問題の打開策として、日本のJICA（国際協力機構）はダカ都市圏での大規模な都市交通機関であるメトロ網の整備を、大型ODA案件「ダカ都市交通整備事業」プロジェクトとして開始し、その整備に取り組んでいる。しかし、その計画・調査の過程にあった2016年7月に発生したダカ市のテロ事件で、プロジェクトに関係する7名の日本人が命を落としたことは記憶に新しい。

（2）廃棄物

バングラデシュの首都ダカの総人口はその近郊を含めれば1,800万人を超え、流入が続く出稼ぎ労働者の拡大と合わせて、増大する廃棄物への対応が課題となっている。ダカ市の1日の廃棄物発生量は2004年には3,200トン、2015年には4,624トンと推計されている[15]。市当局の廃棄物回収サービスによるごみの収集率は、2004年には44％と半分にも満たなかったが、日本のJICAによる「ダカ市廃棄物管理能力強化プロジェクト」（2007～2013年）などの支援によって、2015年には66％に改善する。しかし、ごみの絶対量の増加を見ると、回収されずに放棄されるごみの量は、なお横ばいの状態にあると考えられている。

こうした廃棄物の処理が遅れた背景には、同市の廃棄物処理体制の整備や計画の遅れ、従業員の経験不足や機材の不足、地域住民の環境意識の低さなどが指摘されている。ダカ市街の空地や路上、ため池や南部のブリゴンガ川などへのごみの投棄は日常的に見られ、周辺環境を悪化させている。低所得層の居住区では、近隣の排水溝やマンホールへの生活ごみの廃棄が日常的に見られ、居住環境の悪化をもたらすという悪循環が見られる。

ダカ市の都市廃棄物は、大きく4種類、有機物、燃えないごみ、紙、化学製品に分別され、化学製品を除く3種類は一度に回収され、化学製品は別に回収・焼却される。しかし、多くの場合、家庭内ではこれらの廃棄物は分別されずに捨てられている[16]。

廃棄物終処理の方法は、都市によって異なるが、ダカ市の場合、多くが廃棄場での埋め立て処理がなされる。ダカ市には、廃品回収業の巨大なインフォーマルセクターが形成され、推計では約12万人が回収業に従事し、ダカ市全体のごみの約15%にあたる475トンが1日でリサイクルされる[17]。特に、ダカ都市圏でのプラスチックの消費量の拡大は顕著で、2005年の5.56kgから2014年の14.9kgへと増加しており、プラスチックごみの比率も、1992年の1.74%から2005年の4.1%、2014年の6.5%へと拡大している[18]。

(3) 水質汚染

バングラデシュの下水処理施設の普及は遅れており、全下水量の約半分が下水処理場に運ばれ、残りは近隣の河川に放流されていると考えられている。下水処理場の処理能力も限られ、未処理のまま放水される状態も見られ、ダカ市では、主要な河川であるブリゴンガ川や市内の用水路の汚染が深刻になっている。

ダカ市では、下水道を利用していない人々のし尿処理は、約30%が浄化槽、約10%が井戸型便所、約5%が回収型便所と推計される。スラム街などの低所得層ではトイレ施設を持たない場合も多く、近隣の池や排水溝が利用されている。上水道は設備の老朽化や盗水などで水質の悪化も見られ、住民による自衛手段として、廉価な簡易型の雨水タンクが利用され、低所得層の間では広く普及している。

ところで、バングラデシュの水質汚染の問題としてよく知られているのは、農村部を中心とした砒素汚染である。これは、生活用水のほとんどを手押し式浅管井戸（tube well）などの地下水源に依存している農村部の多くの人々の生活を直撃する問題として、国際社会でも大きな注目を集めた[19]。

豊かな水系を持つバングラデシュの沖積地帯では、豊富な地下水資源に恵まれ、伝統的な掘り抜き井戸（artesian well）に加えて、特に、1970年代の緑の革命以降は、手押し式の浅管井戸や農業用の揚水浅井戸（shallow tube well）が急速に普及した。しかし、1980年代に、バングラデシュ北西部で手押し井戸の揚水から砒素が検出され、近隣の住民に皮膚が炎症を起こすなどのヒ素中毒症状が観察されたことで、大きな社会問題となり、内外で大きく取り上げられる。

地下水源のヒ素汚染の原因については様々な仮説が検証されてきたが、今日ではその汚染源は、古代のヒマラヤ山脈の形成にともなう堆積層に蓄積された砒素が地下水に湧出し、手押しポンプなどの農村地帯の生活用水を汚染することで、広汎なヒ素中毒を引き起こしたものであるとされる。

その汚染の範囲はインドやネパール、パキスタン、中国などにも見られ、2005年の世界銀行の推計では、基準値（50ppb）を超える汚染水を使用している人口は、アジア全域で6,000万人と見られ、ヒ素中毒患者は70万人に上るとされる。

バングラデシュ政府は1996年に国家砒素対策委員会を設置し、1998年には世界銀行を中心とした国家的プロジェクト（Bangladesh Arsenic Mitigation and Water Supply Project、BAMWSP）を立ち上げて、全国調査を実施する。この時には、地域社会で検査された飲用井戸約500万本のうち29％の井戸が砒素に汚染され、38,000人以上の砒素中毒者が確認され、さらに2,500万人もの住民が砒素中毒の被害を受けている可能性が報告された[20]。

こうしたなかで、バングラデシュにおいてヒ素汚染水の問題で早くから取り組んで生きたのは日本の特定非営利法人アジアヒ素ネットワークである。これは、1970年代の日本の土呂久鉱山や松尾鉱山でのヒ素中毒問題に対処する市民運動に始まる環境保全運動であるが、その経験を広くアジアのヒ素問題の支援に結びつけるため、1994年にアジア砒素ネットワーク（Asia Arsenic Network）が設立される。日本の市民レベルでの環境問題への取り組みが、バングラデシュではヒ素汚染水問題に対処する代表的なNGOの活動として知られるようになっている。

このような環境問題への取り組みとして、次にバングラデシュにおける環境保全法の整備をみていきたい。

4　環境保全法の歴史

バングラデシュの環境保全に関わる法整備は、1971年の独立以前のパキスタン時代の魚類保全法（Protection and Conservation of Fish Act of 1950）や、イギリスによる植民地統治時代にさかのぼる農業・公衆衛生改善法（Agricultural and Sanitary Improvement Act of 1920）や森林法（Forest Act of 1927）などが見られる[21]。

独立後のバングラデシュでは、1972年の国連ストックホルム会議を受けて、1974年には汚染管理庁（Pollution Control Board）が設置され、1977年には汚染規制法（Pollution Control Ordinance）が制定されるが、これはエルシャド政権期の1989年に環境・森林省（Ministry of Environment and Forest）に改組される[22]。

1991年に首相に就任するカレ・ダジア政権では、国連環境計画（UNEP）の協力のもとで、国民環境管理行動計画（National Environment Management Action Plan、NEMAP）が採択され、1992年には、国民環境政策（National Environment Policy）や国民環境行動計画（National Environment Action Plan）、1993年には森林計画大綱（Forestry Master Plan, 1993–2012）が制定されるなど、環境保全に向けた法整備が進められる。

このようななかで、バングラデシュの環境保全や環境汚染に関わる包括的な法整備がなされるのは、1995年のことである。これは通称、バングラデシュ環境保全法（Bangladesh Environment Conservation Act、BECA）と呼ばれ、「環境」や「汚染」、「有害物質」などの環境システムを法的に体系づける初の法律とされる[23]。この法律に基づいて、省庁間にまたがる環境問題を調整する環境局が設置され、環境政策についての政府への提言や、環境を脅かす企業に対する指導や制裁の権限が与えられた。

5　人々の取り組みと日本

2002年にバングラデシュ政府は、先述のプラスチックごみの削減を目標に、スーパーマーケットなどのレジ袋にプラスチック製品の使用を禁止し、代わりに循環型の資源を活用したレジ袋の使用を義務付けた。それは、インド（2005年、マハーラシュトラ州）や中国（2008年）よりも早い取り組みであった。他方日本では、プラスチック製のレジ袋の使用は根強く、1年間にLLサイズのレジ袋が305億枚使用されていると経産省は推計する[24]。国民1人当たりでおよそ300枚、重さ約3kgとなる[25]。その日本で、レジ袋の全国有料化がスタートするのは、2020年7月のことである。すなわち、深刻な環境問題に悩まされているバングラデシュでは、人々の環境意識という点から見ると、むしろ日本の消費者に先んじているのかもしれない。

ダカなどの都市部では、オート・リキシャやタクシーが人々の公共の交通手段となっているが、すでに述べたように、2003年以降、これらの公共の乗り合い自動車は、CNG車の使用が義務付けられている。これは、従来のディーゼルエンジン車やガソリンエンジン車に、圧縮天然ガス（CNG）を供給することで、大きなコストをかけずに自動車の排出ガス中の有害物質を大幅に削減する方法である。それによって、ダカ都市圏などでは、顕著な大気汚染の軽減を実現した。

バングラデシュの自動車市場には、排ガス規制に触れるような日本の中古の自動車が大量に流入しているが、それに対してこのCNG車は、低コストで環境保全にも対応が可能な、優れて安価な交通手段として普及が進んでいる。自動車への需要が急速に高まるなかで、しかし、高性能で高価な自動車を導入することが難しいバングラデシュのような国では、既存の自動車に代わる環境にやさしい代替自動車として、CNG車が導入されているのは興味深い。日本などの先進国では、すでに高度な技術で自動車の高い燃費性能を実現し、あるいはハイブリットカー等の普及が進むことで、CNG車は、かえって普及が難しいのである。

もともと、自然環境の過酷なベンガルの広大な農村地帯で暮らしてきたバングラデシュの人々は、ある意味では自然環境に逆らわず、環境に対して順応的な循環型社会を営んできたといえる。たとえば、1人当たりのGDPを見ると、バングラデシュは1,544ドル(2016/17)であり、それに対して日本は38,428ドルとなり、約25倍の開きがある。労働者の最低賃金も、バングラデシュでは日本円の月給で約11,000円(月額8,300タカ、2018年)となり、その安い労働力こそが、ユニクロをはじめとした世界的なアパレル・メーカーが、こぞってバングラデシュに工場を進出させる理由ともなっている。

地球温暖化に結び付くとされるCO_2の排出量で見ると、2014年にバングラデシュは7,300万トンで世界44位、日本は12億1,400万トンで世界5位である。人口規模ではあまり変わりがない両国の間で、日本はバングラデシュの約17倍ものCO_2を排出していることになる。しかし、冒頭でも述べたように、地球温暖化が海面上昇をもたらした場合には、2,500万人もの人々が被害を受けるリスクを負うのは、バングラデシュなのである。

このように、アジアの環境問題を、地球環境への負荷という観点で見ると、開発途上国としてのバングラデシュの経済規模は相対的にはなお小さく、それはバングラデシュが、環境負荷の低い循環型の社会やライフスタイルを持ち、長い歴史のなかで厳しい自然環境に対処してきたことを示している。しかし、それを海面上昇などのグローバルな気候変動という観点で見ると、その影響を最も敏感に受けるのは、バングラデシュの沿海部の村人のように、低開発国における環境脆弱性の高い地域に暮らす人々なのである。

まとめ——グローバルな課題への挑戦

本章では、地球環境の変動がバングラデシュの地域社会の人々に与える影響やその意味を、特に日本との対比を通して検証した。歴史的に過酷な自然環境と対峙してきたベンガルの人々の環境との関りを見てゆくと、そこにはむしろ、社会や文化の仕組みを生かし、粘り強く多様な課題に対処してゆく人々の姿を見ることができる。グローバルな地球環境問題に対処しながら、同時に、貧困から脱却し、経済成長の果実を人々にもたらしてゆくという、ある意味では互いに矛盾する２つの課題を克服することが、このような持続的な社会の発展を目指すバングラデシュをはじめとしたアジア諸国の人々の、切実な願いとなっていることは間違いない。

そのアジアの人々の願いを実現する上で、CO_2 の排出量の削減に見られるような、日本をはじめとした先進工業社会が担う役割は大きく、それは大量消費型社会としての先進工業国の、地球環境保全に向けた責任の大きさを表すものとも言えるだろう。地球環境問題に対処してきた日本の経験は、このような意味で、新たな経済成長に活気づくバングラデシュをはじめとしたアジア諸国の人々にとって、ますます重要な意味を持つことは確かだろう。

［注］

1　バングラデシュにおけるサイクロン災害については、特に日下部尚徳（2012:33-64; 64-90）の博士論文（『バングラデシュにおける災害被害と貧困――サイクロン被災地域における長期事例研究』、大阪大学、2012年）が詳しいので参照されたい。また、バングラデシュにおける環境問題についての体系的な研究としては、三宅（2008）の先駆的な研究（『開発途上国の都市環境―バングラデシュ・ダカ　持続可能な社会の希求―』明石書店）があり、本稿でも様々に示唆を与えられた。

2　バングラデシュにおける住民参加を通した環境・防災への取り組みに関する研究には多様な蓄積が見られるが、日本では、池田（2011: 2017)、日下部（2012)、七五三（2009）などが詳しい。

3　World Economic Outlook Databases: International Monetary Fund, World Economic Outlook Database, October 2019. バングラデシュの近年目覚ましい経済成長については、特に村山・山形（2014）が詳しく、本稿でも様々に示唆を与えられた。

4　Ibid., 2019.

5　国連開発政策委員は３年間の経過期間後のレヴューを経て、最貧国カテゴリーからの公式に卒業を認定する。

6　“A Summary of the Livability Ranking and Overview”（PDF）. Economist Intelligence Unit. *The Economist*. February 2011.

7　『平成23年度地球温暖化問題等対策調査事業・平成23年度海外の環境汚染・環境規制・環境産業の動向に関する調査報告書』三菱総合研究所、などを参照した。

8　『平成23年度地球温暖化問題等対策調査事業』。その工場の様子は、藤井陽見（アジア文化社）「訳せない『洪水』の国バングラデシュから、日本へのメッセージ」（http://asiawave.co.jp/fuji5.htm）なども参照されたい。

9　NUMBER OF REGISTERED MOTOR VEHICLES IN BANGLADESH (YEARWISE), Bangladesh Road Transport Authority,（https://brta.portal.gov.bd/sites/default/files/files/brta.

portal.gov.bd/monthly_report/d4d56177_644f_44f8_99c4_3417b3d7b0f4/MV_statistics-bangladesh-march-18.pdf)

10 単位は、mcm=micrograms per cubic meter。

11 環境森林省“State of Environment 2001 Summary”

12 特に2003年から2004年にかけての大気汚染の減少は、この時の政府の取り組みよるとされるが、しかし、再びその数値は2008年には増加に転じる。また、政府の大気監視プロジェクト(Air Quality Monitoring Project、AQMP)は、ダカ市の大気汚染が、2003年は266mcmで、2004年には147mcmに減少したと報告する(Air Pollution Needs Attention” The Financial Express, November 2011.)。

13 朝倉・坂本(2010)。

14 松井・高島・田鎖(2010)。

15 石黒・齋藤(2018)、石井・眞田(2017)。

16 Waste Concern“Waste Database of Bangladesh”の推計では、その組成は、有機性廃棄物の割合が70%と高く、水分含有量も50%と高い比率を占め、カロリー量は、1,000kcal/kgと低くなっている。

17 現地NGOのWaste Concernの推計による。2009年2月に、日本政府とバングラデシュ政府は、12億1,500万円の環境プログラム無償資金協力によるダカ市廃棄物管理低炭素化転換計画の実施を決定し、100台の廃棄物収集車輌が無償で供与された。

18 Plastic waste management: In search of an effective operational framework, Khondaker Golam Moazzem, The Financial Express, January 21st, 2016.

19 バングラデシュのヒ素汚染に関しては、川原(2015)、モンジュワラ・パルビン(2017)などが詳しい。また、日本では、アジア砒素ネットワークの現地での取り組みが広く知られている。

20 このBAMWSPプロジェクトは、2004年12月に終了し、2005年2月には、「バングラデシュ水供給プロジェクト」(Bangladesh Water Supply Program Project、BWSPP)に引き継がれ、現在もその対策は継続中である。

21 Hasan, S Rizwana (2012). “Environmental Laws”. In Islam, Sirajul; Jamal, Ahmed A. Banglapedia: National Encyclopedia of Bangladesh (Second ed.). Asiatic Society of Bangladesh.

22 M Aminul Islam(2012), “Environment”. In Islam, Sirajul; Jamal, Ahmed A. Banglapedia: National Encyclopedia of Bangladesh (Second ed.). Asiatic Society of Bangladesh. また、三宅(2008: 35-37)も参照されたい。

23 Hasan, S Rizwana (2012).

24 『なっトク、知っトク3R』経済産業省、2018年

25 その305億枚分のレジ袋の熱量を、資源採取から最終処分までにかかる原油量に換算すると、約42万キロリットルになるとされる。

[主要参照文献]

朝倉巧・坂本慎一「バングラデシュ・ダカの環境騒音調査」『㈳日本騒音制御工学会・秋季研究発表会・講演論文集』2010年9月、pp.15-18。

池田恵子「災害脆弱性のジェンダー格差とその克服――バングラデシュ・チョコリア郡の事例に見る地域防災の可能性」『環境社会学研究』、17号、2011年、環境社会学会編

集委員会、pp.111-125。
――「地方自治体レベルの地域開発計画への災害リスク削減の主流化」『バングラデシュにおける災害支援と地域開発の最前線』2016年度基幹研究報告書（「アジア・アフリカにおけるハザードに対する『在来知』の可能性の探求」公開シンポジウム、2016年12月11日）、2017年、東京外国語大学アジア・アフリカ言語文化研究所、pp.8-26。
石黒要・齋藤正浩「国際協力機構（JICA）による開発途上国における廃棄物管理分野への支援―第34回：バングラデシュ「ゴミ管理の一進一退」―」、『季刊・環境技術会誌』、No.172、2018年、一般財団法人・廃棄物処理施設技術管理協会、pp.81-84。
石井明男・眞田明子『クリーンダカ・プロジェクト――ゴミ問題への取り組みがもたらした社会変容の記録』、2017年、佐伯印刷株式会社。
川原一之『いのちの水をバングラデシュに――砒素がくれた贈りもの』、2015年、佐伯印刷株式会社。
日下部尚徳『バングラデシュにおける災害被害と貧困――サイクロン被災地域における長期事例研究』博士論文、2012年、博士（人間科学）、大阪大学（甲第15575号）。
――「サイクロン常襲地域における被災後の復興課題に関する研究――バングラデシュにおける定性調査をもとにした一考察」『バングラデシュにおける災害支援と地域開発の最前線』2016年度基幹研究報告書。
七五三泰輔「バングラデシュにおける環境保全政策の実践と村落政治の動態―ハカルキ・ハオールにおける環境資源の文化の政治を事例として―」『南アジア研究』第21号、2009年、pp.30-59。
パルビン、モンジュワラ『バングラデシュ・砒素汚染と闘う村　シャムタ』、2017年、海鳴社。
松井利仁・高島智哉・田鎖順太「音環境の新たなアセスメント手法の提案―サウンドスケープ概念に基づく評価指標―」、『京都大学環境衛生工学研究会・第32回シンポジウム講演論文集』、Vol.24、No.3、2010年、pp.59-62。
三宅博之『開発途上国の都市環境―バングラデシュ・ダカ　持続可能な社会の希求―』2008年、明石書店。
村山真弓・山形辰史編『知られざる工業国バングラデシュ』2014年、アジア経済研究所。

第9章
インド・デリーの大気汚染
——その現状と対策

小嶋常喜

はじめに

インド北部では近年、10月下旬から11月上旬のヒンドゥー教の大祭ディワーリー[1]を迎える頃になると、午前を中心にスモッグが発生して極端に視界が悪くなり、飛行機の離発着や列車の運行に多大な支障をきたすことが恒例行事のようになった。そしてこのスモッグは重大な健康被害をもたらす深刻な大気汚染だということが明らかになってきた。世界保健機関（WHO）が2018年に公表した109カ国4,000都市の大気環境データベース（Ambient Air Quality Database）によれば、微小粒子状物質（PM2.5）が最も深刻な上位10都市のうち9都市が、上位20都市のうち13都市がインドの都市であった[2]（表9-1参照）。またインドの胸部研究財団（CRF）の調査によれば、インド人の肺の機能は非喫煙者ですらヨーロッパ人よりも30%低下しており、その原因は大気汚染にあるという[3]。首都デリーの大気汚染については、よりセンセーショナルなレトリックで「1日に50本の煙草を吸うのに匹敵する」[4]、「息をするだけでデリーの子どもは毎日10本煙草を吸っている」[5]などと様々なメディアで報道されている。

今世紀に入ってますます躍進するインド経済とともに、このように現在ではその開発の結果起きている深刻な環境問題にも世界の関心が集まっている。本章ではまず、インドの自然環境をめぐる諸問題について概観したい。そのうえで、特に注目されている首都デリーの大気汚染を事例として、その現状と取り組みについて考察していく。

表 9-1　世界の PM2.5 濃度　都市別順位

順位	都市名	国名	年平均 (μg/㎥)	観測年
1	カーンプル	インド	173	2016
2	ファリーダーバード	インド	172	2016
3	ガヤー	インド	149	2016
4	ヴァーラーナシー	インド	146	2016
5	パトナー	インド	144	2016
6	デリー	インド	143	2016
7	ラクナウ	インド	138	2016
8	バメンダ	カメルーン	132	2012
9	アーグラー	インド	131	2016
10	グルグラーム	インド	120	2016
11	ムザッファルプル	インド	120	2016
12	ペシャーワル	パキスタン	111	2010
13	ラーワルピンディー	パキスタン	107	2010
14	ジャイプル	インド	105	2016
15	カンパラ	ウガンダ	104	2013
16	パティアーラー	インド	101	2016
17	ジョードプル	インド	98	2016
18	ナラヤンガンジ	バングラデシュ	94	2015
19	保定	中国	93	2016
20	ウランバートル	モンゴル	92	2016
⋮				
53	北京	中国	73	2016
⋮				
843	東京	日本	17	2014
⋮				
1321	ロンドン	イギリス	12	2016
⋮				
2263	ニューヨーク	アメリカ	7	2016

出典：WHO Global Ambient Air Quality Databese（update 2018）

1　独立後インドにおける環境問題の展開

人間の活動による自然環境の変化とそこで暮らす人々への影響は、特に植民地期以降に顕在化することになった。そのうち、現代まで続く最大の問題は森と水をめぐるものである。森や水を生産に不可欠の資源として国家が管理する「近代的」もしくは「科学的」政策は、イギリス植民支配によって開始された。国家所有の森林では、焼き畑や家畜放牧地として伝統的に森林を利用する人々の権利が制限・否定された。また用水路や堰（せき）などの建設による通年灌漑、治水や道路・鉄道網の整備による河川の流路の固定化は、農業を含めた土地利用を大きく変え、そこに暮らす人々の文化的な営みにも影響を及ぼした[6]。

この政策は独立後も継承された。インドでは第二次世界大戦中から無計画な木材の伐採が続いていたため、1952年に策定された国家森林政策は、植林などを通じた森林面積の回復を目指した。しかし、これはパルプ、レーヨン、レジンなどの工業生産のための資源確保を最優先としたものであり、森林居住者の生活が顧みられることはなかった[7]。1951年に始まった第一次五カ年計画では、米国の穀物援助（PL480）などに依存しないための食糧増産、電力、灌漑などに重点が置かれ、大規模なダム建設をともなう河川の総合開発が始まった。ベンガル州とビハール州（当時）にまたがるダモーダル河谷やオディシャ州のヒラクドダムを中心とするマハナディー川の総合開発は、ともに独立直後からスタートを切った。そして、グジャラート、マハーラーシュトラ、マディヤプラデーシュの3州にまたがり、30の大規模ダム、135の中規模ダム、3,000もの小規模ダムを含むインド最大規模のナルマダー峡谷の総合開発の建設工事が実際始まったのは1980年代のことであるが、1950年代からすでに計画されていた。これにより、今日までにインド全土で4,000余りの大規模ダムが建設され、約5,000万人もの地域住民が立ち退きを余儀なくされたといわれる。一方で、ムンバイ、コルカタ、デリーなどの大都市では人口増加が加速し、開発によって都市部の環境も急速に悪化した。こうした変化にもかかわらず、1970年代初めまでは植民地期に整備された既存の法律・行政組織を基本的に維持して対応するにすぎなかった。

1972年の国連人間環境会議（ストックホルム会議）は、インドの環境問題への取り組みに大きな転換をもたらすひとつの国際的契機となった。この会議は環境保全についての初の国際会議であり、そこで採択された人間と動植物の健康と安全に包括的に対処する法整備の必要性を強調した人間環境宣言（ストックホルム宣言）は、その後形成される国際環境法の基本文書となった。しかし、環境問題とそれへの対応が国際的に議論され始めた当初から、開発と貧困の除去こそ最優先の課題と考える多くの途上国の間には、環境問題を理由に開発が妨げられることへの根強い反発があった。ストックホルム会議で演説したインディラ・ガンディー首相も、途上国では開発や工業化が環境問題の原因ではなく、むしろ「開発は環境を改善する第一義的な方法」であると述べた。一方で、環境問題への取り組みには「地球的規模の協力的なアプローチをする以外にない」と表明し、積極的に取り組む姿勢もみせた。インディラ首相がこのような姿勢を示した背景には、州政府ではなく中央政府が開発政策面でのイニシアティブを取ろうとしたことに加え、徐々に後退しつつあった第三世界におけるインドの指導的立場を復活させようとしたことも指摘されている[8]。

こうしてインディラ・ガンディー政権下のインドでは、環境問題への積極的な関与が見られた。1972年に制定された野生動物（保護）法に基づき、翌年からは特定地域でのトラの保護を行う「プロジェクト・タイガー」がスタートし、象などの他の大型動物の保護プロジェクトも後に続いた。また自然保護区の数も1970年代に倍増した。こうした動きは、インドの中間層の環境に対する意識の変化にも影響していたといわれる。さらに1974年には、水質汚濁防止規制法（The Water Prevention and Control of Pollution Act）が制定され、設置された水質汚濁規制委員会が水質汚濁の基準値に基づく監視を行うようになった。

1975年6月の「非常事態」宣言によって強権体制を敷いたインディラ政権は、翌年第42次憲法改正（1976）を行い、「国は環境の保護、改善ならびに国内の森林および野生生物の保護に努めなければならない」との48条A、「森林、湖、河川および野生生物を含む自然環境を保護・改善し、生命あるものに思いやりを持つこと」を国民の義務と規定した51条A (g) を新設した。植民地期以来、森林や水資源などの自然環境や農業は各州の管轄事項であったが、これらの条項は環境に関わる課題に中央政府が関与を強める根拠となった[9]。

その後ジャナタ党政権（1977～79年）を挟んで、1980年に再び政権に返り咲いたインディラは、直後に現在の環境・森林・気候変動省の前身である環境局を発足させた。また同年に制定され、現行法でもある森林保全法（Forest Conservation Act）は、中央政府の事前許可なしに、森林保護区域の指定解除や、「林地の非森林目的の利用や借地、拡大造林を禁じるものであり、保全の方向性を強力に押し出した」[10]。大気汚染に関しても、81年に大気（汚染防止・管理）法（Air［Prevention and Control of Pollution］Act）が制定されたことによって、中央および州政府に設立された大気汚染対策機関に法律運用の権限を付与することで、汚染の防止・管理・軽減のための取り組みが始まることとなった。中央公害規制委員会（Central Pollution Control Board）は、大気汚染情報の収集・提供、中央政府や州の機関への法整備や技術導入に関わる助言、さらに大気に関する基準の設定などを行う機関である。また、州公害規制委員会（State Pollution Control Board）は州政府が汚染管理区域等を設定するための助言を行うとともに、工場などへの立ち入り検査も行い、必要な場合には汚染管理措置の適用を命令することができる。そして、規制違反者に対して3カ月以内の禁固、または1万ルピーの罰金もしくはその両方、さらに違反継続者には1日当たり5千ルピーの罰金を科す権限が与えられている。

1984年にマディヤプラデーシュ州ボーパールで、農薬・殺虫剤を生産していたアメリカのユニオン・カーバイド社の現地法人が毒ガス流出事故を起こし、その結果数千人が死亡、50万人以上が負傷した。このボーパール化学工場事故は、中央政府による環境問題への取り組みをさらに促進させ、環境汚染に対する規制の強化をいっそう促すものとなった。実際、翌年に環境局は環境省に格上げされ、1986年に制定された環境保護法（Environment Protection Act）に基づき、環境アセスメントや汚染物質の規制強化が行われることになった。

インドの環境をめぐる今日的課題

上記のような歴史的展開を経て、今日のインド社会ではどのような課題が「環境問題」として認識され、またそれらに対する取り組みが行われているのかを、以下大気汚染以外の問題について概観していきたい。

まず森林をめぐる問題について、1980年代後半のインドの森林行政では地域住民の福利を重視し、政府による一元的管理から、地域住民が参加した州の森林局との共同森林管理（JFM）が模索されるようになった。そして2006年に当時のインド国民会議派を中心とした統一進歩連合（UPA）政権の下で、森林地域に生活基盤を置くコミュニティの諸権利を認める画期的な「指定部族およびその他伝統的森林居住者（森林権承認）法」（FRA）が成立した。しかし、多くのコミュニティが主張する森林に対する権利は認められていないのが実情である。鉱山開発に森林を転用した代わりに植林をさせる補償植林基金法（CAF）が2016年に成立し、植林局による植林が森林に住む人々の生活をますます脅かす事態になっている。

これに関連して、森林面積だけをみると近年は若干の増加傾向にあるものの、自然林の減少が大きな問題として指摘されている。長期間にわたる開発や生産を優先する植林により、自然林が、木材や原料、そして炭素ストックにもなるアカシア、ユーカリ、チークなどの木に置き換えられた結果、森林の生物多様性が失われていった[11]。そうした生物多様性を喪失した森林では、当然そこに暮らす人々の生活だけでなく、トラをはじめとする野生動物も危機にさらされることになった。イノシシやニルガイなどを「害獣」として駆除する政策や、密猟・闇取引によっても、トラ、サイ、カメ、ヒョウ、インドゾウ、センザンコウ、そしてレッドサンダーなどの野生動物の生息数の減少が顕著になっている[12]。

水資源についても様々な課題が山積している。2011年の国勢調査によれば、インドでは飲み水に水道水を利用する世帯は43.5％に過ぎず、それ以外では各種の井戸や湧水・河川・湖などの水が飲料水として利用されている。こうした飲料水は下水処理設備が不足していることから、地下水・地表水が汚染され大きな脅威にさらされている[13]。さらに、肥料や農薬を含む農業排水や小規模工場の排水による水源の汚染も深刻であり、2017年にはバンガロール近郊の湖の汚染が原因で、市内が大量の泡で埋め尽くされ大きな混乱を招いた[14]。水の絶対量が不足していることも大きな問題であり、水の確保をめぐって州政府間で紛争が絶えず発生し、電気ポンプを使った井戸灌漑は帯水層の水位低下や高額な電気代によって農家が多額の負債を抱えることにもつながっている。

水に関わるもう一つの深刻な問題として野外排泄がある。住居にトイレがないために野外で排泄をすることは、ながらくインドの抱える最大の公衆衛生上の課題となってきた。ユニセフによれば、インドで日常的に野外排泄をしている人の数は人口の半数近い５億6,400万人にものぼり、世界最大である。野外排泄は水源を汚染し、人々の生活環境に深刻な影響を及ぼしており、2015年の記録では世界の肺炎と下痢を原因とした、５歳以下の子供の死亡者の約半数がインドであった。インドでは1986年以降、政府の様々な事業計画が延べ300億ドルの巨費を投じてトイレ設置を促してきたが、そのうち40％は使われていないという。現在、インド人民党を中心とするモディ政権も４年間でさらに310億ドルを投じて、個人住居やコミュニティで共同管理するトイレを整備する「クリーン・インディア・ミッション（Swachh Bharat Abhiyan）」を推進している。近年の取り組みでは、コミュニティ主導の全村環境衛生活動（Community-Led Total Sanitation）と呼ばれる集団的な行動様式の変更を促す取り組みや、少量の水で衛生状態を維持できる取り組みなど、持続可能な対応策が模索されている[15]。

環境問題をめぐる社会運動と公益訴訟

これまでみてきた自然環境をめぐる様々な課題については、当然ながら行政だけでなく、国内外の個人や団体も多様な形で取り組みがなされてきている。人為的に起こされた自然環境の変化に対して、1970年代から社会運動が展開されるようになった。インド北部のウッタラーカンド地方の森林地帯で1973年頃から1980年代に展開されたチプコー（抱きつけ）運動はその端緒である。現地住民が木に抱きつき、身を挺して商業目的の業者による森林伐採を阻止し、自らの生存基盤を守るという特異な運動であった[16]。

また、先述したナルマダー峡谷のダム建設との関わりで、多くの先住民族（トライブ）を含む立ち退き民の生活再建を支援する活動が1980年代から始まった。その後経済的および環境的に持続可能な開発か否かの観点から、ダム建設に疑義を唱える国内外NGOが関与を強め、80年代後半には「ナルマダーを救え運動」で知られる、ダム建設反対運動が始まった。その訴えによってナルマダー峡谷は世界的な注目を浴び、世界銀行や日本政府の融資は取りやめになったが、結局インド独自の資金によってナルマダー峡谷の開発はその後も続けられ、争点は再定住やダムの高さをめぐるものとなっていった。この運動は、開発に対する異議申し立てや自然に対する権利主張を行う

「環境運動」のモデルとして、その後インド各地で展開した運動に大きな影響を与えた。一方、この運動の捉え方をめぐって、「貧しい人々の環境主義」という評価はエリートの環境運動家の幻想に過ぎないという批判や、参加した先住民族とエリートの間には意識の差があるという指摘もある[17]。

ナルマダーの事例にみられるように、NGOは環境運動に非常に重要な役割を担うようになった。1980年にデリーに拠点を置いて設立された民間研究機関である「科学と環境センター（CSE)」は、インドの様々な環境問題に関する研究、啓発活動、政府への政策提言、モニタリングなどをおこなっている。また著名な環境活動家ヴァンダナ・シヴァによって設立されたナヴダーニャは、「バイオメジャー」による種子の独占に抗し、有機農法や種子の保存を推進するNGOである。また、先述のボーパール化学工場事故被害者への医療支援を行うサンバブナ財団や、被害女性や子供を支援するチンガリ財団の活動も知られている。

インドの環境運動は1980年代以降公益訴訟の形をとり、もしくはそれを重要な戦術の一つとして展開するようになっている。インド憲法32条は、「この編の規定する権利を実現していくため、適正な手続きにより最高裁判所に提訴する権利が保障される」とし、またその権利を保障するために最高裁判所は「適切な指令、命令又は人身保護令状、職務執行令状、禁止令状」などを発する権限を有するとしている[18]。この条文に基づき、社会の利益や弱者救済、または社会的公正のために、様々な公益訴訟が起こされるようになった。インドの公益訴訟では、公益や人権に関わる重大な問題が発生している場合、現実に被害を受けていない第三者が最高裁判所や高等裁判所などの上位裁判所に訴えることができることを大きな特徴としている。実際インドの公益訴訟では、NGOや公益のために活動する市民や弁護士が原告となるケースが多い。また報道や裁判所への投書などによって、裁判官が職権にて自発的に裁判を開始することも可能である。環境問題の場合、「人身の自由」を規定する憲法21条の「生命権」に環境権を読み込んで基本的権利とし、その救済を求めて公益訴訟が起こされてきた。具体的には、有害物を扱う工場の閉鎖、自動車の排ガス規制などの公益訴訟が起こされ、裁判所は自治体や関連公的機関に規制の強化や対策を命令し、継続的にその執行を監督し、将来にわたって環境問題への対策の方向性を積極的に示すことが多い[19]。

2010年には環境問題に特化した事案を扱う国家グリーン裁判所（National Green Tribunal、NGT）が発足し、デリーを含めた5都市に常設の裁判所および3つの巡回裁判所が設けられた。これまでの環境に関わる訴訟での通常裁判所の役割を担うNGTは、特徴的なこととして、博士の学位と物理学か環境科学の修士を有する環境・森林分野での実務経験者と、国家・州機関の実務経験者を「専門官」として抱えている。また、原則として6カ月以内に事件を処理する努力義務も規定されている。これにより、多岐にわたる環境関連分野の事案についてより専門的な観点から審理し、迅速に判決や命令を下すことが可能になっている。また、その実効性については罰則により担保されている。NGTがこれまで扱ってきた主要な訴訟としては、ガンジス川の主要な支流のヤムナー川の汚染浄化を求める訴訟やビニール袋の使用禁止を求める訴訟があるが、そのほかに本稿で扱うデリーの大気汚染についても複数の訴訟をNGTが担当している[20]。

2　インドの大気汚染問題の概観

インドの深刻な大気汚染は粒子状物質（Particulate Matter、PM）によるものである。10μm以下のものは浮遊粒子状物質（PM10）、それよりも小さな2.5μm以下のものは微小粒子状物質（PM2.5）と呼ばれ、後者には硫黄酸化物（SOx）、窒素酸化物（NOx）、揮発性有機化合物（VOC）などが含まれ、健康への悪影響がより大きいと考えられている。これら粒子状物質の発生源について、PM2.5は自動車や発電機での重油・軽油・ガソリン・ガスなどの燃焼、ゴミなどの廃棄物の燃焼、そして植物の燃焼が主なものだとされる。PM10の発生源は主に塵で、自動車の走行、建設工事、季節風などによって大気中に浮遊する。例えばデリーのPM2.5の発生源について、中央公害規制委員会の報告によれば、廃棄物の燃焼が27.5％、自動車の排ガスが22.7％、ディーゼル発電機が14.6％、工場が13.0％、そして粉塵が10.9％であった（表9-2参照）。上記自動車の排ガスの内訳をみると、トラックが14.2％、四輪車が4.3％、二輪車が2.3％であった[21]。このようにインドの大気汚染には自動車が大きく関係している。

表 9-2 デリーの粒子状物質の発生源（%）

発生源	PM10	PM2.5
粉塵および建設工事	45	10.9
廃棄物の燃焼	17	27.5
自動車などの交通	14	22.7
ディーゼル発電機	9	14.6
工業	8	13
家庭内での調理	7	11.3

出典：*Times of India*, Nov. 6, 2016.
※CPCBの調査（2010）から算出した平均

インドでは経済発展にともなってモータリゼーションが急速に進み、1961 年から 2011 年までに人口増加は 5 倍だったのに対して自動車の台数は 214 倍になった。大都市ではさらに急速な自動車台数の増加がみられるが、人口比あたりの台数では公共交通機関が整備されていない地方都市のほうがむしろ多い。冒頭で述べた世界でもっとも汚染された 20 都市のなかにムンバイやコルカタを差し置いて、多くの地方都市が名を連ねているのはそうした実態と一致する。こうした急速なモータリゼーションの背景としては、公共交通機関の整備が立ち遅れていることのほかに、自家用車の購入を奨励するような税制、歩行者よりも車の走行を優先する立体交差を多く建設する道路整備などが指摘されている[22]。

中央公害規制委員会は 2009 年に国家大気質基準（National Ambient Air Quality Standards、NAAQS）を大幅に改定し、PM2.5 および PM10 を含む 12 種類の汚染物質についての環境基準を定め、全国に観測地点を設けてモニタリングを開始した。そして PM10、PM2.5、窒素酸化物、硫黄酸化物、オゾン、そして一酸化炭素の 6 つの汚染物質の測定値から、指標となる数値を算出し、最大指数を AQI（大気質指数）という代表値と色分けで公表・警告している。現在ではインターネット上でも手軽にインド各地の大気汚染をリアルタイムで確認できる。しかし、インドの NAAQS は世界保健機関（WHO）や日本の環境基準と比較すると基準値が甘く、PM2.5 はモニタリングがこれまでほとんどされてこなかった（表 9-3 参照）。

インドの大気汚染（PM10）の地域的な特徴を概観すると、北部・中部は総じて汚染レベルが高い。そして、その 9 割の都市が環境基準を超え、特にデリー、グワリオール、ガジアバード、ライプル、ヤムナーナガルは汚染が基準値の 5 〜 6 倍に達し、「ホットスポット」となっている。インド東部では工業都市・炭鉱都市に汚染が集中し、炭鉱が多く存在するジャールカンド

表 9-3　粒子状物質の環境基準の国際比較

（単位μg/㎥）

		インド※1	日本※2	アメリカ※3	EU※4	WHO※5
浮遊粒子状物質（PM10）μg／㎥	1年	60		50	40	20
	24時間	100	100	150	50	50
微小粒子状物質（PM2.5）μg／㎥	1年	40	15	12/15※6	25	10
	24時間	60	35	35		25

※1　Central Pollution Control Board, "National Ambient Air Quality Standards" 2009
※2　環境省「大気汚染に係る環境基準」2009
※3　United States Environmental Protection Agency, "National Ambient Air Quality Standards" 2012
※4　Directive 2008/50/EC of the European Parliament and of the Council.
※5　World Health Organization, Air Quality Guidelines Global Update 2005"
※6　高リスク者／一般

州の全都市が基準値を超えている。北東部では、グワハティなどのアッサム河谷の都市で汚染度が高く、標高の高いシロン、ディマプル、コヒマなどの都市でも低温と風がないために汚染が地表に留まりやすくなっている。西部でもグジャラート州のヴァドダーラーやアムダーバード、ラジャスタン州のジャイプルやジョードプルなど大都市や工業都市で大気汚染が急速に悪化している。またムンバイなどの沿岸部の都市も、海風で汚染物質が拡散しやすいにもかかわらず汚染度が比較的高い。インド南部は比較的汚染度は低く、汚染レベルが基準値を超えている都市は約半数にとどまっている。しかし、ツチコリン、ヴィジャヤワーダー、フブリ＝ダルワード、ベンガルールなどでは汚染度が高く、塵による汚染よりは燃焼による排出物が主な汚染源となっている[23]。

大気汚染というともっぱら経済活動や生産活動がその原因として考えられがちだが、実は家庭内での汚染も大きな原因となっている。2010年の世界疾病負担研究によれば、インドでは家庭内の大気汚染によって毎年104万人が早死しており、高血圧に次ぐ2番目の死亡原因となっている。そして社会に対する疾病負荷を、早死、障害、病的状態などによって失われた余命の推定合計年数を表す障害調整生命年（disability-adjusted life year、DALY）は3140万年であった。屋外の大気汚染を原因とする早死が62.7万人、障害調整生命年が1780万年だったことと比較すると、家庭内での大気汚染がいかに深刻であるかがわかる。この家庭内の汚染の原因は、チュルハと呼ばれる土やレンガでつくられたかまどを使って家庭内で調理が行われていることにある。燃料に牛糞ケーキ、薪、炭などの固形燃料を使った場合、家庭内でのPM2.5やPM10の濃度は危険な状態となり、特にそれを吸引しやすい女性や子供に健康被害をもたらしている。家庭内での調理に固形燃料を使う家庭は全国的には減少傾向にあるものの、農村地帯や貧困地域ではその割合は依然として高く、たとえばインドで最も開発が遅れた地域の一つとされる東部のビハール州ではいまだに82.2%である[24]。

デリーの大気汚染の現状とその原因

冒頭で紹介したWHOによる109カ国4,000都市についての大気汚染データによれば、デリーの年間平均大気汚染濃度はPM10が292μg/㎥（6位）、PM2.5が143μg/㎥（6位）であった。両方の数値においてこれほど上位にある大都市はなく、世界で最も汚染された大都市といえる。デリーよりも前にその大気汚染が世界的に注目を浴びてきた北京の数値は、PM10が92μg/㎥（211位）、PM2.5が73μg/㎥（53位）であり、東京の数値はPM10が記録なし、PM2.5が17μg/㎥（843位）であった。WHOは粒子状物質の濃度と致死率や罹患率には密接な相関性があるとして、PM10については20μg/㎥、PM2.5については10μg/㎥（いずれも年間平均）をガイドラインとして設定しているが、デリーの汚染濃度はいずれもその約15倍であり、既述のNAAQSで設定されているPM10が60μg/㎥、PM2.5が40μg/㎥（いずれも年間平均濃度）という基準にも遠く及ばない。

デリーの大気汚染について、これまで多くの研究機関や研究者がモニタリング調査とそれを踏まえて様々な指摘を行ってきたが、人口と自動車台数の急速な増加がその主要な原因である点はほぼ共通している。最新の国勢調査（2011年）によれば、2001年に899万人だったデリーの人口は2011年には1,679万人に膨れ上がり、人口増加率は21%を記録した。「国連人口推計」の予測では、2028年にデリー（近接の都市群を含む）の人口は世界第1位となり、30年には3,894万人に達すると推定している[25]。この人口増加に伴うエネルギー消費の増大が大気汚染の原因となっている[26]。

2016年にインド工科大学（IIT）カーンプル校がデリー政府およびデリー

図 9-1　デリーにおける主要大気汚染物質の排出源（%）

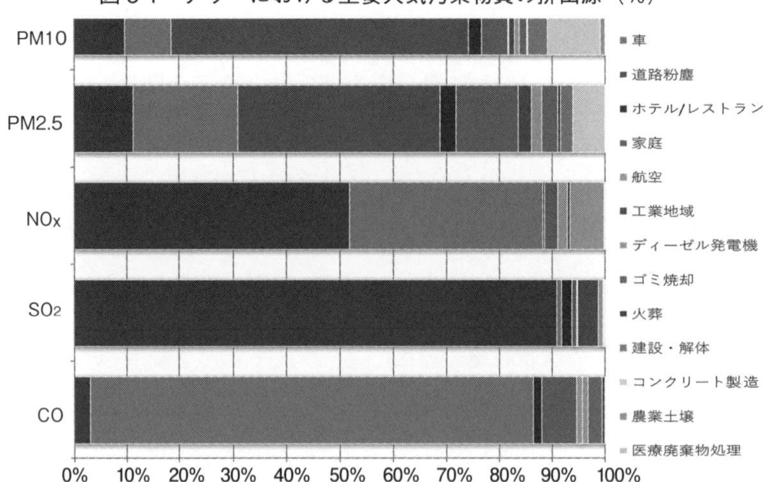

出典：Mukesh Sharma and Onkar Dixit, "Comprehensive Study on Air Pollution and Green House Gases（GHGs） in Delhi （Final Report: Air Pollution component）", Submitted to Department of Environment Government of National Capital Territory of Delhi and Delhi Pollution Control Committee, Delhi IIT Kanpur, 2016, p.188より作成。

公害規制員会に提出した報告書は、主要な汚染を構成する PM10、PM2.5、NOx、SOx、そして CO の由来について詳細に明らかにした。それによると、特に自動車の走行などによって巻き上げられる道路粉塵は、PM10 の 56%（第 1 位）、PM2.5 の 38%（第 1 位）を占め、最悪の汚染源となっている。また自動車の排ガスも NOx の 36%（第 2 位）、PM2.5 の 20%（第 2 位）と主要な汚染源となっている（図 9-1 参照）[27]。

首都デリーは最も急速にモータリゼーションが進む都市である。2016 年にデリーで登録された自動車台数は 1,000 万台を超え、2030 年には 2,600 万台に達するといわれる[28]。これに加え、デリーとその外側の地域との物流を支える大小のディーゼルトラックもデリーの大気汚染の原因と考えられている。1998 年に環境保護法に基づく最高裁判所の命令で、大気汚染に対処する権限が与えられた法定機関として環境汚染規制庁（Environment Pollution Control Authority、EPCA）が発足した。この EPCA の 2015 年の報告は、デリーに乗り入れるトラックの排ガスが PM10 と PM2.5 の 29%を、NOx の 22%を占めていると指摘している[29]。

ところで、デリーを含めたインドの大気汚染のレベルは季節ごとに変化す

表 9-4　ディワーリー祭とその前の大気汚染の比較

（単位：μg/㎥、24 時間、ジャナクプリ（デリー西部））

	ディワーリー祭前					ディワーリー祭				
	2014	2015	2016	2017	2018	2014	2015	2016	2017	2018
SO_2	4	12	16	6	18	32	18	45	43	44
NO_2	42	45	71	62	100	53	25	65	73	73
PM10	152	119	213	193	290	648	554	902	706	1,076
PM2.5	-	84	96	109	202	510	459	842	638	988

出典："Report on Ambient Air Quality & Noise on Deepawali 2018", Central Pollution Control Board, 2018.

ることで知られる。デリーは 6 月後半から 9 月頃までがモンスーンによる雨季となるが、この間の PM2.5 および PM10 の濃度は湿度の上昇によって道路粉塵が抑制されるために基準値以下になることが多い。しかしモンスーン後はその濃度が再上昇し、10 月末～ 11 月初めにかけてのディワーリーの大祭時に使われる大量の花火・爆竹によって深刻なレベルに達する。2018 年 11 月 1 日のディワーリーの祝日には、デリー各所で汚染濃度が極度に上昇したことが中央公害規制委員会の観測で確認されている。たとえばデリー西部のジャナクプリ、東部のパリヴェシュ・バワン、北部のピタンプラといった郊外の住宅地では、PM10 の数値がそれぞれ 1,076、1,168、990、PM2.5 の数値が 988、990、831（24 時間平均濃度、単位：μg/㎥）となり、環境基準を大幅に上回った[30]（表 9-4 参照）。

先の IIT カーンプル校による調査は 2013 から 2014 年にかけての冬季（11 ～ 1 月）と夏季（4 ～ 5 月）にモニタリングを実施し、季節ごとの大気汚染の特徴とその原因について明らかにしている。それによれば、冬季の PM2.5 および PM10 はおもに車の排ガスである NOx などから生成された二次粒子や車の排ガスそのもの、そして植物体の燃焼に由来し、夏季の PM2.5 と PM10 は炭の燃焼と発電所から排出されるフライアシュ（微粒子状の灰）、そして土や道路粉塵に由来するものが多いという。

このうち夏季の排出源である炭は、主に代表的な北インド料理のタンドゥリー・チキンやナーンなどを焼くレストランやホテルの土窯（タンドゥール）で使用されているものだという。デリーには 36,099 のホテルおよびレストランがあり、この 25%がタンドゥールを使用し、それぞれの場所で燃焼される 1 日平均 30kgの炭からフライアシュが排出されているという。多

写真 9-1　パンなどを焼くタンドゥール（土窯）

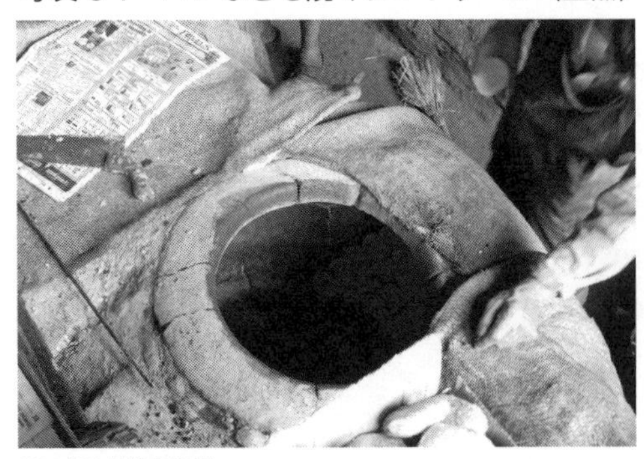

2018年8月筆者撮影

くの場合汚染物質を取り除くような装置は設置されておらず、野外で調理されていることも多い[31]（写真 9-1 参照）。

また10月末から11月初めに大気汚染が極端に悪化するのは、ディワーリー祭での花火や爆竹の他、植物体の燃焼も大きく関わっており、これは隣接するパンジャーブ州やハリヤナ州での野焼きによる作物残渣の処理の煙がこの時期の北西風によってデリーにもたらされるからだという[32]。その歴史的・社会的・生態的に複雑な背景については次のような指摘がある。1960年代に食糧危機を経験したインドでは、高収量品種（HYV）、大量の肥料・農薬、そして大型機械の投入による飛躍的な生産力の拡大を目指す「緑の革命」が国家の政策として始まった。デリー周辺のパンジャーブ州、ハリヤナ州、ウッタル・プラデーシュ州西部はもともと小麦生産地帯で米作地帯ではなかった。しかし「緑の革命」によって成長の早い稲の品種が利用可能となり、灌漑設備が早くから整っていた上記の地域でも米作が可能となり、作付けパターンに変化が起きたという。それはモンスーンがこれらの地域に到達する7月初旬に稲の田植えを行い、10月下旬から11月初旬にかけて収穫し、そのすぐ後で小麦を植えるというものだった。稲刈りと小麦の植え付けの間にはわずか15日間あまりしかなく、農家は限られた時間で小麦の作付けの準備をしなければならない。1980年代以降この地域には大型のコンバインが導入されるようになり、稲刈り後に稲株が残された。時間も限られ、また費用も安価なことから、農家は稲株を焼き払ってその処理をするようになった。特定の時期に限って北西風に乗ってデリーに煙が到達するのはこのためである[33]。

自動車の排ガスをめぐる取り組み

デリーの大気汚染の主要な原因となっている自動車の排ガスをめぐる取り

組みは、1985年から起こされた「デリー自動車公害訴訟」として知られる公益訴訟から始まった。環境活動家の法律家M.C.メヘターや環境保護NGO「科学と環境センター」らによる自動車の排ガス規制を強く求める主張は、裁判所から無鉛ガソリンの使用や15年以上使用した商用車の除去などの命令を引き出した。そして1998年、最高裁判所はバス、タクシー、オートリキシャーを含むデリーの全ての公共交通機関に対して2001年までにその燃料を圧縮天然ガス（CNG）に切り替えるように命令を下すに至った（写真9-2参照）。

写真9-2　2005年から導入されたデリー運輸公社のCNG低床バス

2017年8月筆者撮影

政府による自動車の排ガス規制は近年、着実に強化されている（表9-5）。インド政府は2000年に自動車を含む内燃機関・火花点火エンジンからの大気汚染物質を対象に、ヨーロッパの排ガス規制に基づくバーラト・ステージ排ガス基準（BSES）を初めて全国的に導入した（BS Ⅰ）。その後2005年にBS Ⅱ、2010年にBS Ⅲ、そして2017年にはBS Ⅳの基準が導入されている。当初は2020年にBS Ⅴ、そして2024年以降BS Ⅵへと移行していくことが

表9-5　インドの自動車排ガス基準（Bharat Stage Emission Standards）

	乗用車(ガソリン車)		ディーゼル車(バス・トラックなど)			
	CO (g/km)	(HC+NOx) (g/km)	CO (g/kwhr)	HC (g/kwhr)	NOx (g/kwhr)	PM (g/kwhr)
Bharat Stage I	2.72	0.97	4.5	1.1	8	0.36
Bharat Stage II	2.2	0.5	4	1.1	7	0.15
Bharat Stage III	2.3	0.35	2.1	0.66	5	0.1
Bharat Stage IV	1	0.18	1.5	0.46	3.5	0.02
Bharat Stage VI	1	0.16	1.5	0.13	0.4	0.01

計画されていた。しかし大気汚染が深刻化している状況に鑑み、政府はBS Ⅴ規制を飛び越え、2020年にBS Ⅵを前倒しで導入することを決定した。デリーについては常に全国に先駆けて一段階厳しい基準が導入されており、BS Ⅵについてもすでに2018年から導入された。BS Ⅳと比較すると、四輪車では粒子状物質の82％およびNOxの68％が、二輪車ではそれぞれ89％と76％、トラックとバスについてはそれぞれ50％と89％の排出削減が見込まれ、それによる発がんリスクの減少も期待されている[34]。

デリー政府によるナンバー規制

2015年の州議会選挙で70議席中67議席を獲得して圧勝した庶民党（AAP）[35]のデリー政府は、大気汚染対策の切り札として、インド初の車両の奇数・偶数ナンバー規制（Odd-Even Scheme）に踏み切り、これまで2016年1月1～15日および同年4月15～30日の二度にわたり実施している。規制方法は二度ともほぼ同じで、実施日の朝8時から夜8時まで、奇数ナンバー車は奇数日、偶数ナンバー車は偶数日にだけ走行を許可され、デリーに乗り入れる車も規制を受けた。実施日には2,000人の警官を動員して主要道路にチェックポイント設けるとともに、監視・通報のための数千人のボランティアを各所に配置し、違反者は2,000ルピーの罰金が科されることになった。二度ともに特に大きな混乱もなく実施され、AAPはその成果を強調した。

しかしこのナンバー規制については評価が分かれている。ある研究は、代替の公共交通機関に多くの人々が乗り換えた結果過密な交通量が緩和されたことや、近隣の都市と比較してPM2.5とPM10の濃度が抑制されたと肯定的な評価を与えている[36]。しかし汚染物質の濃度が果たして本当に緩和されたかについては否定的な評価が多い。例えば2016年1月のナンバー規制中とその前に行われた調査では、規制期間のほうがむしろ汚染物質濃度の上昇が観測され、これは規制時間をさけて朝8時前に走行する車が増え、規制時間中も規制を免除された車が増加したことが理由として推測されている。つまりナンバー規制は期待された排ガスの低下にはつながらず、「規制に誘引されて一時的に排出行動を変えたに過ぎな」かったという[37]。

またその実施方法も多くの論争や批判がある。大きな争点となっているのは規制を免除される対象である。これまでのナンバー規制では二輪車が対象外となってきたが、その理由はデリーを走行する680万台もの二輪車が規制された場合に、既存の公共交通機関の輸送力では二輪車の代替手段としては不十分というものだった。また女性が運転する四輪車も、規制された場合に女性が非常に混雑した公共交通機関で移動せざるを得ないことになる安全性の理由から対象から外されてきた。デリー政府は2017年11月13～17日に前年とほぼ同じ方法でナンバー規制を予定していたが、国家グリーン裁判所が女性や二輪車に対する規制を外すようデリー政府に命じたため、直前になって「女性の安全性に妥協する用意がない」として中止した。ただ翌年9月に最高裁はデリー政府の主張を支持してグリーン裁判所の命令を覆した[38]。なお、本稿執筆中の2019年9月13日に、デリーの庶民党政権は、ディワーリー祭後の2019年11月4日～15日に再びナンバー規制を行うと発表した。そして実際に上記の日程で実施され、今回も女性や二輪車が規制の対象から外された。

結局のところ、自家用車に代わる公共交通機関が十分に整備されていないことが、長期間にわたる厳格な規制を実施するうえで最大の障害になっている。現在のデリーの人口のおよそ2,000万人の需要を満たすには11,000台のバスが必要といわれるが、実際には5,000台あまりの路線バスしか運行されていない[39]。また庶民党の不徹底なナンバー規制に対して、「単なる政治的な人気取りに過ぎない」との野党からの批判がある[40]。

デリー・メトロ

将来的にはバス以上に公共交通機関としての役割を期待されているのが地下鉄である。「デリー・メトロ」は、デリーの交通混雑の緩和・大気汚染抑制を目的として計画・建設され、現在一定の成果をあげている高速鉄道システムである。デリー・メトロは中央政府とデリー州政府が同額の費用を負担し、1998年から日本のODAを利用して建設が始まり、2002年からデリー・メトロ公社によって運行されている（写真9-3参照）。

2019年末現在、首都デリーおよび発展が著しい周辺のグルグラームやノイダなどの周辺都市にも及ぶ11路線の391㎞が開業し、年間10億人を超え

写真 9-3　2002 年に最初に開業したデリー・メトロ1号線（Red Line）

2004年9月筆者撮影

る乗客が285駅を利用している。計画された4段階の建設計画のうちデリーの中心部から放射状に延びる路線はほぼ完成し、現在はフェーズⅢおよびフェーズⅣの環状線を中心とした路線が建設中である。

このデリー・メトロの開業とネットワークの拡大が大気汚染の抑制にどれだけの効果があったのかについて、豊富なデータに基づく分析はおこなわれていない。ただ限定的データによる分析では、デリーの交通渋滞の代名詞のような存在であるITO交差点など、交通量が非常に多かった地点で、NOx と CO_2 が減少しているという指摘がある[41]（写真 9-4 参照）。

一方で大気汚染を抑制・削減するうえで、デリー・メトロが抱える問題点も指摘されている。デリー・メトロ公社が2016年8～9月にかけて55の駅を利用する約10万人の乗客を対象にして行った調査では、乗客の最も多くが月収2～5万ルピーの所得層に属しており、月収5～10万ルピーの所得層の利用者はわずか1割に過ぎなかった。このことは所得が多くなるとデリー・メトロは利用せずに自家用車を利用していることを示している。またメトロの駅までの交通手段として18.4％が自家用車を、14.14％が電気リキシャーを、8.23％がオートリキシャーなどを利用しており、バスを利用する乗客は20.23％にすぎなかった。

写真 9-4　ITO 交差点付近の渋滞

2017年8月筆者撮影

しかもデリー運輸公社がメトロとの接続

のために特別に運行している連絡バスの利用者はわずか14.31％に過ぎなかった。さらに乗客の80％は通勤や通学で毎日利用する人々で、その70％は男性でかつその9割近くが40歳以下の比較的若い年齢層であった。これらの調査結果から、特に富裕層、女性、高齢者などを中心に、多くの沿線住民がメトロを十分利用していないことが明らかになっている[42]。彼らがメトロを避ける大きな理由のひとつは混雑である。車両不足のため、運転間隔が空き、また車両編成が短いことから十分な輸送力が確保できず、朝夕の通勤時間帯は乗車率が非常に高くなっている。デリー・メトロ公社は女性専用車両の導入を進めているが乗客の理解が低く、女性専用車両に乗り込んで摘発される男性は後を絶たない[43]。またシールド工法で地下深くに建設された地下鉄駅までのエレベーターやエスカレーターの設置が不十分なことも、地下鉄利用を妨げている。

その他の対策

2017年1月に環境・森林・気候変動省は、「デリー首都圏における段階的即応アクションプラン（Graded Response Action Plan for Delhi & NCR, GRAP）」を発表した。これは最高裁判所の命令・認可を受けたもので、AQI指数3／6段階目の「軽度の汚染」以上の汚染度に応じて政府諸機関が講じるべき対策を規定している。例えば5段階目の「重度の汚染」ではディーゼル発電機や屋外の飲食店での炭や薪の使用を禁止したり、駐車場の料金を3～4倍にして乗用車の利用を抑制させたり、バスやメトロの運行本数を増やすなどの対策が規定されている。また6段階目の「厳重な汚染」ではデリー南部にあるバダルプル石炭火力発電所の運転停止、焼成レンガやアスファルト工場の生産停止、水の散布による道路粉塵の抑制が規定されている。さらに第6段階を超える「緊急事態」の際には、デリー市内へのトラック乗り入れ禁止、建設工事の停止、乗用車を対象としたナンバー規制の導入、学校の閉鎖も盛り込まれている[44]。ただしナンバー規制の実施について、GRAPの実施を決定するタスクフォースはデリー政府が実施している規制の効果には懐疑的であり、その実施についてもAQI指数の数値に応じて自動的に実施することには慎重な立場を取っている[45]。

稲株の野焼きについて、各州の公害規制委員会はすでに禁止を命令して違反者には数千から数万ルピーの罰金を科すとともに、野焼きをせずに稲株の処理ができる新たな農業機械の購入費用の半額を補助する政策をとっている。しかしこれらの農業機械は高額で、とりわけ小規模の農家にとっては非経済的だと考えられている。デリーに隣接するパンジャーブ州やハリヤナ州政府は、農家が重要な票田であることから厳しい取り締まりをしておらず、現在でも公然と野焼きが行われることが少なくない[46]。

またディワーリーでの花火や爆竹について、2017年10月9日に最高裁判所はディワーリーを前にして試行的にデリー首都圏での花火の販売禁止を命令した。2018年のディワーリーを前に再び最高裁は命令を出し、汚染物質を比較的出さない花火の販売のみを許可し、ディワーリーおよびクリスマスや新年を祝う花火の使用時間を指定した[47]。

おわりに

デリーの大気汚染はインドの急速な人口増加や経済発展によって発生・深刻化した問題である。モータリゼーションによる増大した車の排ガスや道路粉塵、電力需要増大による火力発電所の増設やディーゼル発電機の普及、そして「緑の革命」によって広がった農地での野焼きなどはまさにこれに当たる。

しかし一方で、路上でタンドゥリー・チキンなどを焼くタンドゥールや、ガスや電気が普及していない家庭で燃料として日常的に利用される牛糞ケーキは、経済発展とは無関係の南アジア固有の生活スタイルの一部であるが、主要な大気汚染の排出源ともなっている。またデリーの大気汚染を極度に悪化させているのは、花火やクラッカーの大量消費という経済活動と結びついたものではあるが、ディワーリーという宗教的行事である。さらにデリー・メトロの乗客に女性の割合が少ないことも、現代のインド社会におかれた女性の立場やジェンダーが関係していると思われる。こうした文化的・社会的な要素と密接に関わる課題に取り組んでいくことが、きわめて深刻なデリーの大気汚染を克服するには欠かせないことであろう。

[注]

1　毎年10月下旬から11月上旬の間に祝われる、「光の祭り」ともいわれるヒンドゥー教の最も重要な祭りのひとつ。家族が集まった家々で厳かに光をともして女神ラクシュミーを迎えるとされていたが、近年都市部では大量の爆竹や花火を使用することが一般化し、その騒音や煙が問題となっている。

2　WHO Global Ambient Air Quality Databese（update 2018）（https://www.who.int/airpollution/data/cities/en/）.

3　"Indians have 30% weaker lungs than Europeans: Study", *Times of India,* September 2, 2013（https://timesofindia.indiatimes.com/home/science/Indians-have-30-weaker-lungs-than-Europeans-Study/articleshow/22217540.cms）.

4　"Delhi air right now is like smoking 50 cigarettes a day", *The Ecnomic Times*, October 28, 2019（https://economictimes.indiatimes.com/news/politics-and-nation/delhi-air-right-now-is-like-smoking-50-cigarettes-a-day/killer-air/slideshow/71789493.cms）.

5　"Children in Delhi smoke 10 cigarettes a day just by breathing", *India Today,* November 22, 2019（https://www.indiatoday.in/diu/story/delhi-air-quality-toxic-smoke-smog-cigarettes-1621410-2019-11-21）.

6　Madhav Gadgil and Ramachandra Guha, *This Fissured Land: An Ecological History of India,* Delhi: Oxford University Press, 1992; Aruna Venkat, *Environmental Law and Policy,* Delhi: PHI, 2011. 開発にともなう環境の変化を「環境問題」と認識し、それに対する法整備が講じられるようになったのも植民地期のことである。たとえば1853年の海岸保護法（Shore Nuisance Act）は、ムンバイの港湾機能に影響を及ぼす海面下の汚染物質等に言及した、水環境保護に関わる最初の法律といえる。1860年に制定されたインド刑法（Indian Penal Code）には、水源を故意に汚染した者や毒物管理の不備などによって生命に危険を及ぼした者に懲役や罰金を科す条文が盛り込まれた。また1882年に制定された地役権法（Indian Easement Act）は、河川の下流域の地権者を上流の河川利用者による汚染から保護する法律であった。一方、1857年のオリエンタルガス会社法（Oriental Gas Company Act）はガス灯にガスを供給するカルカッタの企業に関わる法律だが、ガス漏れに対処して大気や水の汚染を防ぐ義務を同社に課す、初の大気汚染に関わる規制といえる。そして1906年にベンガル煤煙法（Bengal Smoke Nuisance Act）、1912年にボンベイ煤煙法（Bombay Smoke Nuisance Act）が制定され、監視に基づく煤煙の排出規制と違反した工場、蒸気船、蒸気機関車などへの罰則が設けられた。

7　Michael H. Fisher, *An Environmental History of India, From Earliest Times to the Twenty-First Century,* Cambridge: Cambridge University Press, 2018, pp. 179-181.

8　佐藤創「インドにおける環境行政と環境公益訴訟の展開」（小嶋道一編『平成24年度福岡県——アジア経済研究所連携研究事業　自治体間国際環境協力とアジアへのビジネス展開　調査報告書』）、アジア経済研究所、2013、23-35頁。

9　Fisher, *op.cit.*, p. 200.

10　太田真彦「インド2006年森林権法の成立と実施における政治過程」（『広島大学現代インド研究』）、Vol.8, 2018、27頁。

11　*State of India's Environment 2018, A Down To Earth Annual,* Centre for Science and Environment, 2018, pp. 181-184.

12　*State of India's Environment 2017, A Down To Earth Annual,* Centre for Science and

Environment, 2017, pp. 40-45.

13 *Ibid.*, pp. 107-9

14 "Bengaluru lake froth on streets: Here's what causes the toxic foam and how it is harmful to people", *Hindustan Times*, Aug. 17, 2017（https://www.hindustantimes.com/india-news/bengaluru-lake-froth-on- streets -here-s-what-causes-the-toxic-foam-and-how-it-is-harmful-to-people/story-yu Ahx2f4w IYlJYPRe Vxz7O.html）.

15 *State of India's Environment* 2017, pp. 90-101.

16 石坂晋哉『現代インドの環境思想と環境運動——ガーンディー主義と〈つながりの政治〉』、昭和堂、2011 年。

17 柳澤悠『現代南アジア 4　開発と環境』、東京大学出版会、2002、259-299 頁。

18 孝忠延夫・浅野宜之『インドの憲法～ 21 世紀「国民国家」の将来像』、関西大学出版部、2006 年、72 頁。

19 佐藤、前掲書；伊藤美穂子「インドにおける公益訴訟、その発展と展開—環境権の確立とその救済手続きの発達を中心に—」（『横浜国際社会学研究』11-3）2006 年 9 月、61-77 頁。

20 大久保規子「インドにおける環境裁判所の設立と発展」（『環境と公害』45-4）、岩波書店、2016 年、40-45 頁。

21 "Air quality monitoring, emission inventory and source apportionment study for Indian cities", Central Pollution Control Board, 2010.

22 *Good News & Bad News: Clearing the Air in Indian Cities,* Delhi: CSE, 2014, pp. 3-13.

23 *Ibid.*, p. 38.

24 *State of India's Environment 2017, A Down To Earth Annual,* Centre for Science and Environment, 2017, pp. 118-122.

25 *World Urbanization Prospects 2018 Highlights,* Department of Economic and Social Affairs, United Nations.

26 P. Kumar, et al., "New directions: Air pollution challenges for developing megacities like Delhi", *Atmospheric Environment,* Vol. 122, pp. 657-661, December 2015.

27 Mukesh Sharma and Onkar Dixit, "Comprehensive Study on Air Pollution and Green House Gases（GHGs）in Delhi（Final Report: Air Pollution component）", Submitted to Department of Environment Government of National Capital Territory of Delhi and Delhi Pollution Control Committee, Delhi IIT Kanpur, 2016, pp. 185-191.

28 P. Kumar, et al., *op cit*.

29 "Report on strategies to reduce air pollution from trucks entering and leaving Delhi", Environment Pollution（Prevention and Control）Authority（EPCA）, 2015.

30 "Report on Ambient Air Quality & Noise on Deepawali 2018", Central Pollution Control Board, 2018.

31 Mukesh Sharma and Onkar Dixit, *op. cit.*, pp. 135-6

32 *Ibid.*, pp. 251-2

33 Siddarth Singh, *The Great Smog of India,* Delhi: Penguin Viking, 2018.

34 *State of India's Environment 2017, A Down To Earth Annual,* pp. 112-113.

35 庶民党は、2011 年から翌年にかけてインド各地で高揚した反汚職運動の指導者アルビンド・ケジリワル（現デリー州首相）らが結党し、2013 年および 2015 年のデリー州議会選挙でいずれも汚職撲滅を掲げて大躍進した新興政治勢力である。

36 Michael Greenstone, Santosh Harish, Rohini Pande, Anant Sudarshan, "Clearing the air on Delhi's odd-even program", The Energy Policy Institute at the University of Chicago（EPIC）, June 3, 2016.

37 B. P. Chandra, V. Sinha, H. Hakkim, et al., "Odd-even traffic rule implementation during winter 2016 in Delhi did not reduce traffic emissions of VOCs, carbon dioxide, methane and carbon monoxide", *Current Science,* Vol. 114, No. 6, pp. 1318-1325, 25 March 2018.

38 "SC stays NGT order making odd-even applicable to 2-wheelers", *The Times of India,* Sep. 17, 2018（https://timesofindia.indiatimes.com/city/delhi/sc-stays-ngt-order-making-odd-even-applicable-to-2-wheelers-women-driven-vehicles/articleshow/65842942.cms）.

39 "SC revives Delhi government's exemption for women drivers, two-wheelers", *Hindustan Times,* Sep. 17, 2018（https://www.hindustantimes.com/delhi-news/sc-revives-delhi-government-s-exemption-for-women-drivers-two-wheelers/story-RkJVYcfVG3jhWWNcJOJjyI.html）.

40 "BJP calls odd-even 'political stunt', says AAP didn't do anything to curb pollution", *Hindustan Times,* September 14, 2019（https://www.hindustantimes.com/cities/bjp-calls-odd-even-political-stunt-says-aap-didn-t-do-anything-to-curb-pollution/story-4BlqXCYkqex7M7Yk7b3YIK.html）.

41 Deepti Goel and Sonam Gupta, "The Effect of Metro Expansions on AirPollution in Delhi", *The World Bank Economic Review,* 31（1）, 2017, pp. 271-294.

42 "Rich keep away as Metro crowds kill comfort", *Times of India,* Mar. 31, 2017,（http://epaperbeta.timesofindia.com/Article.aspx?eid=31808&articlexml=Rich-keep-away-as-Metro-crowds-kill-comfort-31032017004036）.

43 "More than 200 men caught every month in Delhi metro women's coaches", *Hindustan Times,* Sep. 11, 2018（https://www.hindustantimes.com/delhi-news/more-than-200-men-caught-every-month-in-delhi-metro-women-s-coaches/story-bOHB9YcVWbcQ4wLsk2zDyN.html）.

44 Graded Response Action Plan for Delhi & NCR, Central Pollution Control Board, Ministry of Environment, Forest & Climate Change（Govt. of India）.

45 "Delhi's odd-even plan does not have backing of GRAP task force", *The Indian Express,* November 9, 2017（https://indianexpress.com/article/cities/delhi/delhi-smog-pollution-odd-even-plan-does-not-have-backing-of-grap-task-force-4930310/）.

46 "Politics behind the smog: Stubble burning caught in political crossfire", *Hindustan Times,* Nov. 9, 2017（https://www.hindustantimes.com/punjab/politics-behind-the-smog-stubble-burning-caught-in-political-crossfire/story-VcJTfEOvKHHEnWtuhXteWO.html）.

47 "SC says only 'green' crackers this Diwali, bans online sale", *Times of India,* Oct. 24, 2018（https://timesofindia.indiatimes.com/city/delhi/sc-says-only-green-crackers-this-diwali-bans-online-sale/articleshow/66339855.cms）.

［参考文献］

石坂晋哉『現代インドの環境思想と環境運動――ガーンディー主義と〈つながりの政治〉』、昭和堂、2011 年。

伊藤美穂子「インドにおける公益訴訟、その発展と展開―環境権の確立とその救済手続きの発達を中心に―」『横浜国際社会学研究』11-3（2006年9月）、61-77頁。
大久保規子「インドにおける環境裁判所の設立と発展」『環境と公害』45-4、岩波書店、2016年、40-45頁。
太田真彦「インド2006年森林権法の成立と実施における政治過程」『広島大学現代インド研究』、Vol.8、2018年、27-40頁。
佐藤創「インドにおける環境行政と環境公益訴訟の展開」『自治体間国際環境協力とアジアへのビジネス展開』、アジア経済研究所、2013年、23-35頁。
柳沢悠編『現代南アジア4　開発と環境』、東京大学出版会、2002年。
Central Pollution Control Board, “Air quality monitoring, emission inventory and source apportionment study for Indian cities”, Delhi, 2010.
Central Pollution Control Board, “Report on Ambient Air Quality & Noise on Deepawali 2018”, Delhi, 2018.
Centre for Science and Environment, *Good News & Bad News:* Clearing the Air in Indian Cities, Delhi, 2014.
Centre for Science and Environment, *State of India's Environment 2017,* A Down To Earth Annual, Delhi, 2017.
Centre for Science and Environment, *State of India's Environment 2018,* A Down To Earth Annual, Delhi, 2018.
Environment Pollution（Prevention and Control）Authority, “Report on strategies to reduce air pollution from trucks entering and leaving Delhi”, Delhi, 2015.
Michael H. Fisher, *An Environmental History of India: From Earliest Times to the Twenty-First Century,* Cambridge: Cambridge University Press, 2018.
Madhav Gadgil and Ramachandra Guha, *This Fissured Land: An Ecological History of India,* Delhi: Oxford University Press, 1992.
Michael Greenstone, Santosh Harish, Rohini Pande, Anant Sudarshan, “Clearing the air on Delhi's odd-even program”, The Energy Policy Institute at the University of Chicago（EPIC）, June 3, 2016.
Deepti Goel and Sonam Gupta, “The Effect of Metro Expansions on AirPollution in Delhi”, *The World Bank Economic Review,* 31（1）, 2017, pp. 271-294.
Mukesh Sharma and Onkar Dixit, “Comprehensive Study on Air Pollution and Green House Gases（GHGs）in Delhi（Final Report: Air Pollution component）”, Submitted to Department of Environment Government of National Capital Territory of Delhi and Delhi Pollution Control Committee, Delhi IIT Kanpur, 2016.
Siddarth Singh, *The Great Smog of India,* Delhi: Penguin Viking, 2018.
Aruna Venkat, *Environmental Law and Policy,* Delhi: PHI, 2011.

column

都市のゴミに埋もれる村（インド）

インドでは都市人口に対する農村人口の割合は一貫して減少している。直近の2011年の国勢調査によれば、インド全人口約12億人のうち農村人口は68.8％となり、初めて70％を割り込んだ。都市の成長に伴い、人々は教育や就業機会を求めて農村から都市に向かった。また農村にも都市で生産された商品や都市の文化が流入し、経済基盤ももはや農業だけに依存することはなくなった。人口1,000万人を超えるデリー、ムンバイ、ベンガルール（バンガロール）などのメガシティは、今や外縁の村々を次々と飲み込み、従来の「都市」と「農村」という区分は「溶融」しているとの指摘もある。その中でインドの村々が現在直面しているのが、都市で生み出されたゴミ（Municipal Solid Waste、MSW）の脅威である。

インドのゴミは１人当たりのゴミの排出量でみれば先進国よりも少ないが、その多くが回収すらされずに放置されている。中央公害規制委員会によれば、インドの都市では年間およそ5,200万トンのゴミが排出され、そのうち処理されるのはわずか23％にすぎない。焼却処分やリサイクルという選択肢がほとんどない状況で、ゴミの行き場はほとんどの場合埋め立て場（Landfill）となっている。しかし過去４半世紀で２倍以上となったゴミを埋め立てる土地は不足している。例えばデリー東部のガジプール埋め立て場は、その積み上げられたゴミの山が世界遺産のクトゥブ・ミナールの高さ（約70メートル）に達し、2020年までに同じ世界遺産のタージ・マハルを超えると揶揄されている。いまや都市はその境界を越えて農村部にゴミの埋め立て場を探し求めている。

カルナータカ州都のベンガルールは、インドのIT産業を牽引する「インドのシリコンバレー」として急成長を遂げた。この北方20㎞にあるマヴァリプラ村では、2005年からベンガルール市内で回収されたゴミが村の共有地や隣接する森にできた埋め立て場に運ばれるようになった。埋め立て場が閉鎖される2012年までに100万トンものゴミが運ばれ、いくつもの小さい丘が形成された。ゴミからの浸出液は地下水を汚染し、井戸水などに含まれる重金属などによって人間や家畜の健康被害が発生した。このマヴァリプラ村と同じような被害がベンガルール周辺の他の村々からも報告されている。そのような村ではかつては都会の人間の発想だった浄水設備が今では欠かせないという。

こうした事態はインド中から報告されている。そしてこの事態に対して人々は異議を唱え、行動を起こし始めている。ケーララ州都のティルヴァナンタプラムから15km東のヴィラッピサラ村では、2000年に民間企業が運営する埋め立て場ができて以来州都から分別されていないゴミが運ばれるようになり、悪臭、大量の蠅、地下水の汚染、感染症や皮膚疾患に住民は悩まされるようになった。市当局への働き掛けも失敗に終わった時、女性や子供を含む住民たちは道路を封鎖してゴミを運ぶトラックを止めた。その後市当局が埋め立て場の汚染対策に乗り出すが、住民は一貫して埋め立て場の閉鎖を主張し、バリケードを作って激しく抵抗した。警察による逮捕や催涙ガスの使用にもかかわらず頑強に抵抗する住民の姿を次第にメディアが取り上げて市当局や州政府に圧力をかけ、村の埋め立て場は閉鎖された。

都市からのゴミの持ち込みに対する住民の抗議運動はインド各地で広がりを見せている。2014年から2017年の3年間に、ゴミを持ち込まれた村の住民による主要な抗議運動が16州（連邦直轄地のデリーを含む）で52件発生している。そのうち半数の州では何の処理や分別もなされないまま埋め立て場にゴミが運ばれていた。ヴィラッピサラ村の事件はケーララ州全体に大きな波紋を広げ、自治体によるゴミ処理方法に再考を促すことになった。ケーララ州やティルヴァナンタプラム市当局はこれ以後、埋め立てによらない、コンポストなどを使ったコミュニティレベルでのごみ処理と分別を進めている。

都市化と都市の人口増加によって引き起こされたこのゴミをめぐる課題は、今後も「農村」を巻き込みながら、現代インドが抱える最も大きな課題の一つとなっていくことは間違いない。

（小嶋常喜）

【参考文献】

水島司・柳澤悠編『現代インド２　溶融する都市・農村』、東京大学出版会、2015。

State of India's Environment 2018, A Down To Earth Annual, Centre for Science and Environment, 2018, pp. 206-235.

第10章
重層的に絡み合うパキスタンの環境問題の全体像

近藤高史

はじめに

多くの国々と同じく、パキスタンも大きな環境問題を抱えている。このことは国内外から指摘されてきた。例えば大気汚染についていえば、世界保健機構（WHO）が都市部のPM2.5年間平均濃度が56.2μg/㎥（世界平均値は39.6μg/㎥）で、その高さは世界194か国中13位であるとした[1]。水の安全性は国連開発計画パキスタン事務所によって「パキスタンの発展の最大の課題」と位置づけられ、2,720万人が安全な水へのアクセスができていないと指摘を受けている[2]。また、様々な環境保護団体からパキスタンでの違法な野生動植物取引の横行が報告されており、国際自然保護連合（IUCN）のレッドリストに掲載されている絶滅危惧種の密猟が後を絶たないという。

多様な環境問題に対し、パキスタン社会も無関心であったわけではない。環境問題の研究をパキスタン国内で牽引する機関としてカラーチー大学環境問題研究所、ファイサラーバード農業大学土壌環境科学研究所がある。ただ、こうした研究機関は特定地域（特にGDPの60％を生み出しているとされるカラーチーや、国内第二の都市ラーホール）の、大気汚染や水質汚濁といった特定の問題に着目した理工学的視点からの対症療法的、あるいは技術的観点からの研究が中心になっている傾向がある[3]。特に近年、パキスタン国内で水害や水不足が深刻化している事情を受け、水問題を扱った議論が増加しているが、そこではダム等の大規模プロジェクトの必要性を訴える内容のものが多く[4]、環境問題を「近代化や開発のもたらした矛盾」として分析したり、政治・経済・社会の諸問題と関連付けて問い直すものは少なかった。

そこで、本章では、パキスタンの環境問題を特定的な問題や地域に絞って検討するのではなく、パキスタンの環境問題の全体像を俯瞰することを目的とする。そのためにまずこの国の環境問題の展開と解決に向けた各方面の姿勢を概観する。その上で、パキスタンでこれまで歴史的に積み重ねられてきた諸問題や国際環境が環境問題と関連している実態を素描し、パキスタンの環境問題の全体的な傾向と特徴の把握を試みる。なお、本章で「パキスタン」というとき、実は隣国インドとの係争地域でありつつも、パキスタンの実効支配が70年以上続いているギルギット・バルティスターン州やアーザード・ジャンムー・カシュミール（Azad Jammu and Kashmir、AJK）両地域も含めるものとする。

1　パキスタンにおける環境問題の現状

1947年に英国の植民地支配から独立したパキスタンにおいて、「環境問題」というべき事象が目立ち始めたのは1960年代の「緑の革命」の時期である。当時、高収量品種の普及による農業の近代化・効率化が進んだが、農薬に含有されていたヒ素による土壌汚染が進行した。しかし、当時のアユーブ・ハーン軍事政権下ではこの問題はさほど注目を集めなかった。今日ほどマス・メディアが発達しておらず、軍政下での言論統制も影響していたからだと考えられる。

図10-1　パキスタン概略図

出所：筆者作成

環境問題が大きな課題として認識されるようになったのは、1990年代からである。1980年代後半に1億人を突破したパキスタンの人口はその後もさらに増え続け、2018年の国内調査では2億700万人を超えた[5]。今や世界で第6位の人口大国である。この間に顕在化したのはまず大気汚染であり、その汚染源は道路交通（リキシャー、ディーゼル車）による排気ガス、工場からの排煙、火力発電での石油やガスの燃焼、レンガ工場からの排煙（特にパンジャーブ州）と多岐にわたっているが、人口急増が背景にあることは疑いを入れない。現在パキスタンでは毎年約59,000名の患者が大気汚染に関連する呼吸器疾患で死亡していると目されている[6]。最大の大気汚染源は車両からの排気ガスであり、都市部の大気汚染の90％は自動車によるものである。とりわけ、1990年代は自動車の数が急増した時期であり、国内での車両数は1992年の85万台から2000年の445万台に増えた。車検制度の不備も問題であり、1997年制定のパキスタン環境保護法（後述）の下、例えば2000年にラーホールで25,000台のトラックやリキシャーの車検が実施されたものの、多くは自動車整備工場で点検を受けただけで再走行が認められた。

近年、大気汚染以上に重視されているのが水問題である。「水問題」というとき、そこには水質汚濁と水不足の双方が含まれるが、パキスタンでは水質汚濁が水不足の原因になっている場合が多い。国連が報告した数値によれば、再生可能な水資源は1992年の2,104㎥から2012年の1,378㎥へと低下している[7]。このような水質汚濁を招いた原因は、産業排水（特に基幹産業である繊維産業から）、生活排水の処理機能の不十分さにあり、これにゴミの河床への不法投棄が拍車をかけている。病床人口の40％を水質汚濁に起因する疾病患者が占めているという憂慮すべき数字もある[8]。

安全な飲料水が利用できる住民の人口比はパキスタン全体で36％（2015年）という数値が示すように[9]、水道水の質も危険に曝されている。大都市では水質汚濁の問題はきわめて深刻で、今度は水不足が水質汚濁の原因となる事例も目立つ。大都市では人口過密によって水が隅々まで供給されず、水道網の末端にまで水が行き届かないからである。この問題をしのぐため、水不足地域の住民がポンプを設置し、水道網の途中で水を横取りすることが恒常的に行われているのである。20世紀末の時点（1999年頃）で水道料金請求書が発行されたのはカラーチー市水道局の利用登録者117万人中75万8,500人で、しかも定期的に料金を納付したのは16万3,000人程度だったとされる[10]。こうした状況下では、水道局が水道を十分管理するに足る資金を集めることはできない。その上、パキスタンでは徴税システムも不十分であり[11]、行政側が適切に公共事業を実施する資金を確保できていない。

もちろん、下水システムの状態も指摘されるべきだろう。最大都市カラーチーでは、適切な下水設備が使える市民は40%程度である。生じた下水の内適切に処理されるのは20%に届かない。他は未処理のまま、川を通じて海に流される。カラーチー住民の約60%は市の認定していない非正規の居住地に住んでおり、国際社会からの援助が入る公的な水道整備計画でもパキスタン諸都市の非正規住宅の問題は考慮されない場合がほとんどである。しかも下水管の多くは破損しており、清掃業者もこれまでに多くの工員が下水管内での作業中に窒息死した例があることから、下水管工事を拒否する業者も多い。また、多くの都市では収集されたゴミは川や下水溝に投棄され、水質汚濁の原因を生んでいる。2019年の８～９月、カラーチーでは大量の蚊やハエが異常発生する問題が起き、住民に健康被害を及ぼした。これは山積するゴミが下水に流れ込んで詰まらせてしまい、そこへ降雨が重なって水が下水から地表に溢れ出したのが原因である。下水溝へのゴミ投棄を防ぐマンホールの鉄蓋も、生活苦に喘ぐ住民が取り外して売却する例が後を絶たず、用をなしていない。

こうして汚染された水は排水管や河川を通じて、カラーチー港周辺だけでも毎日約13億リットルもの汚染水や産業廃棄物が海に流れ込んでいるという[12]。これはカラーチー港周辺に残る大規模なマングローブ群の生存も脅かしている。そもそもパキスタン全体で適切な処理を受ける排水は、全体の８%にすぎないとみられる。

パキスタンは耕作地の65%がインダス川とその支流からの灌漑に依存しているが、インダス川の流量が減少していく中で、農村部での過剰な水の利用も水不足を招いている。例えば、パキスタンの主要農産物である綿花の栽培は水集約型の作業で、１年のうち８カ月間栽培が行われているが、綿１kg

の生産に淡水13,000リットルが必要で、水集約性の高い作物である。しかもパキスタン全土で高温乾燥の続く5月に作付けが最も盛んになる。サトウキビ、小麦、トウモロコシも水集約性が高い。つまり国の農業構造自体が、大量の水を費やす性格を帯びているのである[13]。また、パキスタン農業関連で最も参照されるウェブサイトによれば、河川から用水路に供給される水の25%が漏水により失われているという[14]。現在パキスタンの農村部での水の非効率的な利用が水不足を生み出している。

水不足の問題とも関係があり、都市部で深刻さを最近増してきているのがゴミ問題である。パキスタン全土では毎日、5万トンを超える固形廃棄物が生み出されている。そのうち回収されるのは20～25%程度である。最大都市カラーチーだけで毎日12,000トン（2016年）ものゴミが生み出される。2000年は7,000トンであったので、これも人口増加との密接な関係がある。適切に処理されるゴミの割合は50%を下回っており、市の清掃担当職員でさえ処理しきれない分はただ積み重ねられて放置される。ゴミの山の焼却は毒性物質の大気への放出につながる（プラスチック、ビニールバッグ、ペットボトルなど）。スィンド州、バローチスターン州でポリエチレン袋の使用を減らす計画が提起されたが、成功を収めていない。そもそも大都市では、生活ゴミをリサイクルに用いるために集めて回る「ピッカー（picker）」と呼ばれるインフォーマル・セクターの人々がいる。ピッカーはカラーチー市内だけで2万人以上いるとみられる。彼らは公式・非公式を問わずゴミ捨て場を回って金属、ガラス、紙などの売却可能なものを集めている。

写真10-1　ハイバル・パクトゥーンハー州のアボッターバードで幹線道路脇に捨てられたゴミと、それを回収するピッカーの少年（中央）

（2017年5月、筆者撮影）

さて、ピッカーに集められたゴミは実に細かく再利用される。

紙は段ボールに、ガラスは瓶に、プラスチックは児童用玩具に、カレーやカバーブの肉についていた骨まで装飾品や家畜の飼料にそれぞれ加工される、といった徹底ぶりであり、それぞれの品を扱うリサイクル工場が存在する。こうしたリサイクル工場が1990年代末でもすでにカラーチーだけで400以上あった[15]。「リサイクル」と言えば、もちろん有限な資源の有効利用という積極的な意義もあるが、パキスタンではゴミ投棄の横行を生み、大気・土壌・水質の汚染に繋がり、有毒ガスが発生・引火して火傷を負う人も後を絶たず、死亡事故に至る場合すらある。特にその際、犠牲になるのは子どもが大半である。無計画なゴミ投棄は中止されるべきであるが、これらのインフォーマル・セクターの人々の数は多く、彼らなしでは大量に生み出されるゴミにもはや対処できない。これらの人々を実際に環境行政の中にいかに組み込んでいくかが積年の課題となっている。

これとは別に、毎年国内で約25万トンの有害な医療廃棄物が生み出されている。医療廃棄物の処理は不十分であり、1999年にカラーチーで医療廃棄物の処理施設が2か所設置されたが、保守管理費が増大し、1か所は早くも翌年に操業停止に追い込まれたとみられる。医療廃棄物の中でも特に問題視されるのは血液バッグやブドウ糖を入れた袋で、ゴミの山に投棄され、ピッカーに集められて場合によっては「新品」として売られることがある。これがエイズをはじめとする深刻な感染症の拡大を生む恐れがあることはいうまでもない。さらに、体温計や血圧計、歯科で使われる詰め物、電池などは水銀による海洋汚染の原因にもなっている。医療廃棄物処理の問題は、スリランカでも近年深刻化していて、南アジア地域共通の課題となりつつある。

2　政治レベルでの環境問題への取り組み

(1) 環境行政の法的・制度的枠組み

以上パキスタンの環境問題を概観したが、パキスタン国家の環境行政が本格的に動き出したのは、1997年に環境保護法（Environmental Protection Act）の成立及び環境保護局（Environmental Protection Agency、EPAその後「環境省」に昇格）以後である。この法はEPAのみならず、環境行政に関与する関係部局の職権を定めたほか、「何人も有害な廃棄物を持ち込んではならない」として自動車の排気ガス規制等を定めている。また、前文において国教であるイスラームに環境保護の根拠を求めていて、「創造者である神が……生命の平衡を乱さぬよう均衡のとれた生物システムを構築された」とし、生態系維持の重要性が説かれている。

こうして始まったパキスタンの環境行政が当初対策の主眼を置いたのは大気汚染である。まず環境保護法は政府に大気汚染の最大の原因である車両に大気汚染防止装置を設置させる権限を政府に付与していた。2001 年には「パキスタン環境行動計画」が定められ、ディーゼル車両の規制が提唱された。さらに 2005 年には「パキスタン空気清浄化プログラム」が定められ、政府が都市部の大気汚染に率先して介入すべきとの考えが盛り込まれた。しかし、こうした動きが功を奏したとは言えず、パキスタン国内における燃料燃焼による CO_2 排出量は 1992 年の 5,860 万トンから 1 億 3,740 万トンにまで増加している[16]。法制度の整備は進んだが、執行がうまくいかなかったことの証左であろう。

2010 年になって、パキスタンの環境行政は大きな転換点を迎える。同年 4 月、パキスタン憲法第 18 次修正が行われ、翌年 6 月末に環境省が連邦機関から除外され[17]、各州に環境保護部（Environmental Protection Department）が置かれたのである。連邦レベルでは環境省は自然災害管理省に吸収され、同省も 2012 年 4 月に気候変動省に改組されて今日に至っている。

中央で環境省を廃止したのは、環境行政の州移管により、地域の実情に応じた柔軟な環境問題への対処を可能にするためであった。ただ、パキスタン気候変動省の年鑑には、「EPA の活動が国内の治安状況の悪化によって妨げられやすくなっていた」ことも州移管の背景にあったと述べられており[18]、ソ連のアフガニスタン侵攻（1979 年〜）以来の国内での武器拡散やテロの問題もまた環境問題への対応を左右していることがわかる。

国連環境計画等が開催する国際会議へは気候変動省から人員が派遣されることが多いが、現在のパキスタンは国家中央レベルで環境問題を総合的に扱う省庁をもたない、稀な国になっている。地域でのきめ細かな環境問題への対応は重要であるが、大気汚染にみられるように環境問題の物理的境界は行

表 10-1　環境行政の担当省

省	担当環境関連業務や許認可の例
科学技術省	水管理、水質改善等の研究
工業生産省	輸入される自動車（主に中古車）の車種の規制、公共交通に使われる車両の近代化、老朽車両の廃棄
経済問題省	燃料価格の設定
水資源省	将来の水不足への対処、環境に適した再生可能エネルギー導入
エネルギー・電力部門省	CNG（圧縮天然ガス）車両の促進、燃料輸入、粗悪燃料の規制
国民食品安全保障省（しばしば「農業省」と呼ばれる）	焼き畑の規制、農薬の規制
気候変動省	気候変動への対処、植林計画、植物遺伝資源問題

出所：https://mowr.gov.pkより筆者作成。省の呼称は2020年6月現在。

政区画とは一致しておらず、各省庁間の調整が必要なはずであり、水不足問題の解決も州間の利害調整機構の存在なくしては困難ではなかろうか[19]。そもそも環境問題は社会全体で取り組むべき課題のはずであり、パキスタン政府内で環境行政に関連する省を列挙してみると、表 10-1 のようになる。

一見して多くの環境問題が複数の省の管轄下に跨ってしまうことがわかる。そこから各省間の分担があいまいになる問題も生じる。中央レベルでの環境行政の担当がこのように細分化されているのは、英国が植民地時代上の観点から複雑な官僚機構をあえて「整備」し、それをパキスタンが改変を経ながらも今なお引き継いでいるからである[20]。植民地支配の過去も環境問題の解決を妨げているのは否定できない。

さらに中央での環境省を廃止したことは、パキスタン政府の環境問題への取り組みが真剣でないとの失望感を、国際機関や非政府組織（NGO）に抱かせることになった。実際にこれらの多くが「パキスタン政府の無関心ぶりに失望し、積極的な関与を避けるようになった」と新聞でも報じられている[21]。

国際機関や NGO からの支援が得られにくくなったことで、パキスタンでは環境問題の専門家を十分に配置することが困難になり、適切な環境関連データをとる能力が不足することになった。環境問題に関する人材の不足、行政・法執行能力の不足は常にパキスタンで問題となっている。ゴミ処理の分野でも、最大都市カラーチーでは人材不足のために海外の清掃業者へ委託する試みが行われたが、委託先がスィンド州政治家と関係のある中国のオフショア会社であったことが明らかになると、この政治家との癒着が疑われるようになり、環境行政の停滞を招いたことがある。

（2）政党の環境問題への姿勢

行政機構による環境施策がなかなか進まないことは事実だが、政治家を輩出している諸政党の環境問題への姿勢も検討しておく必要があるだろう。1997年にパキスタン環境保護法が可決された当時の政権与党はパキスタン・ムスリム連盟であった。この党は現在パキスタン・ムスリム連盟ナワーズ・シャリーフ派と呼ばれている。同党は環境問題にしばしば言及するが、環境保護法制定以後、環境問題における実績はパンジャーブ州の一部を除いて乏しい。次に、パキスタン人民党も環境問題を重視する姿勢を示しこそすれ、最大の地盤であるスィンド州農村部ですら目立った環境問題への関与がなく、こちらもスローガンの域を出ていない印象がある。2018年に成立した連立政権は、パキスタン正義運動（Pakistan Tehreek-e-Insaf）という政党を中心に組閣されている。同党党首イムラーン・ハーンは自伝において「ラーホールの水は以前美味しかったが、今は汚染されて飲む前に煮沸せねばならなくなっている」と述べて環境問題への関心を示し[22]、2018年10月には「清潔な緑のパキスタンを創る運動（Clean Green Pakistan Movement）」を開始し2年近くたったが、顕著な効果は出ていない。その他、イスラーム協会（Jamaat-e Islami）、パキスタン・ウラマー協会（Jamaat Ulema-e Pakistan）などの宗教政党諸派があるが、これらは宗教施設への国家管理に対する反対、宗教教育の実施、対外関係への提言に熱心な一方、概して環境問題への関心を欠く傾向がある。特に2001年の同時多発テロ以降の米国によるアフガニスタン攻撃で、ムスリムが犠牲になる事件が頻発する中、彼らの宗教的感情からも政治的算段からも、米国の政策やそれを許してしまっているパキスタン国内の政治家への批判を喧伝していくことが優先されてしまっている。総じて、パキスタンの諸政党の間では環境問題の優先順位が高くないのが実情と言えようか。環境問題の専門家からの政党に対する不信は強く、「パキスタンの全体の政治的党派は、現在、ただ自らの……地位を広げることに専念している」いう声すらある[23]。こうした現状を憂慮したIUCNが、「政治的取引よりも一つの対話を」と訴え、各党の代表者を招いて、環境問題への取り組みを深めるよう求める会合を開催したという出来事もあった[24]。この話はパキスタンの環境問題への認識の不十分さを如実に物語る材料であるが、本来超党派で取り組むべき環境問題が国家的な争点になることは未だ少ない。

パキスタンの環境法協会の会長であるパルヴェーズ・ハサンはかつて、「パキスタンには立法上の目標や国家が宣言した方針と、その実施の間に大きなギャップがある。資源・資金・技術の制約、環境保護と持続可能な発展への意思の欠如が原因にあるが、恐るべき現実は我々の法と政策が効果的に執行されていないことにある」と述べたが[25]、発言から10年以上たった現在でも、この状況は大きく変わっていない。

（3）軍と環境問題

ところで、パキスタンの環境問題を考えるとき、もう一つ考えねばならない組織がある。それはパキスタン軍である。パキスタンは国民統合の問題や隣国インド・アフガニスタンとの国境・領土問題を抱え、軍が政治に強い影響力を保ってきた。さらに1947年の独立以来、軍は3度のクーデターを起こし、その度に10年前後の軍政を敷くという歴史を繰り返してきた。軍政の長期化がパキスタンの民主主義の発展の阻害になっている面は否めない。しかしその一方、国民の中には文民政権の腐敗に辟易としていて、混迷する文民政治の調整役として軍の政治介入を、苦々しく感じつつも認める声も強かった。軍の政治介入の強さは、パキスタンが国内開発に充ててきた資金（おおよそGDPの0.25％前後）の45倍の予算を防衛費に回してきたことからも知れるだろう。

もちろん、軍は環境政策の立案や実施に表立って関与はしない。しかし軍の組織としての行動が環境問題に影響を与えている。しばしば指摘されてきたのが、軍による「盗水」である。軍の水使用量の不払いは長く指摘されてきた。カラーチー水道局（Karachi Water Sewage Board、KWSB）によれば、2012～13会計年度に4,000万ルピー分の水タンク車による給水を軍とその関係者に優先的に提供していたとされる。パキスタン各地で治安維持に従事しているレンジャー部隊（準軍隊）も毎年約1,500万ルピー前後の使用量を払っていないという。パンジャーブ州議会では、軍演習用地内で用水路からの盗水が行われ、その水が農業目的に用いられていると指摘されたことがある。それが原因で用水路の終端部分での水の枯渇が起きているが、軍はこれを州灌漑局から無許可で行っていた。さらに、軍は将校や軍と関係のある人物に土地を有料で貸し出し、独自に資金を稼いでいるとみられる[26]。

近年、パキスタンでは水不足が深刻で、それと同時にエネルギー事情も逼迫してきている。そこで、インダス川およびその支流で貯水・発電が可能な多目的ダム建設計画が国家主導で進められているが、軍の積極的な関与も目立つ。2018年7月4日にパキスタン最高裁判所からディアーミル・バーシャー・ダム、マフマンド・ダムの拡張工事を優先的に進めるべきだという決定が下されると、これを受けてパキスタン軍統合情報局（Inter-Service Intelligence、ISI）は9日、ダム建設のための基金を開設したと発表した。財源を国民からの寄付に求めてダム建設を実現しようというものであり、軍はその「模範」を示すべく、軍人は給与の2日分を一括して基金に寄付するよう呼びかけた[27]。

また、パキスタン軍が一般向けに出版している月刊誌『ヒラール』（新月、の意）でエネルギー問題を取り上げることがあり興味深い。同2017年4月号に掲載された記事では「推測によれば、パキスタンの北部で、65,000メガワット（MW）の発電計画を行うことができるという。例えば、わずか3つの計画、つまりブンジー水力発電計画から7,500 MW、ディアーミル・バーシャー・ダム、マフマンド・ダムから4,500 MWを発電することができるのである。そしてダッソー・ダム計画によっても4,500 MWが発電可能である。その中の一部の計画は中国・パキスタン経済回廊構想にも組み込まれている。他の大小の計画によって現存及び将来の国家の必要性を満たすことが可能になるだろう」と述べてダム開発の必要性を強く説きつつ、「水力発電では、燃料の使用はない。そのために、その環境への影響は石炭や石油に比べて非常に少ない。そしてヒマラヤ・カラコルム山地の氷河融解を止めることもできる。……あるいは我々がダムを準備する行動によって、海に泥土が送られていくのを止めることもできる」と火力発電よりも水力発電の妥当性を主張して[28]、環境問題への視点も示している。

だがこの見解はパキスタン水資源省が「ダムや貯水池への土砂の堆積がより頻繁で激しい洪水の原因になっている」[29]、と述べているのと矛盾する。パキスタンの権力諸機関との間に水問題に対する認識の一致が図られていないようにも受け取れる。また、この『ヒラール』の記事は、核兵器開発と密接な関連のある原子力発電については触れていない[30]。当然ではあるがパキスタン軍の利害が強く反映された記事なのである。パキスタン軍がかくも水の問題に関わってくるのは、国内の水利権や電力を管轄する水力電力公社（Water and Power Development Authority、WAPDA）に多くの軍人が天下りしてきた事実とも関連があるだろう。2020年6月現在、WAPDA議長を務めるムザッミル・フセインも退役将校である。

ともかくも、パキスタン軍は水を巡る問題を通じて環境問題に大きな影響を与えてきた。2018年に成立したイムラーン・ハーン政権は軍からも強い支持を受けていて、水問題を中心に軍の環境問題に対する関与はこれからも続くとみられる。ただ、軍は水に対して、農業用水や発電のための「資源」とみなす傾向が強く、水質の改善や治水という問題に対しては関心が薄いというか、認識を欠いている印象すら受けるのである。パキスタン軍関係者の大半はボトル入りミネラルウォーターを購入できる程度の経済力は有していて、家庭にも水濾過装置を設置することができる者が多いので、十分に清潔な水を得ることができ、水質の改善には深刻な問題意識を抱いていないことに、「水＝資源」認識が生まれてくる背景を求める見方がある[31]。

3　市民レベルでの取り組みと司法

それでは、政治レベルでの環境問題への取り組みが芳しくないパキスタンにおいて、市民による取り組みはどうであろうか。実はパキスタンでは識字率が2015～16会計年度で58%に留まる[32]。字が読めず、訴訟費用を捻出できない階層には、環境の改善を求める訴訟の提起は困難であり、環境訴訟は主に専門的知識人が起こしていた。最初の環境訴訟と呼ぶべきものは1990年に起きたマールガラー丘陵訴訟である。これは国立公園内にISIの施設を建設する動きに対し、パキスタンの知識人らが「生態系の破壊につながる」と異議申し立てを行ったものである。翌1991年にはインダスハイウェー訴訟が起きたが、これも高規格道路の建設により周辺で生態系が破壊されることを懸念した知識人が起こしたものである。これらは生物学者らが自らの専門的な知見に基づいて起こした訴訟であり、一般のパキスタン市民の関心をほとんど呼ばなかった。しかし1994年、イスラーマーバード在住の女性シェーラ・ズィアーがWAPDAに対して起こした訴訟は大きな転換点となった。これはズィアーがWAPDAの高圧変電所建設計画に対し、「変電所の出す放射線は住民の健康に有害である」として反対訴訟を起こしたものである。この訴訟の判決で、最高裁は環境権をパキスタン憲法の第9条、第14条の基本的人権に含まれるとした。そして最高裁は環境権の問題に関し専門的見地から報告書を作成する委員会を指名するようになった。これが、後に続く公益訴訟への司法の積極的な姿勢につながっていく[33]。さらにこの年のバローチスターン州環境汚染訴訟は、同州のアラビア海沿いにあるマクラーン海岸一帯が産業・核廃棄物の処理予定地候補にされたことで起こされたものだったが、この訴訟を契機に知識人のみならず地域住民の関心が結びついた訴訟も起こされるようになってくる。

1980年代以降、パキスタンでは最高裁判所が環境問題にかなり積極的に関与するようになった。これは司法権がパキスタン憲法第199条「裁判所は基本的人権の執行に係る重要な問題だと判断したときは、命令を発する権力を有する」という規定や、環境保護法の環境法廷規定を根拠に、環境を人権と考え、公益訴訟（public litigation）を展開したものである。大半の一般市民が訴訟能力を欠くとの現状認識に立ち、最高裁判所が住環境の悪化に対し打つ手のない市民の救済に乗り出すようになったことは、市民に概ね支持されている。

ただ、司法の積極性だけでは限界もある。2016年10月、国内第二の都市ラーホールでスモッグが発生したことがあった。その際、パキスタン政府は「周辺の農村で穀物の刈り株を燃やしたことが主な原因」と述べたが、当該地域のラーホール住民らは「交通機関や工場からの排気ガスが原因」として弁護士団体の支援も受けて訴訟を起こした。その結果ラーホール市は有害物質の排出が疑われる工場に対し、「2カ月以内に排気をコントロールする装置を設置する」よう通告し、強い関与が疑われた工場については操業停止処分する決断を下した。だが、「強い関与」を証明するには汚染物質や汚染のレベルを正確に測定する手段や基準を有する専門家が必要である。先述のように、国際機関やNGOはパキスタン環境省の廃止を機に環境関連部門への支援を手控えるようになり、専門家の育成は停滞した。このことが足かせとなり、汚染源と環境汚染の科学的関連性の裏付けが難航したため、ラーホール市の決断もスモッグ抑制に十分寄与しなかった[34]。

とはいえ、司法権の積極的姿勢は、2008年にムシャッラフ政権による最高裁判所人事への介入を跳ね返した事件を経て、さらに強くなってきている。もちろん、裁判所のかかる姿勢は行政権からのさらに強硬な介入を招く可能性があり、実際そのような事件も起きた。また、別の見方をすれば権力分立の原則に抵触する恐れもあるが、公益訴訟としての環境訴訟は幅広い階層の参加を可能にした上、パキスタン国内での環境問題への関心を拡大する役割を果たしている。それだけ、住環境の悪化防止という課題は、パキスタン全体で注目を集めやすい課題となっていることは間違いない。

だがその一方、マス・メディアによる環境問題の取り上げ方は抑制的である。その原因としては新聞社が広告主である企業に遠慮していることも大きいが、それ以上に、環境問題は「売れない記事」とみなされやすく、新聞記者やジャーナリストが環境問題の分野に積極的に踏み込まないことがある。大学等研究機関の環境関連分野への予算も不足しがちなため、記者が研究者から情報や知識を得る機会も限られている。たまに新聞が環境問題を取り上げる時、英米のマス・メディアの環境関連記事を模倣あるいは翻訳した記事が多いのはこのためである。このような状況下では、環境問題の関連記事は欧米社会で関心の高い気候変動一般に関する話題に偏り、パキスタンの問題が取り上げられにくくなる。

これとは別に、環境基準違反によりある工場が閉鎖されそうになると、工場の意向を受けたマス・メディアが話を捏造して地域住民を懐柔することもある[35]。全体としてパキスタンのマス・メディアは環境問題の解決に向けて積極的な役割を果たしているとは言えない。

4　社会問題の縮図としての環境問題

もちろん、パキスタンには大気汚染や水質汚濁以外の側面としての環境問題も存在する。パキスタンでは過去30年弱の間に、国土における森林面積比が1990年の3.3％から2015年の1.9％と後退し[36]、もともと少ない森林がさらに減少している。森林の多くはギルギット・バルティスターン州やAJKに位置している。これらの地域では材木がAJK政府の大きな収入源になっているだけでなく、人口増に伴い違法な伐採が進んでいる[37]。パキスタンでは違法に伐採された木材の外国企業への売却が後を絶たないのが現状である。そのために地滑りや土砂崩れの危険性も高まっている。地元住民の生活が改善されないために、違法伐採が広がる状況を生み出しているのである。

世界自然保護基金（WWF）の2000年中期報告では、87の湿地帯がパキスタン国内に存在していた。その中には32,000haのマングローブ群も含まれていた。これらは野生生物の棲み処となっていたが、娯楽目的の狩猟により野鳥の数は減ってきている[38]。また、河川でのマス漁のために河川に爆薬を仕掛けることが行われており、これが河川の生態系破壊を招いている。ところがWWF自身も、実はパキスタン国内で活動する多国籍企業から活動資金援助を受けている。資金提供元の企業の中にはミネラルウォーター等飲料水の製造・販売に従事し、パキスタン国内で大量の地下水くみ上げを行っている企業も含まれる。これらの企業は地下水くみ上げを通じて地盤沈下や水資源の枯渇等、別の環境問題を生み出している。また、ミネラルウォーターの普及を見て、行政が水道整備を怠り先延ばしにすることがある。以前に黒崎卓が隣国インドについて述べた、「ペットボトル入りのミネラルウォーターの広範な普及はかえって衛生的な水道の整備を遅らせてしまう」という指摘は[39]、現在のパキスタンについても当てはまるだろう。WWFに限らず、大資本からの資金援助を受けている国際NGOの活動は、一方で環境保護に取り組みつつ、他方で環境破壊を隠蔽している性格があり、この点は看過されてはならない。

パキスタンでの環境問題は、それぞれが個別的な問題として取り上げられることは多い。しかし、パキスタンに限ったことではないが、環境問題は互いに結びついているだけでなく、他の社会問題とも関連している。例えばゴミ問題は水質汚濁を招き、水質汚濁はマングローブやそこに住む動物が失われていく背景になっている。ゴミ問題の背景には、パキスタンのインフラストラクチャーの未整備があり、その背景にはパキスタンの徴税システムの問題が関わってくる。とはいっても、一般市民の側からすると、水不足や大気汚染が深刻であるために、その背景にまで視野を広げてみる余裕はないというのが実情だろう。

だが、環境問題と結びつく社会的矛盾は、さらにグローバリゼーションの中でさらに広がりを増してきている。これとの関連で2016年10月22日、パキスタンのカラーチー近郊にあるガダーニー海岸（行政上はバローチスターン州に属する）の船舶解体場で起きた爆発事故に触れておく必要がある。この事件では解体中の船舶が爆発を起こし、死者28名、負傷者58名という大惨事になった[40]。当時この施設には約6,000名の労働者がいたとみられ、大半が非熟練労働者で危険な作業に従事していたが、危険な労働の規制もなされていなかった。ここの労働者の出身地は国内各地に及んでいて、遠くハイバル・パクトゥーンハー州のスワートからの出稼ぎ者もいたことから、大都市であるカラーチーが農村人口を引き付けている構図が垣間見える。この解体場は大型船舶をスクラップ化するのが主業務だが、それだけでなく、タンク内に残存していたガソリンを取り出して、国内で販売することも行う[41]。

写真10-2　大都市だがカラーチーには大マングローブ群が残る。だがそこにも汚水やゴミが流れ込んでいる

（2019年8月、筆者撮影）

一旦廃棄されたガソリンは、動力燃料としては使用が難しい。しかし可燃性は高いので、燃焼剤と

してはまだ利用できる。そこでこうしたガソリンの一部はパキスタン国内に１万以上存在するレンガ工場（ブリックキルン）でレンガを焼く燃料に向けられているとみられる。このレンガ工場ではアウトカーストから改宗したキリスト教徒が多く働いている。彼らの中にはレンガ工場で雇われるにあたり、工場主から事前債務（ペーシュギー）を負わされる場合も多い。さらに、ムスリムが大部分を占めるこれら工場主も望ましい職業が得られなかったために非認可で工場を経営している。重層的な苦しさの下で操業されるため、工場では安価な残存ガソリンの他、自動車の廃タイヤも燃料として利用されている。こうして発生するレンガ工場からの排煙は特にパンジャーブ州で深刻な大気汚染の原因になっている[42]。

ガダーニーの船舶解体場は、以前は世界でも最大規模の施設であった。その後、世界におけるシェアを徐々に落としていき、2017 年にはインドのアラングでの 69 隻、バングラデシュのチッタゴンの 37 隻に次ぎ 22 隻の解体処分を行うに留まったが、それでもこの年の世界３位のシェアを占めている。しかも、アラングやチッタゴンを含めて全てが南アジアに位置していて、結局 2017 年には世界で廃船となった大型船舶 196 隻のうち、65％に相当する 128 隻が南アジアで解体されたという数値に注目したい。危険な労働を伴う仕事が南アジアという人口急増地域に移動してきているのである[43]。

ガダーニーの船舶解体場は「解体場」といっても十分な設備はなく、屋根すらないところで非熟練労働者が手作業で行う工程も多い。解体処分の追いつかない船舶は順番が来るまで海岸で繋留されたり、作業で出た廃棄物が海岸に捨て置かれる場合もあり、有害物が海へ頻繁に漏出する。ガダーニーは海亀が産卵にやってくる海岸にも近いので、悪影響が心配されている。

パキスタンの環境問題は、経済開発に対する環境行政の迷走、労働法規の不足や施行の不徹底といった諸要素が絡んでいる。だが、それだけでなく開発途上国に廃棄物の処理とそのための危険な労働が押し付けられるという構造的問題、貧困の連鎖、さらには少数派保護措置の不備が関わっている。水俣病患者の立場に立った医療を長年続けた原田正純医師は「公害が起こって差別が発生するのではなく、差別のあるところに公害が起こる」と述べたが[44]、この構図はパキスタンでも認められるのである。

以上、改めて環境問題と社会的諸問題との関連性が確認されねばならない点を述べたが、パキスタンでは両者の関連性はまだ明確に認識されていない。個々の環境問題が「点」として捉えられており、「線」として認識されることは少ない。そのために、環境問題には理工学の技術的視点に基づいた対策ばかりが提起されているように見えるのである。したがって、個別具体例への対症療法的な取り組みが多く、社会問題全体の解決、さらには生態系の均衡の回復を通じて環境問題に対処するという発想は広まっていないのが現状である。

5　新たな取り組み――有効なアプローチを目指して

近年、環境問題への取り組みに、地道ではあるが新しい動きも見られるようになってきた。一つは国教であるイスラームを参照して、環境問題への真剣な取り組みを国民に訴えかけるものである。その中で、英字週刊紙「フライデータイムズ」に掲載された在野の環境ジャーナリスト、セイエド・ムハンマド・アブーバカルによる論考は注目されてよい。

この記事はイスラームの聖典クルアーンの牝牛の章の章句を引用しながら、「イスラームは人間のよりよい生活のために、環境と生物多様性を守るように注意を促し、ムスリム共同体が環境保全を支持すべきだと示している」と述べている。また、「全能の神はクルアーンにおいて、環境を守ることを強調し、我々に授けられた数多くの祝福について語られた。森林は生物多様性の保護や地下水の浄化、土壌の保護のために価値ある場所であり、地球温暖化や気候変動を和らげもする。それらの重要性を心に留め、我々は森林破壊を止め、同時に植林を進めていくよう格別の注意を払わねばならない」と述べ、生態系の均衡を図ることから環境問題に取り組む視点を提示している。さらに、預言者ムハンマドが存命中に樹木伐採や動物の殺害を禁じた区域を創設した故事を例に、「不法な狩猟はハラーム（禁忌）である」と訴え、「パキスタンのウラマー評議会も国内の絶滅危惧種の保全のために重要な役割を果たすべきだ」と述べて、密猟の横行や、宗教指導者や宗教政党の環境保護への関心の薄さを明確に批判しているのである[45]。

先述したように、1997年のパキスタン環境保護法は環境保護の理念の根拠をイスラームに求めていた。しかしイスラームの啓典クルアーンをより具体的に、直接引用して環境保護が後手に回っているパキスタンに警鐘を鳴らす試みは新鮮に映る。アブーバカルはメディアに積極的な発言を行っており、彼のような作業が積み重ねられれば、社会全体で環境問題への意識が底上げされる可能性もある。

パキスタンでは2001年の米国同時多発テロ事件以後、国内の一部のマドラサでテロを唱道する教育が行われていたことが明らかになり、短絡的にマドラサ全体が「テロの温床」とみなされて国際社会の警戒の目を集めることもあった。しかしパキスタンでは本来、マドラサは宗教教育のみならず世俗的学問も教え、共同体内部の問題の調整も行ってきた歴史がある。また、マドラサの管理者らが地域社会で水の保全など環境問題に対する啓発活動を行ってきたこともある[46]。アブーバカルの論考は、マドラサが社会で果たしてきた積極的な役割を取り戻すための指針になるかもしれない。

また、バローチスターン州やギルギット・バルティスターン州の一部地域では、農業用水の確保に際して20世紀以降動力井戸を大量に導入したことが地下水の過剰利用・水脈枯渇を招いた、との反省に基づき、カレーズやカナートという伝統的な地下用水路の共同体による維持・管理を復活させる動きも起きている。筆者の印象を言えば、人々の歴史の中に根付いてきた宗教や「在来知」を見直す機運は概して、アーガー・ハーン農村開発支援事業（Agha Khan Rural Support Programme）等が活動しているギルギット・バルティスターン州や北部の方がより活発である。

次に、こうした「在来知」の活用とは別に、環境問題への対策を経済先進国からの支援ばかりに頼るのではなく、立場の近い開発途上国の経験に学ぶ動きも始まっている。例えば国内のNGOである「環境保護のための組織（Association for the Protection of the Environment）」は、インドネシアの環境保護団体と協力し、貧困層の集中する地区でゴミのリサイクル事業の刷新に取り組み始めた[47]。インドネシアの団体と協力したのは、同国もまたゴミ投棄や非公式な収集者の存在という「同じ悩み」を抱えているからである。また、2015年の震災で多くのレンガ工場が倒壊したネパールでは、これを機にレンガ製法をCO_2の発生しない方法に転換する試みが行われた。そこでパキスタンにネパールの専門家を招き、レンガ工場からのCO_2排出の抑制を学ぶ試みも行われた。

最後に、日本の公害の経験から教訓を得ようという動きもあるので触れておきたい。パキスタンは「水銀規制に関する水俣条約」の未批准国だが、2016年12月、カラーチーではスィンド州の環境保護部と国連環境計画の協力により水俣病に関する専門家会議が開催され、有毒化学元素の規制の重要性が論じられた。同会議の反響は大きく、国内では工場排水のみならず医療廃棄物、化粧品、電池、塗料など、水銀が含有される物品への注意を呼び掛ける新聞報道も見られた[48]。2018年8月には水俣市で開催された同条約批准を目指すワークショップにパキスタン気候変動省が担当官を派遣した。このような動きはパキスタン社会の環境問題への姿勢が徐々に真剣さを増していることを示している。

結びにかえて

以上、解決に向けて希望の持てるような材料も存在するが、パキスタンの環境問題の危急性は論を俟たない。この国には大気汚染、水質汚濁、森林破壊、温暖化など、「環境問題」と呼ばれるもののほぼ全てが存在している。繰り返しになるがこれらの問題は相互に関連し合っており、個別的な対応では解決できない。

様々な環境問題の中でも、水不足が現在逼迫してきている。国際的な基準では国家が安定的に国民に水を供給できる態勢を整えるためには120日分の貯水量が必要だとされるが、パキスタンは30日分程度の貯水量しかないという[49]。このような状況なだけに、水の確保だけを優先し、他の環境問題との関連性を直視しないかのような主張も目立ち始めている。特に、水不足解決のために貯水ダムの必要性が声高に訴えられているが、ダム建設による河川水質の悪化と生態系の乱れ、河口部での海水逆流入、といった影響が生じるのは過去の歴史から見ても十分考えられる。それにもかかわらず、水不足関連の報道を見ると、多くのマス・メディアが早急なダム建設の必要性を唱えている[50]。水確保の重要性が強調される中で、ダム建設の副作用を懸念するような声は少数派に留まっている。

環境問題を、社会問題全体と関連付けて把握する視座を持つこと、そこからこの国にふさわしい、総合的な環境問題対策へと昇華させていく取り組みが、現在のパキスタンには求められているのである。

［注］

1 World Health Organization, *World Health Statistics 2018*.

2 UNDP Pakistan, *Development Advocate Pakistan,* Volume 3, Issue4, December 2016, pp.1.

3 Noman Ahmed, *Water Supply in Karachi: Issues & Prospects,* Karachi, Oxford University Press, 2008, Ernesto Sanchez-Triana, Santiago Enriquez, Javaid Afzal, Akiko Nakagawa & Asif Shuja Khan, *Cleaning Pakistan's Air: Policy Options to Address the Cost of Outdoor Air Pollution,* New Delhi, Viva Books, 2014. など。

4 M. A. Sūfī, *Pākistān kī Zurūrat: Kālābāgh Dēm,* Lāhōr, 'Ilm o'Urfān Pablisharz, 1998.

5 *Pakistani Population in Census 2018* Report.

6 *Report of Pakistan Human Rights Commission 2016*.

7 UN Population Division of the Department of Economics and Social Affairs, World *Urbanization Prospects: The 2014 Revision*.

8 Muhammad Atif Sheikh, "Waste Water: A Daunting Challenge of Our Times," *Jahangir's World Times,* March, 2017, pp.96-98.

9 World Bank, *World Development Indicators 2015*.

10 Arif Hasan, *Understanding Karachi,* Karachi, City Press, 1999. pp.98-99.

11 Institute of Policy Studies Islamabad, *Pakistan's Economy and Budget 2019-20,* May 15, 2019, pp.2.

12 *Report of Pakistan Human Rights Commission 2016*.

13 パキスタンの水１単位当たりの農業生産の生産性は、１㎥あたり0.13kgと極めて低い。つまり、パキスタンが割り当てられた水の97％を世界で最も生産性の低い作物の一つを支えるために用いている、といえる。また、水１㎥あたりのGDPへの還元率という指標があるが、パキスタンのこの数字は世界中でも最も低い部類に属し、世界平均の8.6ドルに対し、パキスタンでは34セントしか生み出していない。Tilak Devasher, *Pakistan: Courting the Abyss,* Noida, HarperCollins Publishers, 2016, pp.215.

14 http://www.pakissan.com/english/watercrisis/water.crisis.in.pakistan.and.its.remedies.shtml 最終アクセス2020年5月31日。

15 Arif Hasan, *op.cit.,* pp.110-111.

16 World Bank, *World Development Indicators 2015*.

17 なお、連邦での環境大臣職は残された。2020年6月現在、気候変動省の傘下の組織としてPakistan Environmental Protection Agencyという組織が活動しているが、調査研究を主たる業務としている。

18 Government of Pakistan, Ministry of Climate Change, *Year Book 2015-16,* pp.79.

19 Sanchez-Triana, Santiago Enriquez, Javaid Afzal, Akiko Nakagawa & Asif Shuja Khan, *op. cit.,* pp.89.

20　たとえば、以前はエネルギー省とは別に石油・天然資源省が設置されていた。

21　*Jang*, June 6, 2016.

22　Imran Khan, *Pakistan: A Personal History*, London, Bantam Books, 2011, pp.36-37.

23　Tanvīr Iqbāl, "Daryāwan kā Mas'ala aur Hamārī Khāmōshī", in Ziā Shāhid (ed.), *Satlej, Rāvī aur Byās Sādā Pānī band Kyōn?:* Muzākarē, Mubāhisah, Taqrīrīn, Mulāqātīn aur Intervūz, Lāhōr, Qalam Fāundēshon Internīshonal, 2018, pp.152-154.

24　IUCN News Release, Islamabad, March 11, 2014, "Siyāsī Rahnmāwan sē Ēk Mukālama! Pākistān kī Pāedār Taraqqī kē liyē 'Azm Nau kī Tajdīd."

25　At the International Judicial Conference by the Supreme Court, Pakistan Golden Jubilee Celebrations, August 11-14, 2006.

26　Tilak Devasher, *op. cit.*, pp.217-218.

27　*Daily Times*, July 10, 2018.

28　Waqār Ahmed, "Tawānaī kā Bohrān aur us kā Behtarīn Hal" in *Hilāl*, Aprīl, 2017, pp.42-44.

29　Government of Pakistan, Ministry of Water Resources, *National Water Policy*, April, 2018. pp.14.

30　パキスタンの電力は2016～17会計年度で29.7%が水力発電、31.6%が石油火力発電、28.9%がガス火力発電で賄われており、これで全体のほぼ90%である。残り10%の約半分も原子力発電で賄われている。再生可能エネルギーによるものは各種合わせて5%未満であり、導入は進んでいない。Independent Evaluation Department Calculations, based on CPPA-G. 2017, *Annual Report for Fiscal Year 2016–17*, Islamabad.

31　Tilak Devasher, *op. cit.*, pp.225.

32　*Pakistan Economic Survey* 2015-16.

33　Aneel Salman, "Environmental Governance, Climate Change and the Role of Institutions in Pakistan", in Sarah S. Aneel, Uzma T. Haroon & Imrana Niiazi (eds.), *Peace and Sustainable Development in South Asia: The Way Forward*, Lahore, Sang-e-Meel Publications, 2012, pp.87.

34　*Report of Pakistan Human Rights Commission, 2016*.

35　*Newsline*, June 2006. pp.68-69.

36　World Bank, *World Development Indicators 2015*.

37　この地域では女性が薪を集める仕事に従事していることが多いが、森林減少により、女性が薪を探す時間が長くなり、女性の働く時間がより延びているという指摘が世界銀行によってなされている。

38　ムスリムの多いパキスタンには、サウジアラビアをはじめとするペルシャ湾岸の産油国から、ムスリム同胞への友好的措置として石油を市場価格よりも低価で購入することが認められている。その見返りとして、パキスタンを訪問するサウジアラビア等の王族が国内で狩猟を行うことを認めている。

39　黒崎卓「ミネラルウォーターから見た南アジア経済」古田元夫編『南から見た世界02　東南アジア・南アジア』、大月書店、2000年、250-251頁。

40　Human Rights Commission of Pakistan, *Horror Gadani: Report of an HRCP Fact-finding Mission*, November 2016, pp.1-10.

41　*The Express Tribune*, 27 August, 2017.

42　パキスタンのキリスト教徒人口比は２%弱だが、パンジャーブではレンガ製造工場労働者の多数派を形成していることから、この職種への集中度がわかる。

43 Gouranga Lal Dasvarma, "Population and Environmental Issues in South Asia," *South Asian Survey,* 2013, pp.64.

44 原田正純『豊かさと棄民たち――水俣学事始め』、岩波書店、2007 年、102 頁。

45 *The Friday Times,* 26 January, 2015.

46 Aneel Salman, *op. cit.,* pp.99.

47 Muhammad Atif Sheikh, *op. cit.,* pp.96-98.

48 "Mercury Poisoning", editorial, *Dawn,* January 2, 2017.

49 Tilak Devasher, *op. cit.,* pp.208.

50 新聞報道の例を挙げれば、*The Nation,* June 7, 2018. 及び *Pakistan Observer,* June 11, 2018. など。

[主要参考文献]

Sarah S. Aneel, Uzma T. Haroon & Imrana Niiazi (eds.), *Peace and Sustainable Development in South Asia-The Way Forward-,* Lahore, Sang-e-Meel Publications, 2012.

Tilak Devasher, *Pakistan: Courting the Abyss,* Noida, HarperCollins Publishers, 2016.

Report of Pakistan Human Rights Commission 2016.

column

国境と環境問題：パキスタンと周辺国の水利権争いを例に

パキスタンは水資源の多くをインダス川とその支流に負っている。インダス川の流量は源流域にある氷河が大量に融解すると一時期急増し洪水を引き起こすが、長期的な視点で見れば明らかに減少している（図参照）。インダス川の水資源保全は国内の重大な関心事である。

パキスタンで水不足を議論するとき、しばしば叫ばれるのがインダス川の上流に位置するインドによる取水を非難する見方で、「インドによる盗水」とも言われる。この説明は正しい場合もあるが、水不足に対するパキスタン政府の対応の問題点を隠す材料として政治的に利用される場合も多い。近年でも「パキスタンを乾燥した不毛の地にしようとする憎むべきインドの陰謀」というような激しい言説さえ唱えられたほどである。

インド・パキスタン両国間のインダス川の水利権を巡る争いは1947年の両国独立以来の問題であった。争いの収拾のため、世銀の仲介で1960年にインダス川水利協定が印パ間で締結された。この結果、インダス川と５つの支流のうち、インダ

図　インダス川流量の変化

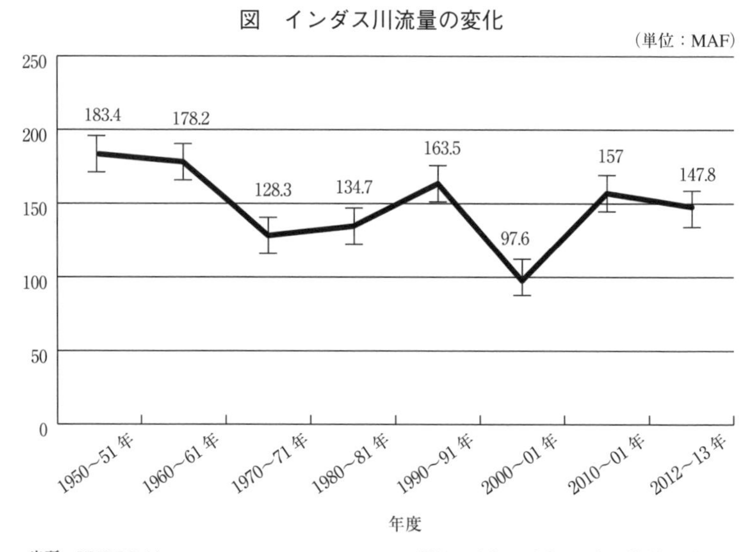

出所：UNDP Pakistan, *Development Advocate Pakistan,* Volume 3, Issue4, December 2016, pp.2.

ス川本流と西部２支流の水利権がパキスタンに、東部３支流の水利権がインドに認められた。同協定は今日も有効だが、両国は互いに「相手が協定を遵守していない」と非難の応酬を繰り返してきた。

しかし、2018年７月に連邦科学技術省傘下にあるパキスタン水資源研究評議会が「2025年までにパキスタンは水が枯渇するおそれ」を報告するなど、もはやインド非難だけでは糊塗できないほどパキスタンの水不足は逼迫している。その点は政権内部でも認識されてきていて、2008～11年のパキスタン人民党政権期の外相がパキスタンの水不足の原因について「インドが我々から水を盗んでいるだろうか。違う。……我々が水の管理を誤っているのだ」と述べ、インドによる盗水を否定した。また、2015年７月に水・電力に関する上院委員会でインダス川水系局議長が、「インドはインダス川水利協定で割り当てられた水の量以下しか使っていない」と発言したこともある。

これ以外にも、近年の都市部での水質汚濁、水不足、洪水や旱魃の頻発を見て、パキスタンの排水管理、貯水池整備の遅れといった直接的な問題から、森林の違法伐採、無計画な地下水掘削、土壌への殺虫剤大量投入に至るまで水資源管理の在り方を反省する見方も少しずつ広まってきている。

パキスタンにとってインダス川の水は生命線である。そしてグローバリゼーションの厳しさの中で生活の維持・産業の発展を果たすためにパキスタンではさらに水需要が高まるだろう。これはインドも同様であり、互いに水利権を主張するだけでは不毛である。持続可能な発展を考えるのであれば、インダス川の水利権を巡ってはインドとの国境を越えた協力や共同管理の可能性がパキスタン国内でも検討されるべきであるが、それに向けて目立った動きはない。

さらにパキスタンには、隣国アフガニスタンから流れ出してパキスタン国内でインダス川に合流するカーブル川が流れている。しかしパキスタンはアフガニスタンとの間にも水配分に関する条約がない。2003年と2006年に条約締結の試みがなされたが、成功しなかった。その直接の原因は世銀の協力でアフガニスタンに12のダムの建設計画が持ち上がり、カーブル川からの水供給の減少が懸念されたからである。また、世銀の計画にインドが参加しようとしたことからくる警戒感もあった。パキスタンは周辺国との水利権問題に有効な手立てを打てておらず、そのためにインダス川の水が関わる環境問題の解決も遠のいている。

パキスタンがインダス川水利権問題においてインドに歩み寄りを示せないのは、国内の事情もある。実はインダス川水利協定は印パの２国間条約であり、パキスタン国内の水利権の配分を定めてはいなかった。その結果パキスタンにおけるインダス川の水利権は上流のパンジャーブ州には有利で、下流のスィンド州には不利な立場を強いる結果になった。この問題はまだ解決しておらず、そのまま国際交渉に臨むとスィンド州からの強い反発が予想されるからである。

印パ対立をはじめとする周辺国との不信感の蓄積、また国内の水配分における不平等性の存置が、水という危急の問題への理性的対応を阻む要因になっている。インダス川のような問題は、河川が国境をまたいで複数の国を流れているとき、上流国と下流国で起きやすい問題であるが、流域の住民数の多さ、水利権を争う主体の多さから、根深く困難な事例となっている。

（近藤高史）

【参考文献】

Daniel Haines, *Indus Divided: India, Pakistan and the River Basin Dispute,* Gurgaon, Penguin Random House India, 2017.

B.G. Verghese, *A State in Denial: Pakistan's Misguided and Dangerous Crusade,* New Delhi, Rupa Publications, 2016.

近藤高史「インダス川水利協定締結（1960年）の再検討―パキスタンの国内開発及び国際関係の観点から―」（『歴史学研究』第981号、2019年3月）。

第Ⅳ部　現代西アジアと環境問題

広大な砂漠、豊かな化石燃料、戦争やテロ、モスク（イスラーム礼拝所）、ヴェールを被ったムスリム女性たち。想起される西アジアのイメージは様々あるが、それらと異なる変化が今やこの地域で顕著に進行している。都市化の進展、整備される交通網、無機質な超高層ビルの乱立——開発の「代償」として次々に発生する環境汚染、乾燥気候による深刻な水資源不足をいかに克服することができるのかが問われている。

（写真上から）イラン中央部の都市ヤズドのカナート（吉村撮影）／バーレーン中央部の砂漠に佇む樹齢４００年の「生命の樹」（２０１９年2月、貫井撮影）／トルコ・アタテュルクダム（ＧＡＰ地域開発庁ウェブサイトより）

第11章
革命・戦争後の現代イランと環境問題
——大気汚染、水資源不足、廃棄物処理問題を事例に

吉村慎太郎

1　近現代イラン政治史のなかの環境問題

（1）環境問題と政治の接点

今日のイランで深刻化する環境問題は、この国の近現代史のプロセスと無関係ではない。たとえば、1908年に油田が初めてイランで発見され、英国がそれに関わる包括利権を独占してきた石油資源が、最終的にはこの国の国家財政（外貨収入源の約70%）を占めるに至った特性を例に挙げることができる[1]。化石燃料の輸出収入がパフラヴィー王制期（1925～79）に環境問題の発生に結果する急速な経済開発の財政基盤であり続けるからである。

この王制期には欧米型経済開発が政策的に優先され、その過程ではイスラーム（・シーア派）宗教勢力の政治社会的排除とともに、神の被造物としての人間に他の被造物である自然環境を保全・共存するという、イスラームの価値観・倫理観[2]も軽視された。加えて、第二代国王モハンマド・レザー・シャー（以下「シャー」と略記）によって60年代に強行された「上からの改革」（「白色革命」）の下で実施された「農地改革」の影響も見逃せない。これによって、十分な農地を得られなかった数百万人規模の農民・農業労働者が都市に流入した。この都市化現象は1979年革命の背景となっただけでなく[3]、大都市圏での環境悪化の前提条件ともなるからである。

（2）環境政策の概要

ところで、イラン政府の環境問題への取り組みは1950年代の乱獲による野生生物種絶滅に対する危惧から始まる[4]。「狩猟評議会」が56年に設置され、「環境保全法」も同年に成立した。60年代には、環境問題への懸念を反

映し、森林・牧草地や全ての水資源の国有化が先の「白色革命」の項目として加えられ、シャー自身もその成果を指摘している[5]。67年には狩猟・漁業法が施行され、乱獲を取り締まる監視局も設置された。

そうした経緯を経て、71年には「環境庁」(Sazman-e Hefazat-e Mohit-e Zist)が首相府傘下に新設された。他の省庁との調整の必要性から、関係閣僚をメンバーに据えた「環境高等評議会」も同年に設置された。74年の「環境保全改善法」、翌年の「クリーン大気規則」などの法制度も整備された[6]。この間、カスピ海沿岸のラームサルの国際会議で採択された「湿地帯の保全に関する国際条約」に、イランは原加盟国として参加した。その数1,000以上、総面積15,000㎢に達する湿地帯を抱え、多くの水鳥や渡り鳥の生息地が広がっているからである。

78年1月から開始される激烈な反シャー運動、翌年2月の革命達成とその後の政情の混乱から、シャー政権の環境問題への政策は一旦停止状態に追い込まれた。だが、イスラーム共和国政権下で79年12月に制定された憲法第50条には、次のように記されている。

> 現在と将来の世代が進歩的な社会建設を担うなかで、環境保全はイスラーム共和国に置いて公的な義務とみなされる。環境を必然的に汚染し、取り返しのつかない被害を環境に及ぼす経済的及びその他の活動はそれゆえ禁止される[7]。

イラン革命後、シャー政権期の政策方針が次々と停止・撤回されるなかで、コーランの内容にかなう規定[8]が憲法に設けられたことは特筆に値する。しかし、80年9月に勃発した対イラク戦争(～1988)によって、その規定に基づく環境政策は政府により実行されることはほとんどなかった。経済復興が戦後の最優先課題となる一方、米国主導の経済制裁、東西の隣国アフガニスタン・イラクの政情不安による数百万規模の難民流入も、環境問題に積極的に対応する余裕をイラン・イスラーム共和国政権から奪った。その結果、放置された深刻な環境問題のひとつが首都テヘランをはじめとする大都市圏で顕著となる大気汚染問題である。

2　大気汚染問題と政府の施策

イラン国営イスラーム共和国通信が発表した過去2005～15年（イラン暦1384～1393年）のテヘランの大気汚染統計によれば、1年のうち、「不健康」とされた日数は2005、06年に89日を占めた。その後4年間はそれを下回ったが、2010、11年に102日、2011、12年に215日に達し、その後3年間では116～160日の間で推移した。また、「不健康」よりも汚染度が深刻な「極めて不健康」が7日（2008-12年）、さらに「危険」とされた日が1日（2009年）ある[9]。これと関連し、テヘラン市での大気汚染の悪化による呼吸器系疾患の死亡者数は環境庁から発表されている（表11-1参照）。それに基づく限り、事態は深刻である。また、それに関わる汚染物質の多様性にも注目しないわけにはいかない。

また、汚染物質の排出源は同じく環境庁から表11-2のように発表されている。特に、大気汚染はテヘランの他、人口が100万人を超える大都市（エ

表11-1　大気汚染関連のテヘランでの死亡者数（2010-14年）

汚染物質＼年	2010/11	2011/12	2012/13	2013/14
PM2.5	-	2,318	2,302	1,977
PM10	2,194	2,142	2,141	2,183
SO_2	1,458	1,252	1,173	675
NO_2	1,050	1,060	815	896
O_3	819	406	457	451
CO	45	28	31	34

出典：*Kholase-ye Sevvomin Gozaresh-e Melli-ye Vaz'iyat-e Mohit-e Zist-e Iran 1383-92,* Sazman-e Hefazat-e Mohit-e Zist, Tehran, 1394 (2015/16), p.31.

表11-2　2013年の大気汚染物質の排出源比率

(%)

排出源＼汚染物質	NO_2	NO_X	SO_2	CO_2	CO
発電所	5	20	41	29	2
家庭・暖房	4	7	6	27	1
工業	3	9	18	17	0
農業	38	14	6	2	0
輸送	50	50	29	25	97

出典：*Kholase-ye Sevvomin Gozaresh-e Melli-ye Vaz'iyat-e Mohit-e Zist-e Iran 1383-92,* Sazman-e Hefazat-e Mohit-e Zist, Tehran, 1394 (2015/16), pp.26-27.

スファハーン、シーラーズ、タブリーズ、マシュハドなど）でも深刻である[10]。

そして注目すべきは、一酸化炭素の排出比率が97％を占め、二酸化窒素、窒素酸化物でも50％を占めるなど、輸送関連からの汚染物質排出量である。その背景には人口増加と都市化現象がある。1980年のイラン総人口は約3,900万人であったが、2013年に7,740万人へと倍増し、現在8,000万人を超える。特に1986年の人口成長率が際立っている（表11-3参照）。

それと共に、2006年当時の総人口（7,049万1,782人）に15～39歳までの年齢層（その多くが「1979年革命を知らない」世代）が50.28％に達し[11]、そこでは急激な都市化現象も顕著である。表11-4に示した都市人口の増大には多くの若年齢層が含まれ、彼らを中心にした活発な移動が認められる。

たとえば、イラン全土で2004／05年の自動車台数434万台は、2012、13年には1,400万台に達し、年平均増加率は12.4％である[12]。これに関連し、プーラーン（Hamid M. Pouran）はテヘランの大気汚染の80％が400万台を数える自動車と約100万台に達するバイク（実際には300万台）が原因であると指摘する[13]。さらに、自家用自動車が排ガス規制装置のない旧型車両でもある。鉱工業省データによれば、2000年12月段階で16年以上の使用歴車両は全体の53％を占めているという[14]。

そのほかの都市圏での大気汚染深刻化の背景として、交通マナーの悪さに

表11-3 人口成長率の推移（1946～2006年）

年	成長率（％）	年	成長率（％）
1946	2.0	1976	2.8
1951	2.8	1986	3.9
1956	3.1	1991	2.5
1966	3.1	1996	1.5

出典：*Salname-ye Amari-ye Keshvar 1386,* Markaz-e Amar-e Iran, Tehran, 1386 (2007/08), p.92.

表11-4　都市人口増加比率の推移

	都市人口（100万）	総人口比（％）		都市人口（100万）	総人口比（％）
1950	4.9	27.8	1990	31.9	56.9
1960	7.8	33.9	1998	43.9	71.0
1970	13.1	43.1	2013	55.7	72.0
1980	17.3	49.0	2014	57.0	73.0

出典：Ahmad Sharbatoghlie, *Urbanization and Regional Disparities in Post-Revolutionary Iran,* Westview Press, Boulder, 1991, p.54; World Development Indicators, The World Bank, Washington, D.C., 2012, 2015, 2016.

よる割込み、円形交差点（ラウンドアバウト）による渋滞の慢性化、有機鉛化合物を多く含む燃料使用、排ガス規制措置の遅れも指摘できる。特に、テヘランについては5,000 m級のアルボルズ山脈が北にそびえ、風による汚染大気の拡散を妨げる地理的条件に加え、北の山麓に向かって急斜面を走行する車両の燃料消費の多さも大気汚染悪化に拍車をかける。

中国でも採用された車両ナンバープレートの末尾番号による市内への車両乗入れ禁止、排ガス規制装置付き車両購入の奨励、公共交通機関拡充と整備、渋滞エリアでの交通監視強化も政府により採用された。それらは一定程度の改善を促す措置とはいえ、大気汚染の抜本的解決をもたらしていない。

3　深刻化する水資源不足

クリーンな大気と共に、水資源は人間生活のあらゆる活動に不可欠の存在である。中東全域は、地中海・黒海・カスピ海の沿岸地域を除き、広大な高温乾燥の砂漠気候や熱帯・亜熱帯乾燥気候によって大半が覆われ、また降水量も過少である。そのため、図 11-1 にあるように、中東は水資源の点で決して恵まれた条件下にはない[15]。

図 11-1　中東主要国の平均年間降水量（2007-09 年、㎜）

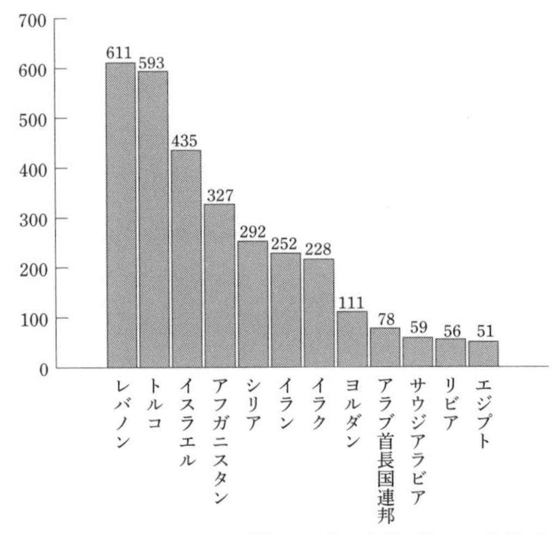

出典：*World Development Indicators*, The World Bank, Washington, D.C., 2012, pp.142-144.

2019年3～4月にかけて、イランの31州中20州で記録的な豪雨による大規模洪水被害（死者70名以上）が報じられた。地球規模での異常気象の影響を受けたと考えられるこうした豪雨災害はイランでも発生するが、降水が10月～4月に見られるこの国は決して降水量に恵まれてはいない。そのため、井戸、河川･湖のほか、補助水源としてアケメネス朝ペルシァ期（BC550～330）まで遡れるカナート（地下水路）が活用されてきた経緯もある。

国土の3分の2以上が乾燥地帯に属する内陸部でも、水の蒸発を防ぎ地表面にまで延びたカナートの利用で農業が営まれ、その近郊に都市が形成された[16]。だが、こうした補助水源による対応では今や難しい状況にある。人口増加と都市化がそれに深く関わっている。

5大都市の人口増加と年間降水量を示した**図11-2**から、増加傾向の人口に対して、降水量の不規則な増減が分かる。1人当たり1日平均水使用量は250リットルだが、諸都市では400リットルに達する[17]。また、都市部では水道管の整備不良で、全体の15～50％が漏水しているともいう[18]。加えて、厳しい乾燥気候から降水量の70％が河川から湖などに流れ込む前に蒸発するという[19]。それは北西部のオルミーエ湖の著しい水量低下、西部ザグロス山脈北東部からエスファハーン近郊を流れ、南東部の湖沼に注ぐザーヤンデルード川の枯渇にも影響している。南西部バーフテガーン湖も完全に干あがった状態にある。さらに、農業による過剰な水資源利用も関わっている[20]。

人口増加に伴う水資源の大量消費と不安定な降水量のアンバランスから、イランではカナートなどの地下水源に依存せざるをえない。しかし、1990/91～2015/16年の地下水源の流水量の推移に示した**表11-5**に従えば、深井戸が流水量全体の約50％前後を、浅井戸、カナート、泉が残りの流水

表11-5　地下水源とその年間流水量

（100万㎥）

	流水量総計	深井戸（井戸数）	浅井戸（井戸数）	カナート（水路数）	泉（泉数）
1990/91	48,785	23,741(70,351)	9,225(158,930)	7,899(28,794)	7,920(31,336)
1995/96	60,945	27,708(93,646)	11,441(254,990)	9,543(30,988)	12,253(44,486)
2000/01	69,548	30,757(118,986)	13,263(314,405)	7,962(33,036)	17,566(49,785)
2005/06	79,837	35,843(155,800)	12,777(432,943)	7,527(36,307)	23,690(112,787)
2010/11	70,483	34,367(191,261)	12,479(497,579)	6,259(39,531)	17,378(159,454)
2015/16	61,261	33,139(194,822)	12,263(599,178)	4,660(41,169)	11,199(174,248)

出典：*Salname-ye Amar-e Iran,* 1383, p.332; *op.cit.,*1386, p.335; *op.cit.,* 1395, p.353より一部修正して作成。

図 11-2　イランの５大都市人口と降水量の変化

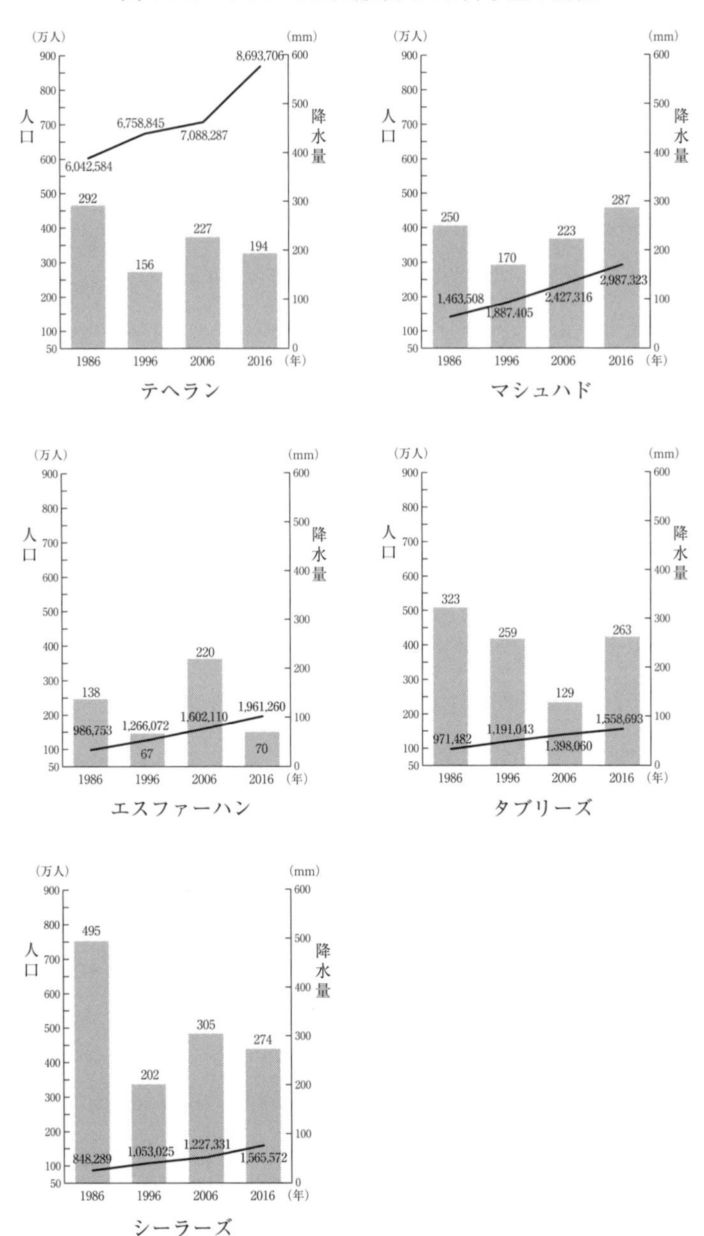

出典：*Iran Statistical Year Book 1384(2005-2006),* Statistical Center of Iran, Tehran, 2007, p.73,101-102; *Salname-ye Amari-ye Keshvar 1386,* Markaz-e Amar-e Iran, Tehran, 2008/09, p.78, 107-108; *op.cit.,* 2016/17, p.84, 148-149.

量を占める。

そして、どの地下水源でもその数は掘削を重ねた結果、増加傾向にある一方、各水源当たりで確保可能な平均流水量は大幅に減少している。たとえば、深井戸の場合には1990/91年次に一井戸当たり34万㎥から2015/16年次に17万㎥、浅井戸は58,000㎥から2万㎥、カナートは31万㎥から11万㎥、そして泉は25万㎥から6万㎥へとそれぞれ減少している。特に人口増加が続くテヘラン（州）では、2015/16年データでは総流出量に占める割合は2002/03年と比較し、14％から4.4％に低下した[21]。地下水源の新掘により消費量にみあう流水量を確保している。降水による地下水源への再注入がなければ、帯水層の一層の低下や枯渇も予測される。

かかる事態に対して、ペルシア湾やカスピ海での淡水化装置の設置[22]、下水処理施設周辺部の農業地帯での殺菌処理した汚水再利用といった施策が講じられ、また貯水ダムも数多く建設されてきた[23]。それらが地域差の激しい水資源不足にどれほど有効性を発揮するかには、自ずと限界がある。仮に淡水化装置が十分機能しても、コストに見合わない水輸送パイプライン敷設で内陸部への水資源確保が可能かどうかにも疑問はある。環境問題専門家として国連環境委員会でも活動敬虔のあるマダニー（Kaveh Madani）が指摘する「水資源破産国」（Water-Bankrupt Nation）とならない有効な政策を、今後イランがどのように実施するかが問われている。

4　懸念される廃棄物（ゴミ）処理問題

さらに今後深刻化が懸念される環境問題のひとつが、廃棄物（ゴミ）問題である。しかし、地方自治体を統括する内務省が国レベルの責任部局として関わっているせいか、また地方自治体ベースの対応に相違があり過ぎるためか、イラン統計センターの当該データの未公表も含め、その全容と実態は明らかではない。だが、この問題が波及し、浸出水による環境汚染の悪化、森林破壊、野生生物の生息域の破壊など、自然への悪影響は計り知れない。

ところで、2016年10月の国連工業開発機構（UNIDO）での報告によれば、イラン都市部での1人当たり1日固形廃棄物の排出量は658 g（首都テヘラ

図 11-3　イランの固形廃棄物構成比

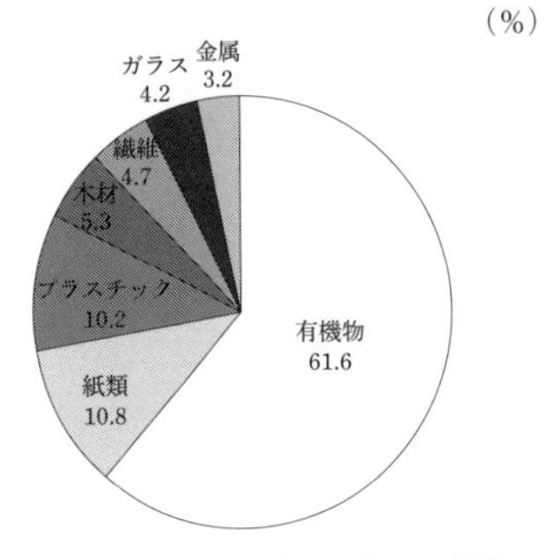

出典：Ehsan Khayamabshi, Current Status of Waste Management in Iran and Business Opportunities, in "Waste Management" on Occasion of Smart Engineering Tokyo 2016, United Nations Industrial Development Organization, October 2016.

ンの場合 750 ～ 800 g）であり、農村部のそれは 220 ～ 340 g であると指摘される[24]。そして、イラン全体での年間総排出量は 2,000 万トン（1 人当たり年間平均排出量 240kg）に達する。これは、たとえば人口規模がイランとほぼ同じドイツの 4,884 万トン、また日本の 5,236 万トンと比べれば、決して多くない。経済先進国の場合、焼却処分が可能な紙類（40％程度）が総量の多くを占めている事情が関わっている[25]。イランの場合には図 11-3 に示すように、それは 11％程度に過ぎず、固形廃棄物構成に相違がある。

他の中所得国にも共通したかかる廃棄物構成を前提に、イランのその問題が深刻化しているのは、ゴミの収集から最終処理に至る工程と方法にある。たとえば、もっぱら有機性廃棄物（生ゴミなど）を含むゴミ全体のわずか 7 ％のみが排出時に分別されているに過ぎない。また、全体の 13％がリサイクルされ、2.5％が衛生的で公の埋立地に搬送処理されているという[26]。ゴミの削減がおぼつかないどころか、日々増大するなかで効率の良い廃棄物処理用焼却施設は緑豊かな自然保護を目的に北部（カスピ海周辺）のラシュト、サーリー、ノウシャフルのほか、イラン全土に 15 カ所の焼却施設の建設が計画中であるという。日本の場合、1,200 カ所を超える焼却施設が稼働していることを考えれば、かかる施設の立ち遅れは明らかである。膨大なゴミが日々排出される大都市近郊にそうした施設が少ないこともあり、大量の廃棄物は有害ゴミとともにインフォーマルな埋立地に搬送され、焼却、埋立、あるいは投棄される。しかも、42 のインフォーマルな埋立地も大半が森林地帯にあり、6,000 トンのゴミが毎日投棄されている状況にある。

廃棄物処理問題の改善には減量化と分別、そしてリサイクルへの市民の環境意識の醸成が不可欠である。そのための教育と制度化はここで問題にした固形廃棄物だけでなく、液体・気体のそれも対象とした「廃棄物処理法」

（Qanun-e Modiriyat-e Pasmandha、全23条、2004年成立）[27]に基づいた具体的な制度設計と政策実施への地方自治体やNGOの協力も必要である。その効果が現れるまでに長期を要すれば、廃棄物処理問題の深刻化は免れない。

おわりに

これまで、イランの環境問題発生の背景、その内容と特徴を概観してきた。それら事例から、急激な人口増加と都市化傾向が環境問題の重要な背景にあると同時に、深刻化の芽を事前に摘み取る暇が革命後許されずにきたことも明らかであろう。それに関連し、2002年に国際問題化し、06年から国連安全保障理事会による制裁決議が相次いで加えられたイラン「核（兵器）開発疑惑」も挙げられる。詳細は省くが、故ラフサンジャーニー大統領（1989～97年在任）が指摘したごとく[28]、イランの原子力発電所建設には、経済復興の達成に加え、環境問題の悪化阻止という政策的意図もあった。しかし、それは欧米諸国、特に米国とイスラエルにより真っ向から否定された。そして、紆余曲折を経て2015年7月の「最終合意」（JCPOA）が成立し、解決するやにみえた矢先、17年5月に米国トランプ政権が合意からの一方的離脱を表明し、対イラン制裁の再開と関係国への圧力強化の政策を採用したことで、今後の動向はまったく予断を許さない。

ともあれ、イラン政府は「全国環境週間」や「環境映画祭」、また植樹活動を通じて、環境問題への啓発に取り組む積極的な政策も導入してきた。また、ハータミー政府（1997～2005年）下で、その数が640に達した環境NGO（非政府組織）も活動を展開していた。「イラン緑化戦線」（1989年創設、メンバー数約5,000人）のような全国組織もあれば、地域限定、あるいは女性中心のNGO（たとえば、1992年創設の「環境汚染に反対する女性協会」や「環境の持続的発展を支持するイラン女性協会」）もある[29]。

しかし、個々のNGOと環境庁との関係は一様ではない。特に、他の政府省庁（内務省、農業聖戦省、産業省、農業省、エネルギー省、運輸住宅省、石油省）と環境庁との利害対立や後者が大統領府傘下の一組織に過ぎず、政府の姿勢次第で環境政策が停滞し、NGO活動に深刻な影響を与える。後者は、「改革派」ハータミー政府の後を受けた「保守強硬派」アフマディーネジャードを大統領とした政府（2005～13年）の下で、NGO活動への財政的支援が縮小されたことに認められる[30]。NGO活動を自らの影響下に取り込もうとする政府と、自立的な環境保全活動を展開するNGO間の軋轢は続いている。

本章でとりあげた諸問題以外に、水質汚染[31]、生物多様性の危機[32]、森林減少、砂漠化[33]といった環境悪化の問題は数多い。イスラーム環境倫理に基づく規定が憲法に導入されているが、環境問題克服への道程は遠く、今後さらに深刻化していくに違いない。政府の法制度改革や環境教育の拡充、NGO活動の活性化に加え、国民の意識改革、政治的制約を度外視した国際的支援と協力も必要とされる。越境する環境問題という現状に、域内大国イランがどう立ち向かうかは周辺の西アジア全体の課題ともなっている。

[注]

1　特に、石油価格がイランを含むOPEC（石油輸出国機構）主導で３～４倍へと高騰した1973年以降、欧米の石油大手企業が事実上の「支援企業」と化すなかで、イランの石油収入は翌年度に178億ドル、77年に212億ドルに達した；Shukri Ghanem, *OPEC: The Rise and Fall of an Exclusive Club,* Kegan Paul International, London and New York, 1988, pp.46-48.

2　イスラームに依拠した「環境倫理」については、Tarik M. Quadir, *Traditional Islamic Environmentalism: The Vision of Seyyed Hossein Nasr,* University Press of America, Lanham, 2013; Odeh Rashed Al-Jayyousi, *Islam and Sustainable Development: New World Views,* Routledge, London and New York, 2012; 塩尻和子「クルアーンの自然観と人間観―イスラムの環境倫理を学ぶために―」（溝口次夫・リチャード・ワイスバード編著『環境と宗教』環境新聞社、2006年）pp.165-197。

3　吉村慎太郎『イラン・イスラーム体制とは何か――「革命・戦争・改革」の歴史から』、書肆心水、2005年、pp.58-61。

4　Eskandar Firouz, Environmental Protection, in Ehsan Yarshater (ed.), *Encyclopaedia Iranica,* VIII, Mazda publishers, 1998, p.465.

5　たとえば1963年より実施の前者については、１億2,000万haが国有地とされたほか、28,000haの人口林と5,000haの緑地が大都圏周辺に設けられたいう。また、1968年から開始される後者については、湖・河川等の水資源や地下水源の保全・監視が水・電気省の管轄下に置かれ、新規に８基の貯水ダムが建設され、貯水ダムは計13基になったことも指摘されている；Mohammad Reza Pahlavi, *Besu-ye Tamaddon-e Bozorg,* Ketabkhane-ye Pahlavi, Tehran, 2536 (1977), pp.104-105, 108-109；なお、ペルシア語で「環境」を意味する‘mohit-e zist’（モヒーテ・ズィースト）も60年代に鋳造された用語であることが知られている。

6　R. Zerbonia & B. Soraya, Air Pollution Control in Iran, *Journal of the Air Pollution Control Association,* Vol.28, No.4, Pittsburgh, 1978, pp. 334-337.

7 *Constitution of the Islamic Republic of Iran,* translated from the Persian by Hamid Alger, Mizan Press, Berkeley, 1980, p.47.

8 コーランにおける環境保全に関わる章句として、代表的なものを挙げれば、「信仰なき者どもにはわからないのか、天と地はもともと一枚つづきの縫い合わせであったのを、我らがほどいて二つに分けた上、水であらゆる生き物を作り出してやったということが」（第 21 章 30 節）；「陸にも海にも頽廃が現われた。みんな人間どもの仕業。どれほど（悪いこと）したものか、その（罰）の味を見せてやらずばなるまい。そしたら、彼らも戻って来ないものでもあるまい」（第 30 章 40 節）（なお、ここでは井筒俊彦訳『コーラン』、岩波文庫による）。

9 http://www.iew.ir/1394/10/12/43995；なお、テヘランを含む中東の大都市圏でのリアルタイムの大気汚染状況については、以下のサイトを参照；http://aqicn.org/map/middleeast/（2017 年 12 月 19 日アクセス）。

10 これらの大規模都市に加え、粒子状物質（PM）の影響で世界の大気汚染ワースト 10 にアフヴァーズとサナンダジが挙げられている；Hamid M. Pouran, Air pollution and public health in Iran, *The Middle East in London,* April-May 2016, p.14.

11 *Salname-ye Amari-ye Keshvar 1386 (2007/08)* Markaz-e Amar-e Iran, Tehran, 1386 (2007), p.95.

12 *Kholase-ye Sevvomin Gozaresh-e Melli-ye Vaz'iyat-e Mohit-e Zist-e Iran 1383-92,* Sazman-e Hefazat-e Mohit-e Zist, Tehran, 1394 (2015), p.106.

13 Pouran, *op.cit.,* p.14.

14 Atieh Bahar Consulting, Iran Environment Sector Study, Data as of June 2002, p.2.

15 北アフリカを除いた中東諸国（ただし、エジプトを含む）の気候条件の概要と各国別条件、中東の特殊性に関する研究として、以下参照；Colbert C. Held, *Middle East Patterns: Places, People, and Politics,* Westview Press, Boulder, San Francisco & London, 1989; J.R. McNeill, The Eccentricity of the Middle East and North Africa's Environmental History, in Alan Mikhail (ed.), *Water on Sand: Environmental Histories of the Middle East and North Africa,* Oxford University Press, Oxford and New York, 2013, pp.27-50.

16 カナートについて、岡崎正孝『カナート　イランの地下水路』、論創社、1988 年；Hassan Estaji and Karin Raith, The Role of Qanat and Irrigation Networks in the Process of City Formation and Evolution in the Central Plateau of Iran, the Case of Sabzevar, in Fatemeh Farnaz Arefian and Seyed Hossein Iradj Moeini (eds.), *Urban Change in Iran: Stories of Rooted Histories and Ever-accelerating Developments,* Springer, 2016, pp.9-18.

17 Kaveh Madani, Anir Aghah Kuchek and Ali Mirch, Iran's Socio-Economic Drought: Challenges of a Water-Bankrupt Nation, *Iranian Studies,* Vol.49, No.6, 2016, p.999；なお、図 11-2 に挙げた人口規模はたとえばテヘランで言えば、それはテヘラン市人口であり、現在 1,200 万人を超える（テヘラン）州人口ではない。

18 *Ibid.,* p.999.

19 Amin Alizadeh and Abbas Keshavarz, Status of Agricultural Use in Iran, in *Water Conservation, Reuse, and Recycling: Proceedings of An Iranian-American Workshop,* The National Academies Press, Washington, D.C., 2005, p.96.

20 David Michel, Iran's Environment: Greater Threat than Foreign Foes, *The Iran Primer,* The United States Institute of Peace, October 28,2013（https://iranprimer.usip.org/blog/2013/oct/28/

iran%E2%80%99s-environment-greater- threat-foreign-foes；2017年12月21日アクセス)。

21 *Salname-ye Amar-e Iran,* 1383, p.333; *op.cit.*, 1395, p.354.

22 年間1億4,800万㎥の淡水化を可能とする装置が現在では73基稼働し、新たに7,800万㎥の淡水化を可能とする56基の海水淡水化装置の建設プロジェクト計画が発表されている；*Financial Tribune,* October 18, /energy/94231/water-desalination-set -for-massive-growth-in-iran（2019年2月27日アクセス)。

23 すでに300以上の大小のダムが稼働し、さらにダム建設が進められているが、それが淡水資源に悪影響を及ぼす問題も指摘されている；Farhad Yazdandoost, Dams, Drought and Water Shortage in Today's Iran, *Iranian Studies,* Vol.49, No.6, 1017-1028.

24 Ehsan Khayamabshi, Current Status of Waste Management in Iran and Business Opportunities, in "Waste Management" on Occasion of Smart Engineering Tokyo 2016, United Nations Industrial Development Organization, October2016; http://www. unido. or.jp/files/Iran-updated.pdf#search=%27Current+Status+of+Waste+Management+in+Iran %27（2019年8月7日アクセス)。

25 イランの廃棄物問題については、特に国際環境協力ネットワーク代表理事で国際協力機構地球環境部廃棄物管理支援事業アドバイザーの吉田充夫氏から懇切丁寧なブリーフィングを頂いた。ここに深く感謝の意を表したい。

26 Maryam Qaregozlou,Waste Management has come to a head, Society, December 11, 2017;https://www.tehrantimes.com/news/419209/Waste-management-has-come-to-a-head（2019年3月25日アクセス)。

27 http://ier.tums.ac.ir/uploads/%D9%82%D8%A7%D9%86%D9%88%D9%86%20%D9%BE%D8%B3%D9%85%D8%A7%D9%86%D8%AF_93060.pdf#search=%27%D9%82%D8%A7%D9%86%D9%88%D9%86+%D9%86%D8%B8%D8%A7%D8%B1%D8%AB+%D9%BE%D8%B3%D9%85%D8%A7%D9%86%D8%AF%27（2018年8月19日アクセス)。

28 Hasan Rouhani, *Amniyat-e Melli va Diplomasi-ye Hastei,* Markz-e Tahqiqat-e Esteratejhik, Tehran, 1392 (2013), p.47；また、イランの「核開発疑惑」については、吉村「イラン『核開発』疑惑の背景と展開―冷徹な現実の諸相を見据えて―」(高橋伸夫編『アジアの「核」と私たち――フクシマを見つめながら』慶應義塾大学東アジア研究所、2014年)、pp.201-229；「中東の核問題と紛争」(吉川元・水本和実編『なぜ核はなくならないのかⅡ』法律文化社)、pp.115-129。

29 環境NGOについては、*Simin Fedaee, Social Movements in Iran: Environmentalism and Civil Society,* Routledge, London and New York, 2012, pp.90-120; http://www.parsacf.org/Page/246（2017年12月28日アクセス)。

30 Fedaee, *op.cit.,* p.111；とはいえ、環境教育は小学校から大学に至る教育課程で拡充傾向にあり、特に大学では環境分野で学ぶ学生数は1993/94（イラン・イスラーム暦1372）年に1,135人（全大学生数86万人中0.13%）から、2011/12（1390）年には53,130人（同、380万人中1.28%）へと増加しているとのデータもある；*Kholase-ye Sevvomin Gozaresh-e Melli-ye Vaz'iyat-e Mohit-e Zist-e Iran 1383-92,* p.5.

31 水質汚染については、「イランの環境問題序説―現状と課題の解明に向けて―」(『アジア社会文化研究』広島大学大学院総合科学研究科、第19号、2018年3月)、pp.117-118。

32 これについては、Houman Jowker, Stephane Ostowski, Morad Tahbaz, and Peter Zahler, The

Conservation of Biodiversity in Iran: Threats, Challenges and Hopes, *Iranian Studies,* Vol.49, No.6, November 2016, pp.1065-1077.

33 川名英之『世界の環境問題―第 9 巻中東・アフリカ―』(緑風書房、2014 年)、pp.134-135 参照。

[主要参考文献]

岡崎正孝『カナート　イランの地下水路』、論創社、1988 年。

川名英之『世界の環境問題―第 9 巻中東・アフリカ―』、緑風書房、2014 年。

日本環境会議/「アジア環境白書」編『アジア環境白書　2010 / 11』、東洋経済新報社、2010 年。

溝口次夫/リチャード・ワイスバード編著『環境と宗教』、環境新聞社、2006 年。

Ahmad Sharbatoghlie, *Urbanization and Regional Disparities in Post-Revolutionary Iran,* Westview Press, Boulder, 1991.

Alan Mikhail (ed.), *Water on Sand: Environmental Histories of the Middle East and North Africa,* Oxford University Press, Oxford and New York, 2013.

Amin Alizadeh and Abbas Keshavarz, Status of Agricultural Use in Iran, in *Water Conservation, Reuse, and Recycling: Proceedings of An Iranian-American Workshop,* The National Academies Press, Washington, D.C., 2005.

Colbert C. Held, *Middle East Patterns: Places, People, and Politics,* Westview Press, Boulder, San Francisco & London, 1989.

Environment in Iran: Changes and Challenges, *Iranian Studies,* Vol.49, Issue 6, 2016.

Fatemeh Farnaz Arefian & Seyed Hossein Iradj Moeini (eds.) *Urban Change in Iran: Stories of Rooted Histories and Ever-accelerating Developments,* Springer, Heidelberg, 2016.

Kholase-ye Sevvomin Gozaresh-e Melli-ye Vaz'iyat-e Mohit-e Zist-e Iran 1383-92, Sazman-e Hefazat-e Mohit-e Zist, 1394 (2015/16).

Mohammad Reza Pahlavi, *Besu-ye Tamaddon-e Bozorg,* Ketabkhane-ye Pahlavi, Tehran, 2536 (1977).

Odeh Rashed Al-Jayyousi, *Islam and Sustainable Development: New World Views,* Routledge, London and New York, 2012.

Salname-ye Amari-ye Keshvar, Makaz-e Amar-e Iran, Tehran, 1383(2004/05), 1386 (2007/08) & 1395(2016/17).

Simin Fedaee, *Social Movements in Iran: Environmentalism and Civil Society,* Routledge, London and New York, 2012.

Tarik M. Quadir, *Traditional Islamic Environmentalism: The Vision of Seyyed Hossein Nasr,* University Press of America, Lanham, 2013.

World Development Indicators, The World Bank, Washington, D.C., 2012.

column

イスラーム世界の自然観と環境問題

「環境問題」と聞けば、一般的に自然破壊やエネルギー大量消費のような問題を思い浮かべるだろう。それはヒトがヒト以外の生物を過剰に搾取し続けた過程で生じる物質的な枯渇現象と言い換えることができる。ここで、人間と区分された「非人間的な」集合体、という概念は、「持続可能な開発目標（SDGs）」や国立公園造設の前提となっている。しかし、このような自然のとらえ方は古代ギリシアを起源とし、やがてはキリスト教徒とりわけプロテスタントの間で、体系的、合理的、実証的に解明しうる「自然」領域として確立された後に発達したものである（Tambiah 1990）。キリスト教に限らず、自然のとらえ方の形成における非物質的な影響、とりわけ宗教が果たしてきた役割は小さくない。

筆者の研究調査地域であるイランでは、ゾロアスター教がイスラーム生誕以前に興隆し、ペルシア帝国における思想体系の基盤でもあった。その教義は人々の自然観の形成に寄与している。ゾロアスター教徒は、至高神の創造物としての大地は元来、肥沃で清浄であると信じ、彼らは木々や植物の生育を促し、動物の隆盛のために尽力していたという。その背景には、世界は清浄（善）と不浄（悪）が競合、抗争しあう場と理解され、彼らは清浄を奨励することによって、前者を優勢状態にする、すなわち善の勢力の増幅に邁進した（Boyce 1979）。

現代イランの自然観にも宗教は大きな影響を与えている。CO_2 の過剰排出、水不足などが深刻化しているイランでとりわけ興味深いのは、近年、政府によりイスラーム教の自然概念に基づいた環境観が国民に発信され、宗教的実践を奨励する政策が掲げられていることである。このイスラームの自然観を介した環境議論は、イランにおいてのみでなく、他のイスラーム地域においても顕現し始めているという点からも注目に値する（例えば大川 2019）。

イスラーム世界の自然概念はイスラーム教徒の聖典であるクルアーンを典拠として形作られている。クルアーンは、人間の生きている世界のあらゆるものは神のしるしであると同時に神の意志であり、また人間に対する神の恩寵であると諭す（井筒 2013）。イスラーム世界における環境問題の議論において特徴的であるのは、クルアーンから関連性のある章句が引用され、その章句の解釈に基づいて倫理が説かれていることである。例えば、イランの最高指導者ハーメネイ師は2015年3月に催された環境活動家との謁見会で、「アッラーは大地を生き物のために据え給うた」(55: 10) や「彼こそはおまえたちのために地にあるものをすべて創り」(2:29) といったクルアーン章句を援用しながら、次世代を含めたすべての人間が共同で利用する、神の恩恵としての環境という意識を持つことの重要性を訴えた。ゆえに、すべての人間は神が創造した大地を慎ましく利用してゆく義務が課せられている、とハーメネイ師は主張する。

さらに、イスラームの環境倫理は内面の変革に光をあてる。自然破壊とは、神が絶妙に創造した天地自然の均衡が人間の営為によって恣意的に歪められた状態で、神からの恩恵を忘却した人間たちの腐敗の象徴であり、結果である。このため、イスラームの自然概念に照らす時、環境問題の根本的原因は人間の内面に帰され、内面の変革こそ環境問題の解決の必須条件となる。それは聖典の解釈に基づいた環境に関する規定を理知的に認知し、遵守することにとどまらない。環境問題の解決の根底には、創造物に対する行き過ぎた行為を慎むことはもちろんのこと、神の規範に反する忘却や腐敗を排し、神の恩恵に対する自身の態度や記憶、感覚を律する実践が必要とされる (Asad 2018)。

グローバリゼーションの下で、ともすれば、環境問題は一元的に規定され、議論される傾向にある。しかし、「自然」概念、環境問題のとらえ方は時代や場所に応じて変容するものである。地域知はグローバリゼーションを介して浸透する一元的な概念枠に多元性をもたらす要因となり続けており、環境 (問題) をめぐる多様な議論を理解する上で不可欠な考察分野であると言える。

(阿部哲)

【参考文献】

Asad, Talal. *Secular Translations: Nation-State, Modern Self, and Calculative Reason*. New York: Columbia University Press, 2018.

Boyce, Mary. *Zoroastrians: Their Religious Beliefs and Practices*. New York: Routledge, 1979.

井筒俊彦『コーランを読む』岩波書店、2013年。

大川真由子「イスラームはエコ・フレンドリーか」(『自然・人間・神々：時代と地域の交差する場』、御茶の水書房、2019年) 213-249頁。

黎明イスラーム学術・文化振興会編『日亜対訳クルアーン――「付」訳解と正統十読誦注解』、作品社、2014年。

Tambiah, Stanley. *Magic, Science, Religion, and the Scope of Rationality*. New York: Cambridge University Press, 1990.

column

都市化と環境問題

2018年度の国際連合「世界都市人口予測」(World Urbanization Prospects, 2018)によると、1950年に世界総人口の30%(7億5,100万人)に過ぎなかった都市人口比は今や55%(42億人)を占め、2050年には25億人増の68%に達するという。アジアは北米、南米、ヨーロッパ、オセアニアより都市人口比は少ないが、インドと中国の都市人口の大幅な増加が見込まれ、その比率は今後高まると予測される。

都市の肥大化傾向の背景には、高度な教育や医療・福祉サービス、有利な条件下での就業機会、さらに人びとを魅了する娯楽施設、整備された交通網を含む利便性などの面で、農村社会を圧倒していることがある。いったん離村し都市居住者となった人びとが、再び帰農する例は皆無に等しい。世界で2000年に18都市、2015年までに22都市へと増えた1,000万人以上の巨大都市でなくとも、人口的に中小規模の都市が増殖し、そこに暮らす人々の生活様式の変容が環境問題に深く関わる要件となっている。

大量生産・大量消費の下で電化製品、電子機器、プラスチック製品が次々と使い捨てられ、大量の廃棄物(ゴミ)を生み出していく。公共交通機関が整備されていても、自家用車購入が当たり前となり、それら車両もいずれはスクラップとなるか、海外に輸出され、いずれゴミ化の道を辿る。それら車両から出る排気ガスは大気を汚染する。都市圏拡大とともに増加する生活排水、隣接した工場からの汚染物質が大気と海や河川も汚し、人体に被害を与えていく。また、都市圏拡大のために急がれる周辺開発の結果、次々と自然が破壊され周辺環境は一変していく。増加する都市居住者の食生活を賄う食糧生産も国内外の地方農村における化学肥料・農薬の大量使用でようやく担保される。さらに、都市圏への電力供給を行う「クリーン・エネルギー」源とみなされた原発からの放射能汚染のリスクも、今や決して無視できない。

こうした諸点から、図にあるような都市と周辺(農村)を結び付ける環境悪化のサイクルが成立し、それがさらに地域や国を越境していく現状がある。

図　開発／汚染／ゴミの「輸出」

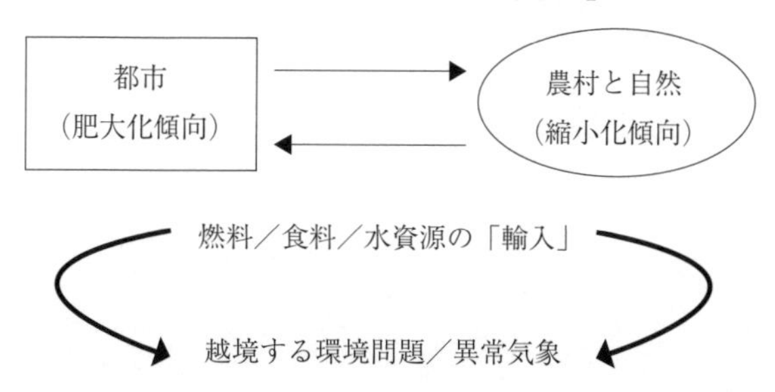

出典：ティム・カステン「都市の環境保護政策」（UNEP日本語情報サイトhttps://ourplanet.jp/%E9%83%BD%E5%B8%82%E3%81%AE%E7%92%B0%E5%A2%83%E4%BF%9D%E8%AD%B7%E6%94%BF%E7%AD%96）を参考に作成。

このように考えると、都市化現象が少なからず環境問題の「元凶」のひとつと考えられても不思議ではないが、他方でこうした都市社会だからこそ行うべき問題改善の手法もある。３Ｒ（リデュース、リユース、リサイクル）に基づく大量消費に歯止めをかける環境教育や環境倫理の徹底もそのひとつであろう。また、政府による環境法制度の整備と社会への浸透努力に加え、NGO 活動の活性化とそれに対する政府・社会の支援・協力も挙げられる。そして、何より自然との共存を自覚し、それに向けてたゆまぬ努力を重ねる市民社会の構築が環境問題の克服に不可欠であるに相違ない。

（吉村慎太郎）

【参考文献】

United Nations, World Urbanization Prospects 2018, UN, New York, 2018: https://population.un.org/wup/（2019 年 8 月 24 日アクセス）。

西崎秀三・宮崎忠國・村野健太郎『改訂新版　地球環境がわかる』（技術評論社、2015 年）、pp.200-228。

第12章
開発と紛争の影に追いやられた豊かな海
――ペルシア湾の環境問題

貫井万里

はじめに

ペルシア湾は、古より沿岸諸国の民に交通の手段、魚介類や真珠などの海産物を利用した生活の糧、20世紀以降は石油や天然ガスの産出地、そして、それを消費国に運ぶ補給ルートとして様々な恩恵をもたらしてきた。そのペルシア湾が、近年、深刻な危機に晒されている。2013年11月にイラン南部のフーゼスターン州で大気汚染を原因とする呼吸疾患により、3,000人が病院に搬送される事件が発生した[1]。2015年には同州の州都アフワーズは、世界保健機関（WHO）によって世界で最も大気が汚染された都市に認定されている[2]。

大気汚染や水質汚染は、イランに限らず、ペルシア湾岸一帯で深刻化している。環境問題は一国で解決できない国境を超えた問題である。それにもかかわらず、2016年にサウジアラビアとイランが国交を断絶し、2017年にサウジアラビア、アラブ首長国連邦（UAE）を含むアラブ諸国がカタールと断交するなど、各国の対立により、ペルシア湾の環境問題を共同で解決するのが難しい状況である。しかし、翻って考えると、環境問題こそが、互いにイデオロギー、民族、宗派、政治体制の異なる国々に一致団結して取り組むべき課題を提供しているとも言える。

本章では、環境問題を通した地域間協力の可能性を探るために、第一にペルシア湾の環境リスクを概観し、第二に環境問題への各国の取り組みと紛争の影響を考察し、最後に地域間協力の枠組みとしてクウェートに本部を置き、1978年に設立された「湾岸海洋環境保護機構（Regional Organization for Protection of the Marine Environment: ROPME）」の活動を紹介することとする。

1　ペルシア湾の地理的特性と環境リスク

（1）ペルシア湾の地理と気候

ペルシア湾の気候は、亜熱帯性乾燥気候に属する。アラブ首長国連邦の商業都市ドバイでは、夏期（4〜10月）の平均気温は30〜40℃で、最高気温50℃以上、湿度80％となり、冬期（11月から3月）の平均気温は20〜30℃で、夜間には10℃前後にまで下がる。冬期のドバイには、少量の降雨がもたらされ、乾燥した北風が吹き、砂嵐が発生する（田中2007）。

ペルシア湾の海深は平均36m、最深部で100m近くに達し、山地が海に迫っているイラン側は比較的深く、アラブ諸国側は浅瀬が続く。同湾の長さはおよそ約990㎞、幅約33〜340㎞、面積約24万1,000㎢で、アラビア高原とイラン高原との間の低地が沈下したものである。ペルシア湾は、世界的な海上交通の要衝ホルムズ海峡で、西インド洋につながっているが、それ以外に出口がない地中海（陸地に囲まれ、外の海域と深層水のやりとりがほとんどない海）である。その水温は平均24℃、8月には32℃と高いため、水分蒸発量が多く、流入河川による淡水の補給をシャットル・アラブ川のみに依存している。そのためペルシア湾は、濃縮型で塩分濃度も外洋と比べて高く、非常に閉鎖性の強い海であり、一度汚染すると復元し難い性質を有する。

（2）気候変動

バーレーンは、ペルシア湾北部に位置するバーレーン島を主島として、大小あわせて36の島々からなる。国名は、アラビア語で「2つの海」を意味する。この「2つの海」とは島の周りの海と、海の底から湧き出る真水を指すと言われている。平均海抜0mのバーレーンは、気候変動に伴う海面上昇によって2050年までに国土の11％が失われる可能性がある。バーレーン政府は、海面上昇から国土を守るために護岸工事を進めているが、それがまた海洋の環境破壊につながっている（ROPME 2013: 150-152）。

ペルシア湾では、1996年と1998年、2002年に起きた海温上昇によって大規模な珊瑚礁の死滅が発生した。ペルシア湾の閉鎖的な地形のため、高い海面温度、穏やかな風、日照量と富栄養状態等の条件が重なると有害な藻が大量に発生し、魚類が死亡しやすくなる傾向がある。1996年以降、気温上昇とシャットル・アラブ川からの淡水流入量の減少によって、ペルシア湾の海水の蒸発量が増加し、塩分濃度が上昇した。それによって、海面が上昇し、沿岸部の地形や水質を変化させ、地域の生物多様性と水循環に深刻な危機をもたらしている（Sheppard 2010）。

シャットル・アラブ川の水量は、1970年代以降、チグリス川・ユーフラテス川の上流域のトルコ、シリア、イランで巨大なダムが建設されるなど開発や灌漑が盛んに行われたことにより激減した。19世紀末から20世紀初頭にかけてイラク南部のアル・ファウ（Al Faw）でのシャットル・アラブ川からの年間平均の流量は1,000㎥／秒であったが、2000年代に入るとバスラ北部アル・クルナ（Al-Qurnah）地点での流量が約50㎥／秒（2010～2012年）、バスラ市で約10～20㎥／秒（2009～2011年）に減少した（ROPME 2013: 137, 142）。その結果、ペルシア湾の環境への悪影響だけではなく、メソポタミア湿原が枯渇の危機に晒されている。

メソポタミア湿原（イラク南部湿原）は、バスラの北方でチグリス川とユーフラテス川が合流してシャットル・アラブ川となるアル・クルナを中心に広がり、かつては四国全体の面積に相当する約2万㎢の広さを誇ったという。春にはイランとトルコの高い山々から雪解け水がチグリス・ユーフラテス川に定期的に流れ込み、両河の数百年にわたる定期的な洪水と氾濫によって、中東最大の規模を誇るメソポタミア湿原が形成された。その大部分は、7m余りに成長する大蘆に覆われた「恒常湿地帯」と、大半が蒲に覆われ、秋と冬には乾地になる「季節的湿地帯」、および洪水の時だけ水浸しになり、そのあとスゲがはびこる「一時的湿地帯」から成っている（セシジャー 2009: 7-9）。この湿原には、絶滅危惧種を含む貴重な野生生物が生息し、何百万羽もの鳥が飛来し、ペルシア湾の漁業資源である魚類やエビの産卵地が広がる。また、メソポタミア湿原が、チグリス川・ユーフラテス川から流れ込む廃棄物や汚染物質を濾過するフィルターの役割を果たしているために、ペルシア湾の水質が保全されているとも考えられている（市川 2012: 92-43）。

この湿地帯に、「マーシュ・アラブ（欧米人による呼称）」あるいは「マアダン（アラビア語で湿地の住民の意）」と呼ばれる人々が、遙か５千年も昔から泥とアシでできた無数の浮島にアシの住居を建て暮らしてきた。彼らは、主に米や麦などの穀物やナツメヤシなどの栽培、牛や水牛の飼育、淡水漁業、湿地帯に飛来する鳥類やイノシシの狩猟などで生計を立てながら、湿原をカヌーで縦横無尽に移動し、水域の環境に根ざした独特の生活様式を編み出してきた（セシジャー 2009: 112-113）。

1990 年代に、サッダーム・フセイン政権は、湾岸戦争後に一斉蜂起をしたシーア派の反体制勢力の避難所となっていたメソポタミア湿原に排水路を建設し、河の流れをせき止めて、湿原を干上がらせた。その結果、水量が減少し、2001 年までに湿原総面積の 90％が失われたとされる。1950 年代には 50 万人が湿地帯に暮らしていたが、湿地帯の枯渇によって生活の手段を失った住民の多くが故郷を離れた。そのため、人口が一時は 10 万人にまで減少した。2003 年のアメリカのイラク侵攻後にフセイン政権が崩壊すると、故郷に帰還したマーシュ・アラブたちによって堤防が破壊され、湿原地帯への再冠水が始まった。３年後にはその約 50％が回復するまで、湿原は回復しつつある。その一方で、汚水処理施設の不備や漁民によって行われる毒流し漁による水質汚染など新たな課題が浮上している（市川 2012: 93-95）。

（３）石油流出

世界有数の油田やガス田の広がるペルシア湾から原油や物資を運搬するために、年間に５万隻以上の船舶がペルシア湾とオマーン湾の間にあるホルムズ海峡を通過する。それは世界で海上輸送される原油や原油製品の約 30％を占める[3]。海峡の最も狭い地点の幅は、約 33㎞で、タンカーの航行は一方向の幅約 3.2㎞という狭い輸送レーンに限定されている。そのため、ホルムズ海峡付近では、海難事故や石油流出の危険性が高い。1982 年に、この世界で最も混雑した海域での事故を防止し、事故の際、沿岸諸国が協力して緊急出動するための調整や訓練・教育を担う「海洋緊急時相互支援センター（Marin Emergency Mutual Aid Centre: MEMAC）」が設立された（Al-Janahi 2008: 111）。

ペルシア湾の環境問題が、初めて真剣に域内外で注目されるようになったのは、湾岸戦争中の石油流出事故を契機とする。1991年1月にイラク軍は、クウェートから撤退する際にミナー・アフマディー港に停泊中のタンカーや近海の原油ターミナルなどから600万～800万バレルに及ぶ原油を海に流出させた。また、イラク軍はクウェートからの撤退時には700余りの油井を破壊して火を放ったため、250万～600万バレルの原油が大気圏から油滴や油霧として海上に落下したと考えられている。原油流出により、多くの海洋生物が深刻な被害を受け、約2万羽のペルシア鵜が死亡したとされる。さらに、油井炎上は、地域一帯の大気汚染と住民の健康被害をもたらし、酸性雨となって沿岸国に降り、ペルシア湾に流出した（谷山1992; 渡辺1997: 435）。

MEMACのデータによれば、ペルシア湾の石油流出事故は、1991年に23件、2009年に53件を記録している（MEMAC 2018: 61）。2006年に核開発を再開したイランに対し、国際的な経済制裁が課されたため、制裁網をかいくぐって物資を運ぶイランの船舶が、位置や針路を知らせる船舶自動識別装置（Automatic Identification System: AIS）を止めて航行したために座礁したり、衝突したりするケースが相次いだことが事故件数を押し上げる一因となった可能性がある。事故件数は、イラン核合意成立後の2015年に1件、2016年2件、2017年6件、2018年3件と減少傾向に向かった（MEMAC 2018: 61）。近年、MEMACの活動の一部は、石油・ガス開発に伴う油汚染や外来生物種侵入の原因となるバラスト水管理に注力を置かれるようになっている[4]。

（4）ペルシア湾岸諸国の人工島など大規模埋め立て計画

気候変動や石油流出にまして、ペルシア湾の海洋環境に深刻なダメージを与えているのが、この地域で近年、盛んに建設されている人工島など、大規模な埋め立て工事による珊瑚礁やマングローブ林、海草藻場などの沿岸生態系の破壊や開発による水質悪化である。急速な住宅地や商業地の開発に、その他のインフラの整備が追いついておらず、排水処理施設の容量不足による汚水の海への垂れ流しという問題が起きている（Krupp 2008; Sheppard 2010）。

1990年代初頭までにペルシア湾の海岸の40%以上が、生物多様性と生産性を大きく喪失させるような改変がなされた。多くの生物が生存する浅瀬や潮間帯は、大量の土砂などの堆積物で埋め立てられてしまった。それによって、例えば、ドバイ運河（Dubai Creek）の流れはせき止められ、汚染が深刻化した（ROPME 2013: 138-139）。2014年にはドバイ首長国政府清掃課は、運河から1日に3.4トンものゴミや汚染物を回収したと報道されている[5]。2017年にはドバイ首長国政府は、同運河の汚染浄化のために運河を汚した観光船や漁船に罰金を課すことを決めた[6]。

さらに、オマーンのバーティナ地方や東バーレーンなどで行われた浚渫工事は、地下水が流れている地域で行われたため、帯水層に海水を侵入させる原因となった。埋め立て工事は、潮流のパターンや水の動き、水の質に影響を与える。工事によって地下水に海水が混入すると、灌漑用の水を自然に排水させる流れを遮断するために、地下水面が上昇し、地下水や農地の塩分が増加する（ROPME 2013: 139）。

多くの場合、干潟や湿地は、経済的な価値が低く、工業団地や住宅用に埋め立て地として開発するのに適していると考えられがちである。しかし、湿地や干潟の持つエコシステムは、水循環のバランスを維持し、帯水層に淡水を補給し、土壌浸食を防ぎ、暴風から低地の沿岸域を守る役割を果たしている。バーレーンやカタール東部、クウェート湾における浚渫工事や埋め立て工事によって、さまざまな海洋生物の産卵地が破壊され、陸から大量の土砂が海に流入して海水が濁り、土砂がたまって光合成できなくなった。こうした環境ストレスが藻場やマングローブ、珊瑚礁に深刻なダメージを与えた。動植物の生息地の減少や消滅は、漁獲や魚量を減少させ、漁業で生計を立てている漁民の貧困を増大させ、海産物価格の上昇や食糧安全保障の低下をもたらすことになる（ROPME 2013: 137-138）。

MEMACのモネイム・ジャナヒー（Munem Al-Janahi）博士によれば、ROPMEやMEMACは無軌道な開発による海洋汚染の危険性について再三、湾岸諸国に警告をしているが、各国の政策を変更させるほどの力を持てていない、として悲観的な状況を語っている[7]。

（5）人口増加と水不足

今後、ペルシア湾の環境に大きな影響を与えうる問題が、人口の急激な増加や経済開発を原因とする水不足である。降雨や大規模河川の少ない湾岸諸国の多くが淡水（fresh water）不足に直面してきた（表12-1）。

イラクとイラン以外のペルシア湾岸諸国は、淡水不足に苦しんでおり、世界銀行によって1人当たり年間1,000㎥以下しか淡水にアクセスできない「水欠乏地域」に分類されている（ROPME 2013: 159）。それにもかかわらず、これらの国々では、表12-2のように人口が急速に増加しており、さらには、地球温暖化により、2025年までに湾岸の水需要は現在の2倍に増加し、工業使用の水は3倍と予測されている。しかし、2007年に湾岸協力会議加盟国（Gulf Cooperation Council: GCC）は地下水から飲料水1,950万㎥を取水する一方で、帯水層のリチャージは約480万㎥に留まっている（Russell 2009）。

亜熱帯性乾燥気候に属するバーレーンは、冬期にわずかに降雨（年間約70㎜）があるものの、水分上昇率が高く、恒常河川のない水不足の国である。過去40年間で急速に人口が増加し、都市化が進行し、同時に灌漑農業や工業化が拡大したために、水需要が急増し、バーレーン島への水供給の脆弱性が高まっている。サウジアラビア中央部からバーレーン、クウェート、カタール南部、UAE、オマーンまで伸びる国境を超えた巨大な地下水システムであるダンマーム（Dammam）帯水層から取得される地下水が、バーレーンにとって唯一の自然の淡水取水源である。1932年に石油が発見されるまでバーレーンの主要産業であった天然真珠採取の際に、素潜りの真珠貝取りは、空の壺に海底のダンマーム層より自噴している真水を満たして海中より

表12-1　湾岸諸国の年間の淡水入手量

（1人当たり、2005年）

国名	㎥
バーレーン	157
イラン	1,970
イラク	1,910
クウェート	8
オマーン	340
カタール	86
サウジアラビア	96
UAE	49

出所：Russell 2009

表12-2　湾岸諸国の人口

（万人）

国名	1950	2000	2050
バーレーン	12	67	233
イラン	1,712	6,613	9,355
イラク	572	2,357	8,149
クウェート	15	205	564
オマーン	46	227	676
カタール	3	59	377
サウジアラビア	312	2,076	4,506
UAE	7	316	1316

出所：United Nations, World Population Prospects,2017

上がってきて飲食に使用したと伝えられる[8]。ダンマーム帯水層は、現在、数十年にわたる無節制な利用のために深刻な衰退と質の低下に晒されている(ROPME 2013: 152)。

GCC諸国は、建国以来、食料自給率を高めるために、自国の農業開発に傾注してきた。そのため、希少な地下水が、より安く輸入できるはずの食糧生産のために大量に使用される皮肉な状況が続いてきた。例えば、サウジアラビアは、食料を海外から輸入するだけではなく、希少な地下水を大量に使用して生産した牛乳・乳製品やデーツ、魚介類など総額約34億米ドルに上る食品を近隣国に輸出している（野村総合研究所 2018: 25)。

1973年のオイルショックの際にアメリカから小麦輸入が大幅に減少したことにより、サウジアラビアは、食糧生産の自給を目指すようになり、1980年代に世界で6番目の小麦輸出国（1990年代に500万トンを達成）の地位に躍り出た。1980～2000年代のサウジアラビア国内における農業活動の拡大により、地下水の取水量は1,900億㎥に達した。サウジアラビア経済企画省によれば、2009年時点で取水量が年間最大116億㎥であるのに対し、貯水量は約3,380億㎥であり、このペースで取水を続ければ、30年後には枯渇する計算になる[9]。農業自給にこだわるあまり、小麦以上に希少な水資源を枯渇させつつあることのリスクを認識したサウジ当局は、2008年初頭に年間の小麦生産を12.5%ずつ減少させ、2016年までに中止すると発表した（Russell 2009)。

もう一つの矛盾した例を、サウジアラビアのアル・サフィー酪農場（Al Safi Dairy Farm）に見出すことができる。この酪農場は、サウジアラビアの酪農製品の3分の1を供給する巨大農場で、29,000頭の牛が1日に12万2,000ガロン（46万1,820リットル）の牛乳を生産し、1998年にギネスブックで世界最大の酪農場に認定された。しかし、これらの牛の飲料に毎日30ガロン（114リットル）の水を要し、酪農場の温度調整と飼料用にも、さらに大量の水を使用しているために、まさに、水とエネルギーの無駄遣いの代名詞のような滑稽な試みがなされている（Russell 2009)。

(6) 海水淡水化に伴う海洋汚染

淡水不足のGCC諸国は、世界最先端の淡水化インフラを整備している。これらの国々では必要な淡水の約70%が、海水の淡水化によって賄われており、クウェートとカタールに至っては淡水の100%を海水淡水化に依存している(Russell 2009)。湾岸諸国の合計した淡水化容量は、1日に1,100万㎥を超え、世界中の淡水化生産の45%を占め、かつてのユーフラテス河の淡水流入量の15%に相当する。2009年にサウジアラビアは、世界最大の淡水化プラントを同国東部の第二ジュベイル工業都市に開設した。380億ドルをかけたプラントは、1日に80万㎥の淡水と2,750MWの電気を生産できるように設計された(ROPME 2013: 139)。

海水の淡水化は1㎥で50～60ドルかかるほど非常に高価であることに加え、淡水化によって、海面温度の上昇や海水の濃度の高まり等の新たな環境への負荷をもたらすという問題点がある。また、淡水化プラントは通常、沿岸の土地に建設されるために、物理的に生物の繁殖地に手を加え、食物連鎖を破壊する。淡水化プラントから排出される水は、往々にして塩分濃度が高く、周辺の海水より8℃から15℃温度が高い。そのため、排出されて10倍以上に薄められても近隣の海水は少なくとも1℃以上上昇する。高温の排出物は、溶解した酸素の量を少なくし、生物の酸素呼吸が活発化する夏期に酸素欠乏状態を起こし、近海に住む生物の生命に危機をもたらす(ROPME 2013: 141)。

クウェート南部のアル・ズール電気・淡水化プラントの排水口近辺の塩分濃度は50psu(Practical Salinity Unitは海水の塩分を示す実用単位。日本近海の塩分濃度は約30psu)に達したと報告されている。淡水の流入が減少しているところに、さらに淡水化施設から塩分濃度の高い廃液が排出されるために、ペルシア湾の塩分濃度は40psuに達している。しかも、海水淡水化プラントから排出される水は、消毒のプロセスで生じる化学物質や腐食によって出てくる重金属など汚染物質を含み、近海の水質を著しく悪化させている(ROPME 2013: 140-141)。

2　ペルシア湾岸諸国の環境保護対策

（1）国際的な環境枠組みへの対応

ペルシア湾岸諸国にとって、増加する人口に対応する経済成長率を維持するためには、世界の石油市場の成長が不可欠である。それが気候変動対策枠組みに対して、GCC諸国が一致して牽制する動きの原因となってきた。イラクを除くペルシア湾岸諸国は、「気候変動枠組条約（United Nations Framework Convention on Climate Change: UNFCC）」に1994年から1996年にかけて加盟した。イラクは2016年に同条約に署名したものの、まだ批准していない。イラン、クウェート、オマーン、カタール、サウジ、UAEは京都議定書に2005年に批准し、バーレーンは2006年に批准したものの、上述のように気候変動交渉においてきわめて消極的な姿勢をとっている。

サウジをリーダーとするGCC諸国は、国際的な気候変動の交渉や環境問題対策の取り組みによる自国の不利益を阻止するために強力なグループを形成してきた。その不利益とは、エネルギー需要の低下による自国の収入減、そして、気候関連の適応や緩和の方法を実施する資源に欠いている国々の負担の肩代わりを求める圧力である。石油やガスなどエネルギー資源の収入に依存する「レンティア国家」であるGCC諸国にとって、そもそも体制の安定のために環境よりも開発を優先する傾向にあり、将来のエネルギー枯渇を見越した脱石油政策や環境対策自体もエネルギー収入に依存せねばならないというジレンマを抱える（Reiche 2010）。

（2）各国の取り組み

化石燃料削減圧力に対して保守的な姿勢をとってきた湾岸諸国も、2000年代後半になって環境問題に対してこれまでと異なる姿勢を取り始めている。2006年にカタールは、環境に優しいエネルギー産業を目指すという触れ込みのエネルギー・シティ（Energy City）を建設した（Reiche 2010: 8）。また、同国では海岸線の改変と海洋環境の変化を伴う開発計画の際に、サンゴ礁移植などの取り組みも一部でなされている（Sheppard 2010: 30）。

写真 12-1　マスダール・シティ内を試運転する無人自動車

（2019年２月筆者撮影）

写真 12-2　中東では珍しい分別ごみ箱

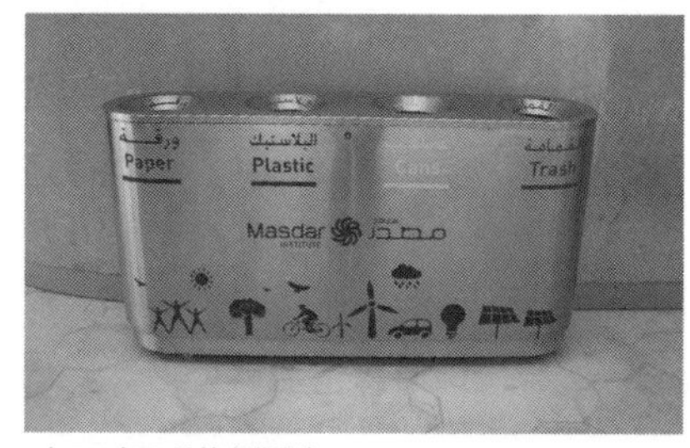

（2019年２月筆者撮影）

同様にUAEも、アブダビ首長国の国際空港近くに再生可能エネルギーだけで運営するゼロ・カーボン都市、「マスダール・シティ」の建設に着手し、2009年に同市に国際再生エネルギー機関（International Renewable Energy Agency: IRENA）の事務局を誘致した。

マスダール・シティ計画は、2006年にアブダビ首長国皇太子でUAEの事実上の支配者ともいえるムハンマド・ビン・ザイド皇太子のイニシアティブで開始した。それは、太陽エネルギーを使い、伝統的なアラブ建築の要素を取り込んで風力や太陽光を遮断する設計で建物を冷却し、造水も域内の海水淡水化プラントで生成し、移動に自動車を使わない都市を建設し、再生エネルギーの研究と投資の拠点にするというものである。しかし、2008年のリーマン・ショックと金融危機により、計画は大幅に遅れ、完成時期は2016年から2030年に延長され、総事業費220億ドルは10～15％圧縮された。基本計画も「ゼロ・カーボン」から「ロー・カーボン」に修正され、再生エネルギーはシティ内での自給ではなく外部調達に、無人運転電動コンパクトカーの代わりに電気自動車の導入に変更されることとなった[10]。

こうした取り組みを、自国のイメージ向上のための「コスメティックな流行」にすぎない、との批判もある。しかし、これらの国々が無軌道な開発に邁進するだけではなく、国際的な評価を意識しつつ、開発を進めるようになったことに対しては一定の評価をする必要があるだろう。

これらの国々においては、石油や天然ガス、電力などのエネルギーや水道の料金は、政府による補助金で低価格に抑えられており、エネルギー需要が増大すれば、その分だけ政府の拠出が増大するしくみになっている。これが国民の省エネ意欲を削ぎ、資源の浪費を促す要因になっている。

サウジアラビアは、2015年のサルマーン国王の即位を機に、省エネルギー政策を本格化させた。その狙いは、国民にエネルギーの効率的な利用を促し、海外輸出用と将来に向けて天然資源を保全し、財政赤字を削減することにある。原油価格が下落し、歳入が減少したために、2015年のサウジアラビアの財政赤字は、過去最大の約3670億リヤル（約11兆7,700億円、対国内総生産比およそ15％の規模）に上り、16年度予算の歳出も14％削減された。

2015年12月にサウジアラビア政府は、補助金を削減し、石油製品、水道、電気料金の大幅な引き上げに踏み切った。12月29日からハイオクガソリンは1リットル当たり0.6リヤル（約19円）から0.9リヤル（約29円）に、レギュラーガソリンは同0.45リヤル（約14円）から0.75リヤル（約24円）に引き上げられた。使用量によって差があるが、水道代は1.05倍～約60倍の値上げ、電気代は住宅用で1倍から1.5倍程度、商業用で2～3倍程度料金が値上げされた（表12-3及び12-4を参照）[11]。

サウジアラビアは、世界で最も深刻な「水欠乏国」の一つであるにもかかわらず、1人当た

表12-3　2016年1月以降の電気料金の改定

（単位：リヤル・キロワット時）

	1か月あたり使用量（kWh）	改訂前	改訂後
住宅用	1～2,000	0.05	0.05
	2,001～4,000	0.1	0.1
	4,001～6,000	0.12	0.2
	6,001～7,000	0.15	0.3
	7,001～8,000	0.2	
	8,001～9,000	0.22	
	9,001～10,000	0.24	
	10,001～	0.26	
商業用	1～2,000	0.05	0.16
	2,001～4,000	0.1	
	4,001～6,000	0.12	0.24
	6,001～7,000	0.15	
	7,001～8,000	0.2	
	8,001～9,000	0.22	0.3
	9,001～10,000	0.24	
	10,001～	0.26	
工業用		0.12	0.18
農業用	1～2,000	0.05	0.1
	2,001～4,000	0.1	
	4,001～6,000	0.12	
	6,001～7,000	0.15	0.12
	7,001～8,000	0.2	
	8,001～9,000	0.22	
	9,001～10,000	0.24	0.16
	10,001～	0.26	
政府用	1～2,000	0.05	
	2,001～4,000	0.1	
	4,001～6,000	0.12	
	6,001～7,000	0.15	0.32
	7,001～8,000	0.2	
	8,001～9,000	0.22	
	9,001～10,000	0.24	
	10,001～	0.26	

出所：2016年4月1日付『通商弘報』

表 12-4　2016 年 1 月以降の上下水道料金の改定

（単位：リヤル・㎥）

	1か月あたり使用量（㎥）	改訂前	改訂後
上水	～15	0.1	0.1
下水			0.05
上水	16～30		1
下水			0.5
上水	31～45		3
下水			1.5
上水	46～50		4
下水			2
上水	51～60	0.15	4
下水			2
上水	61～100		6
下水			3
上水	101～200	2	6
下水			3
上水	201～300	4	6
下水			3
上水	301～	6	6
下水			3

出所：2016年 4 月 1 日付『通商弘報』

りの水使用量が世界最大の国である。サウジアラビアの 1 人当たりの水使用量は、世界平均の 2 倍に相当する日量 263 リットルである。現在、海水を淡水化した水は、サウジで利用される水の 50％を占め、残りの半分は地下水から取水している（Michaelson 2019）。これまで、サウジアラビア政府は、膨大なエネルギーとコストをかけて海水を淡水化したり、再生不可能と言われている化石時代の地下水を最新の技術と機械を使って数百メートル以上の深い井戸から地下水汲み上げたりして製造した飲料用や工業用の水を、ただ同然の価格で国民に提供してきた。そのため、国民には長らく節水の意識が低く、無駄遣いが多かった。ちなみに東京都水道局の 2016 年の調査によれば、4 人家族の 1 カ月当たりの平均使用水量は 24.3㎥で、上水と下水道料金を合わせて 6,103 円になる[12]。24.3㎥の水を使用した場合、サウジアラビアでの月額水道料金は 2015 年までで 0.1 リヤル（約 3 円）、2016 年から 1.5 リヤル（約 44 円）と驚くべき安さである。

石油以上に急速に地下水が失われている現状に危機感を募らせたサウジ政府は、2019 年 3 月から 1 人当たりの水道使用量を 1 日 200 リットルに制限し、大幅削減を求める「カトラ（Qatrah）プログラム」を始動させた。その目標は 2020 年までに 1 人当たりの水使用量を日量 200 リットルに削減し、2030 年までに 150 リットルにするというものである。サウジの石油依存型の経済からの脱却を目指す「ビジョン 2030」の一部である「サウジアラビア国家変革計画ビジョン 2020」では、農業用に地下の帯水層からの取水を制限することが盛り込まれている。現状では、サウジアラビアは、水の再生量の 4 倍以上を使用している。

3　紛争と環境

（1）ペルシア湾で高まる緊張

2017年に米大統領に就任したドナルド・トランプが、イランに敵対的な政策を開始したことによってペルシア湾の緊張が高まっている。2018年5月に、トランプ政権はイラン核合意から離脱し、さらに2019年5月3日からイラン石油全面禁輸措置を発動し、9日に中東に空母及び爆撃部隊を派遣した。5月12日には、フジャイラ港沖合でオイルタンカー4隻（サウジ、UAE、ノルウェー）が正体不明勢力によって攻撃され、6月13日にもホルムズ海峡付近で日本企業所有のオイルタンカー等が攻撃される事件が発生した。アメリカ政府はイランの犯行を主張しているが、イラン側は関与を否定しており、事件の全貌はわかっていない。近年、ペルシア湾で著しく減少していた石油流出が、軍事的な緊張の高まりに伴うタンカー攻撃によって頻発する事態になってしまった。

6月20日にイランのイスラーム革命防衛隊がペルシア湾上空で米国の無人偵察機を撃墜し、翌日、アメリカによるイラン国内軍事施設への報復攻撃が計画されたが、トランプ米大統領は作戦実施の直前に攻撃命令を撤回したと発表した。7月18日に米海軍はイランの無人機2機を撃墜し、9月14日には、イエメンのシーア派の反体制派組織「フーシー派」によるとされるサウジ最大の石油施設に対する爆破事件が発生し、汚染した化学物質が大量に大気中に放出された[13]。このようにペルシア湾岸地域では、2019年5月以降、ミサイルや無人機での攻撃の応酬や兵器の海上落下、大気汚染など環境を脅かす事件が相次いでいる。万一、アメリカとイランの間で大規模な戦争が発生したら、ペルシア湾の環境への悪影響ははかり知れない。紛争の長期化は、人間の幸福と環境を犠牲にし、各国政府に環境政策の予算よりも軍事費を優先させる原因となる。

（2）食糧安全保障と海外での農地獲得

水不足で、食糧の大半を海外からの輸入に依存する湾岸諸国にとって、食料安全保障は重要な課題である。近隣国との紛争によって、俄かに食糧供給が止まってしまう悪夢は、2016年6月の対カタール経済封鎖で現実となった。2016年6月に、カタールは、ムスリム同胞団支援や親イラン政策を理由にサウジアラビアを中心とするアラブ諸国によって断交を通告された。陸・海・空路が封鎖されたカタールは、食料不足に直面し、友好国のトルコとイランから生鮮食品や穀物など食料を緊急空輸してしのいだ。これまでサウジアラビアに依存してきた乳製品については、カタール政府は7月から8月にかけてホルスタインの乳牛4,000頭を輸入して自給を目指そうとしている[14]。

ペルシア湾におけるイランとアメリカ及びその同盟国（特にサウジアラビアとUAE）の対立が高まっている一方で、2010年頃から、紅海及び「アフリカの角」を舞台にしたトルコ・カタール対サウジアラビア・UAE・エジプトの間で覇権争いが顕在化している。その背景には、地政学的な要衝の確保という側面のみならず、近年、アラビア半島の対岸のエチオピアやスーダンに農場を確保してきたGCC諸国の食料安全保障政策の観点も見逃すことができない。

2007～2008年にかけて、世界的な人口増と途上国の経済発展に伴う食肉需要の急増、バイオ燃料向けの農産物需要の増加などを要因として、小麦・大豆・トウモロコシなどの国際価格が高騰した。食糧輸出国の多くが自国向けの供給を優先し、輸出を規制したため、食糧の約90％を輸入に依存しているGCC諸国は食料供給不安に直面した。これらの国々は、食糧輸出国による輸出の停止や天候などの自然災害による食糧不足を懸念し、安定的な食糧確保を目的にアフリカやアジアやアフリカ諸国の土地購入や投資に乗り出した。

2007年にインドからの米輸入量が制限されて供給量不足に悩んだサウジアラビアは、2008年以降、エチオピア、スーダンなど紅海沿岸国、ウクライナ、フィリピンなどの国々と交渉して用地を確保し、食糧生産のために大規模投資する政策を開始させた（Lippman 2010）。食料の90％を海外からの輸入に頼るUAEも、人口増加に伴う食糧需要の増加に応えるためにスーダンとパキスタンに農場を獲得した。これらの農場で生産が開始したが、両国からの農産物の輸入は伸び悩んでおり、UAE国内の拡大する食料需要を満たすに至っていない（斎藤 2019: 6-7）。食料自給率 10％のカタールもケニヤの 40 万 ha の土地のリース契約を 30 億ドルで結んでいる [15]。

発展途上国で自国の食料安全保障のために農地を確保する政策は、一部で「ネオコロニアリズム」や「土地買収」等の批判がなされ、アフリカ諸国も自国の食糧不足を懸念して GCC 諸国の農地獲得の動きに警戒を深めている（Lippman 2010）。また、GCC 諸国の方でも、発展途上国における関連インフラの未整備や事業リスクの高さなどの問題点を認識し、海外での農地確保と同時に、食料調達先の多角化を図るなど新たな試みを始めている（斎藤 2019: 7）。食料安全保障は、将来の国家運営の基盤となる重要事項であるため、今後、水資源の少ない GCC 諸国の間での食糧確保を巡る競争が紛争にエスカレートし、食糧を供給する現地の社会との軋轢を生みだしたり、効率を優先し、伝統的な生活形態や環境を破壊するような大規模アグリビジネスが展開したりする可能性がある。

4　地域協力の取り組み

（1）ROPME の設立と活動内容

ペルシア湾の海洋環境保全および海洋汚染防止に取り組むための地域間協力の枠組みとして、ROPME を抜きにして語ることはできない。その設立は、1978 年 4 月 15 ～ 23 日にペルシア湾岸 8 か国がクウェートで海洋環境と沿岸区域の保護と発展についての会議を開催したことを契機とする。その結果、「海洋環境と沿岸地域の保護及び開発のための行動計画（クウェート行動計画、Kuwait Action Plan: KAP）」と、「海洋環境汚染対策の協力のためのクウェート地域条約」に加え、「緊急時の油及び有害物質による汚染対策における地域協力に関する議定書」が締結された。これを踏まえて、1979 年に、海洋環境と沿岸区域の保護と発展を目的とする「湾岸海洋環境保護機構（ROPME）」が設立された。事務局本部は、クウェートの首都、クウェート・シティに置かれ、加盟国は、アラブ首長国連邦、イラク、イラン、オマーン、カタール、クウェート、サウジアラビア、バーレーンから構成される（El-Habr 2008; Al-Janahi 2008）。

「ペルシア湾」の呼称に関し、国際的には「ペルシア湾」が正式名称として認知されているが、UAEやバーレーンがイランと領土紛争を抱えていることもあり、アラブ諸国の中では、同湾を1960年代以降、「アラビア湾」と呼称する動きがある。そのため、関係各国の領土争いや政治的な紛争を越えて環境保護に取り組むために、ROPMEは、国連環境計画（United Nations Environment Programme: UNEP）の地域海計画（Regional Seas Programme）によって定められた海域として「ROPME海域（Sea Area)」という呼称を採用している。ROPMEの保護・観察の対象となっている海洋域は、ペルシア湾とオマーン沿岸の西インド洋アラビア海を含む海域である（El-Habr 2008; Al-Janahi 2008)。

ROPMEは、運営本体の執行部（理事会、事務局、司法委員会)、科学部門（Remote Sensing Unit, ROPME Integrated Information System: RIIS, MEMAC)、法律部門（儀典とガイドライン）から構成される。ペルシア湾の海洋環境保全および海洋汚染防止を目的とするROPMEの主な活動は、KAPへの技術的な調整、メンバー8か国の協定や議定書の実施の支援、環境評価、環境マネージメント、啓蒙活動、訓練などのプロジェクトの実施である。衛星での海洋モニタリング、実地調査（クルーズ)、ムラサキ貝などの定点調査、海洋サンプルバンク（Marine Sample Bank）など包括的な研究調査・行政支援の活動がROPMEによって行われている。

1985年にGCC環境調整ユニット（GCC Environmental Coordination Unit）が創設され、法、政策、災害コントロール、環境問題の啓発、組織や経済界との協力、複合的な環境協定、GCCのベスト環境取り組みへの賞の授与などを担当することになった。しかし、ROPMEは基本的に「調整」の役割を負い、環境問題の意思決定は各国政府に委ねられている（Reiche 2010: 6)。そのため、ROPMEの努力にもかかわらず、加盟国間の情報共有や交換が限定的と指摘されている（Sheppard 2010; ROPME 2013)。この点は、MEMAC所長や国際協力機構（Japan International Cooperation Agency: JICA）専門家のインタビューからも確認されており、各国の協力を阻害する重要な問題である[16]。

（2）JICAによるROPMEの支援

JICAは2014年11月にROPMEと業務協力協定（MOU）を締結し、4

年間にわたって共同で調査及びセミナー等を実施した。その目的は、ペルシア湾における海洋生態系、生物多様性、経済活動による汚染の防止、水質保全等の海洋環境保全に関する協力の可能性をROPMEと協議し、ROPME及びメンバー国と日本の間で海洋環境における経験と知識を共有し、メンバー国と日本の二国間あるいは地域での協力を促進することである。調査の結果、地域における共通課題として、開発による水質悪化、有害赤潮の発生、油汚染、バラスト水管理、淡水化プラントの影響、汚水処理施設の許容量不足、水産物の乱獲、混獲等の課題が指摘され、これらの課題を評価する上での基礎情報の入手の困難さが問題点として確認された（JICA 2019: i）。

JICAは、ROPMEによる環境保全管理戦略（Ecosystem Based Management: EBM）策定に資するために主に環境と水産セクターを対象として、情報収集や日本の知見の提供を行った。バーレーンやUAEなど多くのメンバー国が日本の水産物管理や養殖技術の導入に強い関心を示した。また、JICAが続けてきたオマーンへのマングローブ保全協力は、オマーンからクウェートやバーレーンへ支援と技術の移転が行われ、地域協力のモデルとなりつつある。

この環境保全協力プロジェクトに関し、ODA対象国から卒業したオマーンがプロジェクトのコストの大半を担う「コストシェア型技術協力」に移行すべくJICAとオマーン政府は協議を続けてきた。しかし、世界的な石油価格の下落に伴うオマーン政府の予算不足や多くの先進国がオマーンに無償で技術協力を提案していることもあり、JICAとオマーンの「コストシェア型技術協力」は実現に至らなかった（JICA 2019: i –iii）。

2015年以降の中東情勢の悪化により、ROPMEメンバー国間の調整が滞りがちであり、本格的な砂塵嵐モニタリングや基礎情報のデータベース化は、当面、困難な見通しである。JICAは、2020年までの完成を目指して「イラン国南部沿岸域に行ける環境保全・管理計画策定プロジェクト（ホルムズガーン州）」をイランで実施している。この成果が、遅れているROPMEによるEBMストラテジー策定の参考となり、地域内で統一された戦略が、今後実施されていくことが期待されている（JICA 2019）。

まとめ――環境問題を原因とするペルシア湾の不安定化と協力の可能性

近年、盛んに報道されているペルシア湾一帯の環境悪化は、2016年から2019年にかけて筆者がイラン、カタール、UAE、クウェート、バーレーン、オマーンで行った実地調査でも強く感じられた。2017年のカタールは、4年前に訪問した時よりも開発と環境悪化が同時並行で進んでいることが感じられた。ドーハでは、汚染した空気の彼方に新たな高層ビルが林立し、目玉観光スポットのイスラーム美術館近くの港は整備され、観光用のダウ船が所狭しと並んでいた。市内の商店や商業ビルには、タミーム・ビン・ハマド首長の巨大なポスターが掲載され、アラブ諸国と断行したカタールにおけるナショナリズムの高揚が目に付いた。

2019年に訪問したクウェートでは、首長が、ラマダーン明けやクウェート市民の誕生など、折々に国民にお金をばらまいている一方で、道路が穴だらけで渋滞がひどくインフラが未整備であることに驚かされた。現地駐在の日本人は「湾岸戦争後、クウェート人は持ち運べるものしか投資しない」と皮肉を言っていたが、湾岸諸国では珍しく活発な議会活動によって、議会内の派閥抗争や利権誘導策の弊害、議会と首長家の政治的な綱引きの中で、なかなか改革が実行されないという問題を現地の市民活動家や研究者から聞いた。

2013年のROPMEレポートは、中立の姿勢に徹し、政治問題にはほとんど触れていない。しかし、わずかに「武装闘争と政治的緊張の不確実性」と題されたコラムにおいて、地域内の対立や域外大国の介入を原因とする政治的な不安定が、環境問題への地域間協力を妨げ、環境を悪化させ、水や食料など人間の生命に関わる資源へのアクセスを制限する事態になりうるとの警告が記されている（ROPME 2013: 178）。ROPMEは環境問題に軸足を置くからこそ、政治的な中立を堅持しているものの、政治的な対立が解消されない限り、環境問題の解決が前進しないというジレンマがこのコラムから読み取れる。海洋モニタリングや砂塵嵐データの収集、その他の地道な観測・分析作業において、ROPMEやMEMACの活動を軽視することはできない。今後もこれらの組織の活動に注目していきたい。

[注]

1 「世界一の汚染都市フーゼスターンで酸性雨か？（1）：3000人が急性呼吸器疾患」2013年11月4日付　Jam-e Jam紙〈http://www.el.tufs.ac.jp/prmeis/html/pc/News20131111_132038.html〉2019年3月25日アクセス。

2 Thomas Erdbrink, "Protests in Iranian City Where 'Everything Is Covered in Brown Dust," February 19, 2017, *New York Times*.

3 John Kemp「コラム：ホルムズ海峡緊迫、真のリスクは『制御不能』の危機」『ロイター通信』、2019年6月14日。

4 水成剛「船舶バラスト水管理条約の発効と課題」『Ocean Newsletter』第396号、海洋政策研究所、2017年。バラスト水とは、大型船舶が空荷の時に船体を安定させるために重しとして積み込む水のことで、主に海水が使われる。バラスト水には動植物プランクトン、海藻の断片、底生生物や魚類等の幼生や卵など数千種類の生物が混入しているとされる。到着した港でバラスト水とともに放出された外来種の生物が、地域の生態系を破壊し、固有種の絶滅や漁業被害等を起こしていることが、1980年代頃から環境問題として認識されるようになった。その結果、2004年に「船舶のバラスト水及び沈殿物の規制及び管理のための国際条約」（バラスト水管理条約）が採択され、2016年9月に発効した。同条約は、船舶にバラスト水に含まれる生物等を殺滅処理してから排出することを義務付けた。ちなみに、ペルシア湾岸諸国では、イランが2011年、サウジアラビアとUAEが2017年に同条約を批准している。

5 Ahmad, Mina, "Dubai Creek Give up 3.4 Tones of Waste a Day," October 25, 2014, *Emirates 247*.

6 The National Staff, "Dubai Creek Polluters to Fac Fines," February 19, 2017, *the National*.

7 2019年2月11日筆者によるモネイム・ジャナヒーMEMAC所長へのインタビュー。

8 桑形久夫「砂漠と水資源」『地質ニュース』1977年10月号（№278）51頁。

9 貯水量の自然増は年間約12.8億㎥である一方、自然減は約3.9億㎥である（野村総合研究所2018: 31）。

10 藤堂安人「第4回 アラブ首長国連邦・マスダール・シティ――当初計画は大幅な変更ながら『再エネの世界拠点』を目指す」日経BPクリーンテック研究所、2016年11月21日〈https://project.nikkeibp.co.jp/atclppp/PPP/080200047/110700005/〉2019年8月12日アクセス。「アラブの砂漠に建つはずだったユートピア『マスダール・シティ』」『産経新聞』、2016年7月20日。

11 「燃料価格や水・電力の公共料金を値上げ――政府が本格的に財政支出削減」『通商弘報』、2016年1月19日。

12 東京都水道局のホームページの水道代自動計算より算出〈https://www.waterworks.metro.tokyo.jp/〉。

13 Ramirez, Rachel, "The Saudi Oil Attack Isn't Just an Economic Issue, It's Environmental,"September 17, 2019, *GRIST*.

14 Camilla Hodgson「8月までに4000頭！　カタールの危機を救うため、牛たちが空を飛ぶ」2017年7月16日、Business Insider,〈https://www.businessinsider.jp/post-35014〉2019年9月20日アクセス。

15 「カタール国内の食料安全保障計画4万5千haの土地を農地へ」2011年9月27日、『植物工場・農業ビジネスオンライン』〈http://innoplex.org/archives/9432〉2019年9月20日アクセス。

16　2018年8月29日に実施された筆者によるJICA専門家（ROPME-JICA共同プロジェクト）へのインタビュー及び2019年2月11日に実施された筆者によるモネイム・ジャナヒーMEMAC所長へのインタビュー。

［主要参考文献］

Al-Janahi, Abdul Munem Mohamed, "Oil Pollution Preparedness in the ROPME Sea Area," in *Protecting the Gulf's Marine Ecosystems from Pollution,* edited by A. H. Abuzinada, H. J. Barth, F. Krupp, B. Boer and T. Z. Al Abdessalaam, Birkhauser Verlag: Switzerland, 2008.

El-Habr, Habib N., and Melanie Hutchinson, "Efforts of Regional and International Organizations in Reducing Levels of Pollution in the Gulf," in *Protecting the Gulf's Marine Ecosystems from Pollution*, edited by A. H. Abuzinada, H. J. Barth, F. Krupp, B. Boer and T. Z. Al Abdessalaam, Birkhauser Verlag: Switzerland, 2008.

Krupp, Friedhelm and Abdulaziz H. Abuzinada, "Impact of Oil Pollution and Increased Sea Surface Temperatures on Marine Ecosystems and Biota in the Gulf," in *Protecting the Gulf's Marine Ecosystems from Pollution,* edited by A. H. Abuzinada, H. J. Barth, F. Krupp, B. Boer and T. Z. Al Abdessalaam, Birkhauser Verlag: Switzerland, 2008.

Lippman, Thomas W., "Saudi Arabia's Quest for Food Security," *Middle East Policy,* Vol. 17, Spring, No. 1, 2010.

MEMAC, *ROPME and MEMAC 40 Years of Progress 1978-2018,* Marine Emergency Mutual Aid Centre (MEMAC) and Regional Organization for the Protection of the Marine Environment (ROPME), 2018.

Michaelson, Ruth, "Oil Built Saudi Arabia – Will a Lack of Water Destroy It?," August 6, 2019, *the Guardian*.

Reiche, Danyel, "Energy Policies of Gulf Cooperation Council (GCC) Countries —— Possibilities and Limitations of Ecological Modernization in Rentier States," *Energy Policy,* 2010.

ROPME, *State of the Marine Environment Report 2013,* Regional Organization for the Protection of the Marine Environment, Kuwait, 2013.

Russell, James A., "Environmental Security and Regional Stability in the Persian Gulf," *Middle East Policy Council*, Volume XVI, No. 4, 2009.

Sheppard, Charled, et.al, "The Gulf: A Young Sea in Decline," Marine Pollution Bulletin, No.60, 2010.

United Nations, *World Population Prospects,* 2017.

ウィルフレッド・セシジャー（白須英子訳、酒井啓子解説）『湿原のアラブ人』白水社、2009年。

市川薫編『アジアの社会生態学的生産ランドスケープ』国連大学高等研究所、2012年。

独立行政法人国際協力機構（JICA）「ペルシャ湾の海洋環境保護を目的としたROPME-JICAパートナーシップ・プログラム（2015～2019）ファイナルレポート」JICA・いであ株式会社、2019年11月。

斎藤純「アラブ首長国連邦の農業政策と海外農業投資」『中東レビュー』Vol. 6、2019年。

田中康平「ドバイの建設ラッシュと地域熱供給」『建築設備士』2007年5月号。

谷山鉄郎『湾岸戦争と環境破壊』岩波書店、1992年。

㈱野村総合研究所『平成29年度海外農業・貿易投資環境調査 分析委託事業（サウジアラビア）最終報告書』2018年。

渡辺正孝「湾岸戦争の原油汚染について」『環境技術』Vol.26、№7、1997年。

第13章
トルコの環境問題
——水資源問題を中心に

荒井康一

はじめに

2000年代、トルコは急速な経済成長を遂げた。一人当たり名目GDPは、2000年の4,219USドルから2008年には1万ドル台に突入し、人口も1990年の5,500万人から2015年には7,900万人弱まで増加した。この発展の中で資源・エネルギーの消費は急増し、大気汚染や水資源の問題なども発生しているが、様々な対策により改善を見せている面もある。

本章では、まずトルコの環境問題を概観し、政府の対応と市民の反応について考察する。そのうえで、特に国際河川の上流部にあたる南東アナトリア地方の水資源利用の問題に着目し、下流国との関係、水の効率的な利用のための方策、農民の環境意識の問題について論じていきたい。

具体的な環境問題の議論に入る前に、まずはトルコの自然環境について確認したい。乾燥地域が多い中東において、トルコは比較的水資源に恵まれた国である。トルコは北緯35度から43度に位置し、我が国の本州とほぼ同じ緯度にあり、冬の気温は0℃を下回る地域も多い。その国土の大半はアナトリア半島と呼ばれる地域であり、北を黒海、西はエーゲ海、南は地中海という3つの海に囲まれている。半島の北側には北アナトリア山脈（ポントス山脈）が黒海に沿って走り、南部にはトロス山脈が地中海沿岸に存在するため、その間に挟まれた地域は標高1,000m前後の盆地や高原となっている。アルメニアやイランと国境を接する東部はさらに険しい山地となっており、アララト山は5,000mを超える。気候は地中海性気候に近く冬は降雪も多いが、内陸部は高地のため寒暖差が激しく年間降水量500㎜を下回る半乾燥気候である。南東アナトリア地方はシリア砂漠に続く平原となっており、トルコ国内では最も高温で乾燥した地域である（図13-1）。

トルコのこのような地形は、大気汚染や水資源の問題とも深くかかわって

図 13-1　トルコの気候

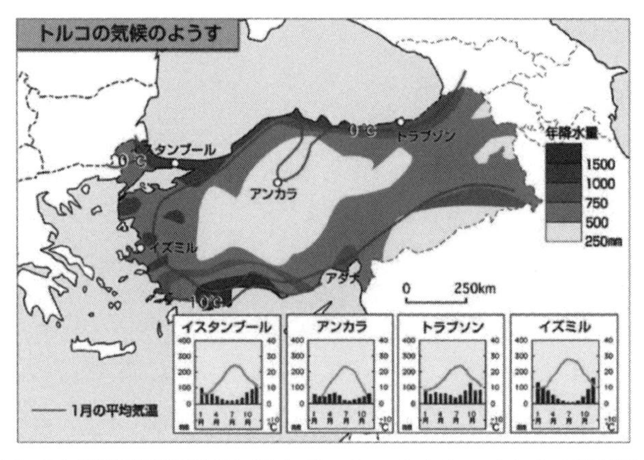

出典：IPA「教育用画像素材集サイト」（http://www2.edu.ipa.go.jp/gz/）より筆者作成

くる。内陸部の周囲を山地に囲まれた盆地では、汚染物質が滞留してしまうため大気汚染が深刻化しやすい傾向にあり、内陸湖の汚染も問題化した。また、沿岸部では降水量が多いものの、短い川が多く沿岸部の雨はすぐに海に達してしまうため十分に利用できておらず、特に海峡に位置する最大都市イスタンブルは水不足が慢性的である。他方、東部の山地はシリア・イラクに流れるティグリス・ユーフラテスという 2 つの大河川の源流にあたり、その豊富な水の利用が検討されてきた。

1　トルコの環境問題の背景と対応

（1）トルコにおける主要な環境問題

トルコの大きな環境問題の一つは、大気汚染である。その原因としては、工場や石炭火力発電所のほかに、市民によるディーゼル車の使用や家庭の暖房用石炭もあげられ、内陸部の盆地状の地形は状況をさらに悪化させている。特に、冬季の暖房に使用する褐炭には高濃度の硫黄などが含まれ、1990 年代には大気中の二酸化硫黄（SO_2）の数値が健康上非常に深刻な状態にあった[1]。

また、発電による CO_2 排出は 1990 年の 1 億 3,300 万トンから 2011 年の

図 13-2　トルコのエネルギー別発電量の変遷（TWh）

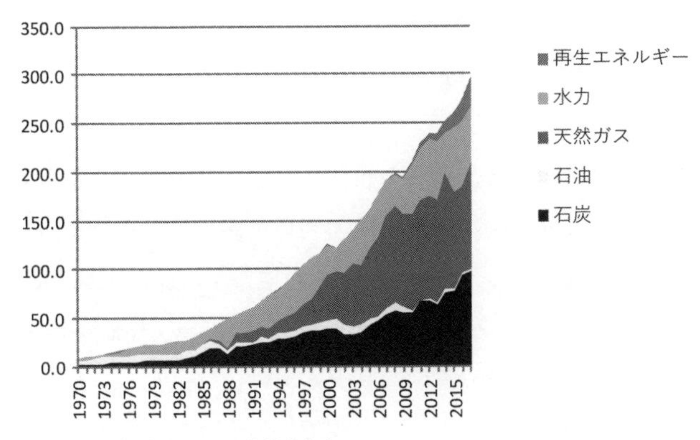

出典：トルコ統計局データより筆者作成

3億100万トンへと、倍以上に増加した。発電のエネルギーのうち、現在最も高い割合を占めるのは天然ガスであるが、石炭の割合も再び3割を超え、使用量は増加し続けている（図13-2）。2014年のトルコの一次エネルギー供給量は、石炭が29.2％、ガスが32.5％、石油が28.5％であったが、2023年までに石炭の割合が37％になると予測されており、エネルギー消費量の急増によるCO_2排出量の増加が懸念されている[2]。

トルコのもう一つの大きな問題としては、水問題があげられる。汚水の処理問題に関連するものとしては、内陸湖沼および内海の富栄養化が存在する。特にトルコの北に位置する黒海では、旧ソ連・東欧諸国からの排水に、タンカーが投棄するバラスト水に含まれる有害物質の問題も加わり、生態系に大きな影響を与えつつある[3]。また、ボスポラス海峡やマルマラ海では、狭い海域でのタンカーの衝突事故による原油流出も発生している。

この他に、水資源の不足に起因する問題も発生している。この問題について、第2節以降で詳しく論じていきたい。

（2）環境をめぐる法制と対策

1972年にストックホルムで開催された国連人間環境会議を受け、トルコにおいても1978年に環境庁が設立され、1983年には環境法が成立した。1986年には大気汚染管理規則が制定され、工場のSO_2と煤、および自動車の二酸化窒素（NO_2）の規制が定められた。しかしながら、その基準の低さと実際の運用の甘さも指摘されている[4]。その後、環境庁は1991年に環境省に格上げされ、2006年には環境法の大幅な改訂が行われるなど法制が進展している。

大気汚染問題に対しては、政府や自治体はさらに天然ガスの導入に対する補助金助成や、硫黄分の少ない輸入炭の利用を義務付けるなどの規制を行った。これにより、イスタンブルではSO_2濃度が1992年の247μgから1996年の86μg/㎥へと低下し、2012年のデータではSO_2の規制値（150μg/㎥）を超える町がないなど、一時の危険な状況からは抜け出している。ただし、人口増加と経済発展が続く中、トルコ全体での汚染物質の総排出量はそれほど大きく変化していない（図13-3）。一方、PM10についてはモニタリングを続けている125の観測点のうち、13か所で年間78μg/㎥の規制値を上回り、ガズィアンテップでは108μg/㎥に達していた[5]。

水質汚染対策としては汚水処理施設が増加し、トルコ統計局のデータによれば、下水処理の普及率は1995年にはわずか10.4%であったが、2001年には51.9%、さらに2016年には85.7%へ上昇するなど対策も進んでいる。

廃棄物については、処理場建設やリサイクル設備が整い、回収サービスの普及率は2003年に32%から2014年の64%へと、急速な改善を見せた[6]。

図13-3　トルコにおける大気汚染物質の総排出量の変遷（ギガグラム）

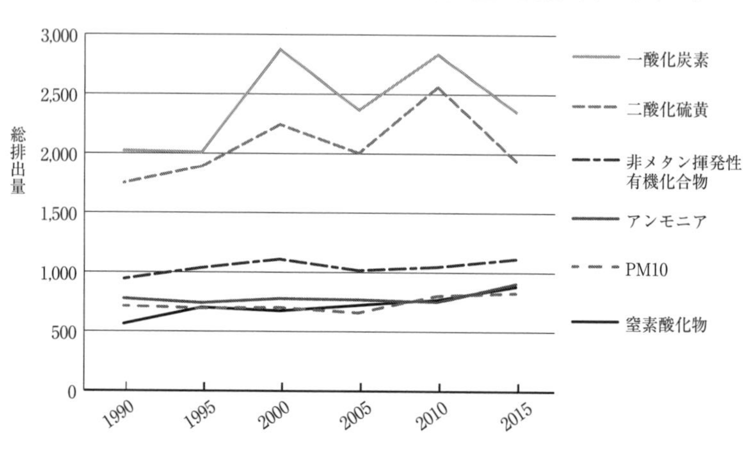

出典：Ministry of Environment and Urbanisation, 2018.より筆者作成

これらの進展の背景には、EU 加盟プロセスが存在する。トルコは 1986 年に EC 加盟申請を行い、1996 年に EU 関税同盟への加盟に成功し、2005 年からは正式加盟交渉を行っている。EU 加盟のためには環境政策でも EU と同じ基準を満たす必要があり、近年の例としては 2003 年に EU で定められた RoHS 指令（電子・電気機器における有害物質使用制限指令）を 2009 年に、WEEE 指令（電気電子機器廃棄物の回収・リサイクルに関する指令）を 2012 年に受け入れている。

（3）トルコにおける環境運動の進展

トルコにおいて環境保護運動が組織化されるようになってきたのは、主として 1980 年代以降になってからである[7]。この背景の一つには、1980 年クーデターとその後の憲法制定により、結社や表現の自由が進展したという、「政治的機会構造」の変化がある。さらにそれに加えて 1986 年に発生したチェルノブイリ原発事故は、黒海のすぐ対岸で起こりトルコにも重大な影響をもたらしたことで、非常に大きなインパクトを残した。これは、教育の普及と共に地球環境問題の「フレーミング（解釈の枠組）」が市民に対して有効に機能するようになるきっかけとなったといえる。

1988 年にはトルコでも緑の党が設立され、1970 年代から原発建設が計画されてきた地中海岸のアックユでは 1993 年に諸団体が連携したアックユ反原発プラットフォームが結成され、大規模な抗議デモや提訴を行っている。2006 年には、黒海沿岸のシノップでの原発建設に対しても地元住民を中心に数千人規模のデモが発生しており、国民の原発開発への支持も低いものの、環境アセスメントを経つつ政府による原発建設は推進されている[8]。

火力発電所についても、たびたび反対運動や訴訟が行われている。1984 年には、南西部ムーラ県のギョコバ湾火力発電所に対する建設反対運動が発生し、2011 年のシノップ県ゲルゼ石炭火力発電所に反対するデモには 1 万人が参加したとされる[9]。

土壌汚染の問題としては、イズミル県のベルガマで進められた多国籍企業の金山開発によるシアン化合物汚染に対する、農民による長期的な抗議運動が 1989 年から展開された。1997 年には 250 人の農民がイスタンブルで伝統的な衣装でデモ活動を行い、1998年に知事が操業停止を命じた。その後、政府は金鉱山の操業再開を認めたが2004年に行政最高裁判所が操業を停止させ、2006年には欧州人権裁判所が損害賠償を命じるなど、政府・司法・国際社会を巻き込み大きなインパクトを残した[10]。

また、2013年のイスタンブル新市街の中心にあるゲズィ公園の再開発をめぐる環境保護団体による活動が、市民主体の非常に大規模な反政府運動へと拡大していったことは記憶に新しいだろう。同様に、アンカラの中東工科大でも地下鉄開発による樹木の伐採に反対する運動が反政府運動に結びつくなど、近年は環境運動が地方や農村から大都市に波及し、新自由主義と開発主義国家に対する抵抗運動として大きな進展を見せつつある。

2　国際河川をめぐる水争い

(1) 中東の水資源問題

中東・北アフリカは多くの場所が250㎜以下の砂漠気候であり、年平均降水量は135㎜にすぎない。１人当たり年間500㎥以下の場合を絶対的水欠乏というが、この地域の再生可能な淡水資源は年間5,310億㎥で、仮に100％取水したとしても１人当たりの水資源は2010年の1,180㎥から、2025年には人口増加により667㎥まで低下する見込みである[11]。このため、中東において水は重要な戦略的資源で争いの種にもなりうるものであり、図13-4に見られるように再生可能な水量と同程度か大幅に上回る水量を地下から汲み上げている国も多い中、トルコは比較的水資源が豊かな国である。

河川水をめぐっては、しばしば上流国と下流国の対立が発生する。1895年にアメリカのハーマン司法長官がリオグランデ川の問題で主張したように、上流国は自国の水をどれだけ用いても領域主権の範囲内だとするハーマン主義の立場を採ることが多い。他方、下流国は歴史的に使用してきたことや、1933年に南北アメリカ諸国が結んだ「国家の権利及び義務に関する条約」（モンテビデオ宣言）に謳われたように「領土保全請求権」を持つと主張することが多い。

具体的な議論は流域国が参加する会議で進められており、ナイル川では、英国統治下の1929年のナイル水協定で定められたエジプトの取り分が非常に大きいため上流国が不満を抱き、1999年に10ヵ国からなる「ナイル流域イニシアティブ」が設立された。ヨルダン川をめぐっては、第三次中東戦争が「水戦争」とも呼ばれるように、下流国イスラエルによるダム攻撃など直接的な争いが発生してきた。西岸地区とゴラン高原の占領と植民、南レバノン進駐の背景にも水資源確保という意味が存在する。中東和平交渉においても、水の分配について一定の交渉が見られた。

図13-4　中東諸国の水収支状況（2002年）

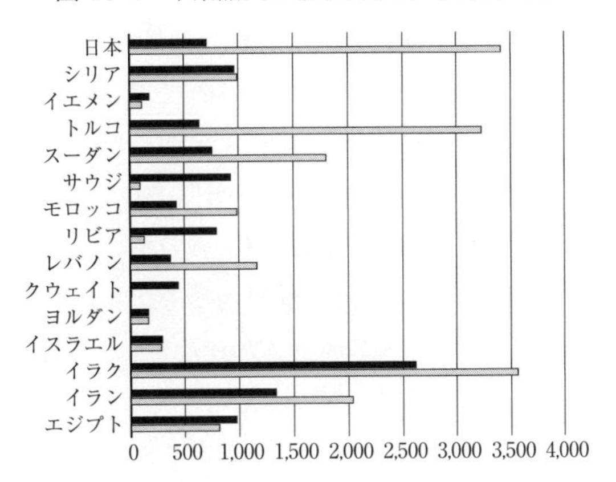

出典：FAO aquastatデータより筆者作成
注：降水や河川水等により得られる水量よりも取水量が上回っている国は、数万年前から蓄えられた地下水、海水淡水化などにより不足分を賄っている。

（2）ティグリス・ユーフラテスをめぐる争いと協調

トルコでも水の消費量は増大しており、国家水利省によれば年間の再生可能な淡水資源が1,040億㎥であるのに対し、使用量は2002年の393億㎥から2030年には1,100億㎥となり、水不足に転じると予測されている。

トルコ東部はシリアとイラクを貫くティグリス・ユーフラテスの上流にあたり、ユーフラテス川の水の98.5%（年331億㎥)、ティグリス川の水の53.4%（年272億㎥）は

図13-5　ティグリス・ユーフラテス川と南東アナトリア開発計画

出典：筆者作成

トルコからもたらされる。かつて、トルコ東部は開発が進んでおらず、そのほとんどが下流国で利用されていた。しかしながら、1960年代に入ると各国で灌漑が進み、川の水を巡って意見の対立が発生するようになった。1964年にトルコがケバンダム建設に際してシリアと協議を行い、ユーフラテス川について350㎥／秒、年間110億㎥の流量を保証した。1973年にシリアのタブカダムが完成するとイラクとシリアは国境に派兵して緊張が高まり、ソ連とサウジの仲介によりシリア4対イラク6で暫定合意が結ばれた。トルコでアタテュルクダムの建設が始まると、1987年にトルコは下流国に年平均500㎥／秒、年158億㎥の流量を約束し、1989年にはシリアとイラクで42：58という取り分が設定された。その後も流量や安定供給をめぐって議論は続いていたが、1999年にトルコの反政府クルド系組織PKKのオジャラン党首の逮捕にシリアが協力し、イラク戦争でサダムフセインが退場すると3か国の間で関係改善が進んだ。

2005年にはユーフラテス・ティグリス協力イニシアティブ（ETIC）が設置され、アメリカも加えた各国の研究者やNGOも参加して多様な調査・研究が行われた。また2007年からはトルコとシリアの間で水問題だけではなくテロ・民族問題・電力供給・貿易拡大など多面的な協力関係が築かれ、水をめぐるゼロサムゲームからプラスサムゲームへと転換したかに思われた。しかしながらシリア内戦が激化すると、トルコとシリアの関係は極度に悪化していく。

また、このティグリス・ユーフラテスをめぐる水需要の逼迫や支流におけるイランのダム建設により、イラク南部の湿地面積は急速に縮小し、渡り鳥などの生態系や水上生活民の暮らしに多大な影響を与え、湿地の回復に向けた取り組みも急がれている。

3　水資源の有効利用と農民

（1）南東アナトリア開発計画

南東アナトリア地方は、山地が連なる東アナトリアと異なり標高が低い半乾燥地域であり、灌漑農業の潜在能力を秘めた土地であった。トルコの国家水利省（DSİ）はこの地方の調査と開発計画を進め、1980年には南東アナトリア開発計画（GAP）として諸計画が統合された。1989年にはマスタープランを策定し、GAP地域開発庁も設立された。この計画は、22のダムを築き、17の水力発電所で7,500MW以上の電力を生産し、13の灌漑プロジェクトにより160万ha以上を灌漑するという非常に大規模な総合開発計画である。この計画の中には、先述したアタテュルクダムから山地をトンネルで貫通し南のハラン平原を大規模に灌漑するものなども含まれていた。

この開発により、南東アナトリア地方では綿花生産が27万ha（1998年）拡大した。しかし半乾燥気候において過灌漑を行うことは、塩害や土壌の流出が発生する危険性があり、さらにティグリス・ユーフラテス川の下流国であるシリアおよびイラクとの取水量をめぐる紛争も懸念されているため、水消費量の抑制が重要な課題となっている。その実現のための方法としては、組織の改善、新技術の導入、意識の改革などが必要となってくる。

（2）灌漑管理移管と参加型水管理

1990年前後から、灌漑施設の運営・管理を従来の政府主導から民間主導へと移す動きが盛んになり、各国で灌漑管理移管（Irrigation Management Transfer、IMT）や参加型灌漑管理（Participatory Irrigation Management、PIM）が導入された。世界銀行によれば、参加型灌漑管理とは「灌漑用水利用者が水管理におけるあらゆるレベル、あらゆる側面に関わること」であり、1992年に開催された「水と環境に関するダブリン国際会議」で採択されたダブリン4原則でも「水資源と管理は、あらゆるレベルの利用者、計画立案者、政策決定者を含む、参加型アプローチによるべきである」とされた。これにより、受益者自らが費用を負担し責任を負って農民が灌漑施設に対して所有意識を持ち、節水意識が向上して持続可能性が高まるという環境面の効果に加え、農民が積極的に維持運営に参加するようになって維持コストが下がり水利費の徴収率があがるという財政支出削減の効果も期待されている。

トルコにおける灌漑施設は、主としてDSİの管轄下にあり、小規模な施設はKHGM（村落サービス局：Köy Hizmetleri Genel Müdürlüğü）の管轄であった。DSİは、移管の理由として①利用者の参加と自己管理②グッドガバナ

図 13-6　トルコにおける灌漑管理主体（2002 年）

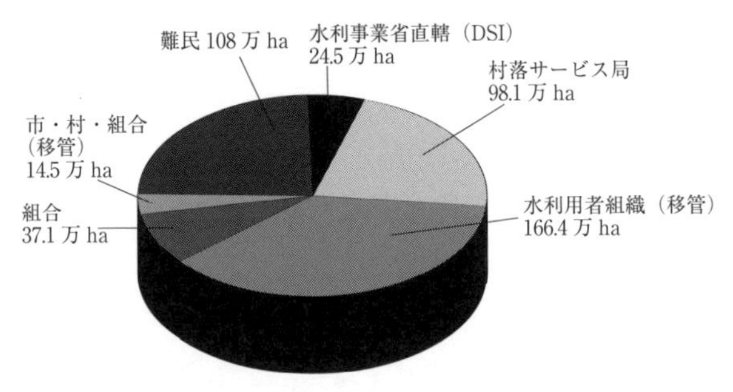

出典：Yıldırım and Çakmak, 2004: 221より筆者作成

ンス（良い統治）③財政的持続性④政府の運営管理コスト削減の 4 点を挙げている[12]。DSİ から民間への灌漑管理移管は世界銀行の資金援助の下で進められ、1993 年には DSİ により開発された約 151 万 ha のうち 4.8％にあたる約 72,000ha が移管されていたのに過ぎなかったが、翌年には 17.3％の約 26 万 7,000ha、1995 年には約 97 万 9,000ha まで移管され、61％に達した。その後も移管は進み、2003 年までに約 195 万 ha 中 93.4％の約 183 万 ha について移管済みである[13]。また KHGM も、地下水組合と地表水組合の 2 つのタイプの組合を作って維持管理権限の移管を進めている[14]。移管は、灌漑の対象地域の広さに応じて、村や市、そして複数の自治体にまたがる場合は水利用者組織（WUAs）に移管された。2002 年までに移管されたもののうち、面積の約 9 割にあたる 152 万 ha は WUAs に移管され、南東アナトリア地方には 24 の WUAs が形成された（図 13-6）。

灌漑管理移管の成果として、まず灌漑効率の向上と移管以前は 4 割前後であったという水利費徴収率の増加が期待された。表 13-1 のように、2001 年に DSİ が行ったモニタリング調査によると、DSİ 直轄の施設では灌漑率（可灌漑地のうち実際に灌漑されている面積の割合）が 38.2％であったのに対し、WUAs への移管が行われた施設では 62.4％であり、灌漑効率（送配水の過程で失われず圃場に届き有効に利用可能な水量の割合）も、DSİ 直轄地で 38％であったのに対し WUAs では 48％と高かった。また水利費の徴収率も直轄の場合が 40％であったのに対し、WUAs では 86％と高かった[15]。また IPTRID（国際灌漑排水技術プログラム）の国際調査によると、地中海岸のアンタルヤ県のパイロットプロジェクトでは、1993年と1998年を比較して、移管後の水利費の徴収率が71%から95%に上昇した[16]。

また、灌漑管理移管は水消費量の抑制に寄与することも期待されている。先述したIPTRIDの調査地では、移管によって1haあたりの水の消費量は16,109㎥から10,684㎥へと34%減少した。1ha当たりのエネルギー消費量も1,502kWhから1,030kWhへと31%の節約に成功し、責任意識の増加・信頼できる平等な水供給・新技術を用いた効率的な灌漑・徴収率の上昇・エネルギーの節約が評価された[17]。また地表水ポンプ灌漑の1haあたりエネルギー消費は、DSİによるものが2,900kWhであったのに対し、WUAsでは1,300kWhと55%少なくすんでおり、地下水ポンプ灌漑についてもDSİが1,100kWhであったのに対しWUAsでは800kWhと26%少なかった[18]。このように、WUAsへの灌漑管理移管については、灌漑率や水利費徴収率の向上と水消費量の抑制といった点が評価されている。表13-1と表13-2を見ても、同じ年の直轄地と移管済の灌漑の効率性・灌漑率は、ともに移管済の地域の方がよい数値を示していた。しかしながら、移管以前の1993年に比べて特に高い数値とはいえないことには注意が必要だろう。表13-1を

表13-1　灌漑管理移管と灌漑の効率性

年	DSİ直轄		移管	
	消費量（㎥/ha）	灌漑の効率性（%）	消費量（㎥/ha）	灌漑の効率性（%）
1993	11,000	41	-	-
1999	13,000	31	11,000	41
2001	9,200	38	9,900	48
2004	13,400	25	11,600	39

出典：Döker et al., 2003: 16およびYavuz et al., 2006: 7
注：灌漑の効率性（irrigation efficiency）＝水の需要/水の供給。水源から作物に届く割合。

表13-2　灌漑管理移管と灌漑率

年	DSİ直轄の灌漑率（%）	移管先での灌漑率（%）
1993	62	-
1996	56	69
1999	41	69
2001	38	63
2004	34	61

出典：Döker et al., 2003: 16およびYavuz et al., 2003: 6
注：灌漑率（irrigation ratio）＝灌漑面積／灌漑可能面積。

見てみると、2001年のデータでは移管された農地の灌漑効率が高くなったように感じられるが、直轄地の効率が低いため平均値はそれほど変わらず、2004年には移管地域でも効率が低下している。表13-2によれば、1996年、1999年のデータでは移管先の灌漑率が高いが、他方で同じ年の直轄地の灌漑率は低く、条件の良い場所が移管されたに過ぎない可能性があり、2004年の移管先の灌漑率は1993年の直轄地の数値を下回っている。

また、水利用者組織の組織的な問題点も指摘されている。WUAsの評議会は自治体法1580号に従い、市村長と彼らに推薦された者、合計30～50人とオブザーバーのDSİで構成されている。このため、本来は「参加型」をうたい利用者間の公平な水分配が目指して灌漑管理移管を行ったにもかかわらず、大地主や地元の有力者の影響力が反映されるという構造的欠陥が存在していた。そのため、水利用者組織は、しばしば委員が自分達を優遇し、多数派の利益を損なうことがあった[19]。トルコ西部のゲディズ川（Gediz）流域で行われた聞き取り調査によると現地のWUAsに一般の農民の会議への参加は認められておらず、利用者から委員が選ばれるべきという答えが81.4%を占めており、利用者の不満がうかがえる[20]。

（3）水利費の設定

DSİ法26条によれば、水利費は「水の価格」ではなく「維持管理費」として、輸送コストの受益者負担の原則から設定されている。この水利費には人件費や交通費、修理費、掃除代などが含まれ、DSİ法28条に基づき、前年の出費が基準となる。水利費は重力式灌漑についての東部・内陸部・沿岸部の３つのグループとポンプ灌漑についての東部内陸部・沿岸部の２つのグループという合計５つのグループに分かれている。ただし、出費・料金適用・徴収では異なる実践も見られるなど、各協会等がその施設と地域に応じてある程度異なる方法をとることも可能である。水利費の基本的な原則として、①その年の出費はシーズン前の推計予算により決定される、②施設の質に基づく料金設定がされる、③同年中に徴収が行われ、不払いに対しては罰則が課されることになっている[21]。2001年の水利費予算は3,170万USドルであり、その内訳は、人件費が32%、エネルギーが19%、機械のガス代

表 13-3　移管施設における主要作物の水利費

（US$／日）

作物	1999年	2000年	2001年
ぶどう園	6.1	5.5	3.1
スイカ	7.5	3.1	2.6
野菜	6.6	4.3	4.5
穀物	2.4	1.8	1.6
果物	3.8	3.1	3.7
綿花	4.9	4.6	3.1
じゃがいも	4.4	3.6	3.2
甜菜	5.2	5.2	3.6
最低	2.3	1.6	1.6
最高	14.2	21.1	9.6
平均	5.8	5.4	3.4

出典：Cakmak et al., 2004

修理維持費が 12%、施設の修理維持費が 11%などであった[22]。

理論的には、水利費は従量制の方が節水へのインセンティブになると考えられており、従量制を取り入れる国も出てきているが、面積や作物に応じた設定が主流である。トルコでは、ポンプ灌漑の地域は従量制も多いが、重力式灌漑の場合についてはほとんどが面積・作物ベースの固定制となっている。2001 年の WUAs での水利費は、全作物の加重平均で 1 ha あたり 1 日 3.4US ドルであったのに対し、穀物が最も安く平均で 1.6US ドル、最も高い作物で平均 9.6US ドル、綿花は 3.1US ドルであった[23]（表 13-3）。

（4）灌漑の手法

灌漑の手法は、大きく分けて地表灌漑、散水灌漑、マイクロ灌漑、地下灌漑の 4 種類に分けられる。まず、地表灌漑は圃場に直接水を流しこむため、一般に浸透損失が大きいが、設備が簡便で安価であり、浸透損失が少ない土壌を持つ平坦地に適する。下位分類としては畝の間に水を流す畝（畦）間灌漑、一定の区画に水を流すボーダー灌漑、果樹園や水田のように根元付近に水をためる水盤灌漑、等高線状に区切って水を流すコンターディッチ灌漑などがある。散水灌漑は、スプリンクラー灌漑に代表される。マイクロ灌漑は最も節水に寄与するが、高い設備費用と管理技術を必要とする。作物の根元付近に一本一本水を供給する点滴灌漑や、複数の根元付近に穴を開けたパイプを通して水を放出する多孔管灌漑などがある。地下灌漑はあまり見られず、地下にパイプを通して水を供給したりする手法であるが、非常に高度な技術が求められる。とはいえ、灌漑の手法や技術だけで水消費量が決まるわけではなく、土壌・傾斜・面積などの土地条件や作物・気候に合った方法と、適切な管理や排水が必要となる。

トルコでは、地表灌漑が全体の94%を占めている。その他には、手動スプリンクラーが20万haを灌漑し、DSİのプロジェクトでは8万haでスプリンクラーが用いられ、マイクロ灌漑が行われた面積は5,800haであった[24]。南東アナトリア地方では、散水灌漑やマイクロ灌漑といった新しい灌漑技術の導入は進んでおらず、salmaと呼ばれる流水による伝統的な地表灌漑がほとんどであり、半乾燥気候のため過剰灌漑による塩害も起こりやすい。スプリンクラーの台数は、1998年の統計によると全国で16.6万基であったのに対し、南東アナトリア地方では764基で、そのうち563基がシャンル＝ウルファ県で、一般の農民による節水型灌漑は導入が進んでいない[25]。

(5) 水利用に関する農民の意識

Aksitらは、GAPによる大規模な灌漑が開始される直前の1993年に、12のプロジェクト地域にまたがる187の村（うち121の村がシャンル＝ウルファ県）および240世帯（40の村を選択）に関するフィールドワークを行った[26]。それによると、灌漑方法は水盤灌漑が74世帯（41.8%）畝間などの流水灌漑による世帯が52例（29.4%）、スプリンクラーが40世帯（22.6%）、自然な流水灌漑によるボーダー灌漑が11世帯（6.2%）であった。このうち、スプリンクラーはジェイランプナル郡でDSİにより導入されたものであるため、積極的に新しい手法が導入された例はほとんどない。伝統的灌漑方法を選ぶ理由としては、圃場の水平化が行われていないからという回答が70例と最も多く、他に、水が豊かになる（6例）、生産を多くもたらす（5例）、他の方法を知らない（1例）などの回答が見られた。水利費の基準として望ましいものについては、作物・面積に従うべきという回答が96%と圧倒的であり、実際の使用量に基づくべきという回答は3.4%にとどまった。水不足の解消方法は新規の井戸を掘るという答えが49%であったのに対し、使用量を削減するという答えは18%であった。このように現地の農民は伝統的灌漑方法を好む傾向にあり、節水に対しては消極的で、また圃場の水平化が必要だと考えるなど知識の不足も目立つ。このような意識を改革するためには、経済的インセンティブや技術の開発だけではなく、知識の普及や技術トレーニングを粘り強く続けていくことが必要になるだろう。トルコ政府でも、これらの点の重要性は認識しており、「持続可能性」の名の下に各種のプログラムを開始している。

農民の主体性という点については、水資源の管理は国が行うべきという意見が8割を占め、イスラームの伝統的な考え方により、水そのものの所有者は神であると考える者が66%にのぼった。その一方、維持の仕事における責任は、2次・3次水路については農民が負うべきとの答えが82%、機械や高価な道具が必要なら国の責任という答えが80%であった。村の水管理組織の最もよい形については、自分たちで水利グループを作るという答えが48.5%であったのに対し、国に頼るという答えも44.6%と拮抗していた。自分たちで集団化する理由としては問題解決が容易であること、公的な組織を望む理由としては公平性が、それぞれ最も多かった。このことから、農民は灌漑施設の維持管理に参加しようという意欲はあるが、経済的負担や公平性には不安があることがみてとれ、組織化の形が重要になることが予想できる。

おわりに

トルコの主な環境問題としては大気汚染、水質汚染があり、その他に温室効果ガス、廃棄物処理、原発問題、土壌汚染などがあった。政府は1978年に環境庁を設立し、1983年に環境法が制定し、EU加盟プロセスのためEUと同一の規制基準を満たす必要性に迫られる中、環境に関する法整備が進展してきた。トルコの環境問題の多くは地球環境問題というよりは公害問題にとどまり、明らかな加害者と被害者が存在している。ただし暖房や自動車などについては住民も被害者であるだけではなく加害者でもあった。近代化の過程の中、一部の問題については規制の強化や補助金などのインセンティブ、処理施設の建設により改善を見せた部分もあるが、温室効果ガスやPM10など、問題がある部分も残されている。EUに比べると規制の基準や適用が甘い部分もあり、正式加盟のためには経済発展との両立が課題となる。

環境運動は1980年代に結社・言論の自由が進み政治的機会に変化が見られ、またチェルノブイリ原発事故などにより一般市民の間にも環境問題が意識化されるようになってきたことで進展が見られた。その中で、原発および火力発電所建設への反対運動のほか、金山開発による土壌汚染や都市部での森林伐採などへの抵抗運動も盛んになり、特定の地方に限られた運動から、都市の一般市民が多く参加し、政府や大企業に対抗する運動へと変質を遂げている。このように高等教育の普及などによりトルコにおける環境意識は高まりつつあるものの、そのような声を代弁する有力政党は存在せず、多くの国民を巻き込むような運動となるにはまだ時間が必要であろう。

また、水資源は中東では限られた資源であり、上流国と下流国の対立が見られ、一方で協調の枠組み作りも試みられてきた。ティグリス・ユーフラテス川では、トルコにおけるダム建設により下流のシリア・イラクと緊張関係が続いてきたが、近年はETICや経済協力などの可能性も模索されている。

22のダム建設と160万haの灌漑を行う南東アナトリア開発計画では、あまり水消費量が増加すると塩害や下流国との争いの危険性もあり、節水が必要な状況にある。組織については、灌漑管理移管による節水意識と水利費徴収率の向上が期待されている。水利庁は2003年までに管轄地の93.4%の灌漑地の維持管理機能を水利用者組合など民間に移管した。各種の調査によれば、この移管により水の効率的な利用について成果が見られた例もあったが、全体としては大幅な進展は見られず、不十分な参加型管理であることに対する農民の不満も大きい。水利費は従量制ではなく作物ベースの固定制がほとんどであり、灌漑手法も地表灌漑が主流で、スプリンクラーや点滴灌漑などの新技術の導入は進んでいない。一般の農民も伝統的な灌漑手法を好む傾向が強く、知識の不足も目立つため教育の必要性が指摘されている。水利用者組織の民主化をさらに進め、農民が水問題を自らの問題として考え、また節水が実益に結びつくような仕組み作りをしていくことが求められるだろう。

[注]

1 Sarikaya, 1993.

2 Ministry of Environment and Urbanisation, 2016: 19.

3 川名英之『世界の環境問題　第9巻　中東・アフリカ』緑風出版、2014。

4　間、1992。

5　Ministry of Environment and Urbanisation, 2012: 26.

6　Ministry of Environment and Urbanisation, 2016: 145.

7　Adaman & Arsel, 2005.

8　柿崎正樹「トルコの原子力発電に向けた取り組み：これまでの経緯と課題」『国際社会研究』３、神田外語大学グローバル・コミュニケーション研究所、2012。

9　Arsel, 2015.

10　Adaman and Arsel eds., 2005.

11　FAO, aquastat（http://www.fao.org/nr/water/aquastat/dbase/index.stm）

12　DSİ, 2004.

13　DSİ, 2004.

14　Yıldırım and Çakmak, 2004:221.

15　Yıldırım and Çakmak, 2004:221.

16　Vidal et al. 2001: 20.

17　Vidal et al. 2001: 20.

18　Yıldırım et al., 2004: 225.

19　Ünver & Gupta, 2003.

20　Kıymaz, et al., 2007.

21　Ünver & Gupta, 2003: 316-320.

22　Döker et al., 2003: 15.

23　Çakmak et al., 2004: 121.

24　Çakmak et al., 2004: 114.

25　DİE, *GAP İl İstatistiklerı, 1996-1998*.

26　Aksit et al. 1997.

[参考文献]

【日本語文献】

荒井康一「トルコ南東アナトリア開発計画と資源分配構造：大地主制から資本家的農業経営へ」『国際文化研究』16 号、東北大学国際文化学会、2010。

新井春美「トルコ・シリア関係と水問題」『MACRO REVIEW』23-2、2011。

遠藤直紘、前川勝朗「トルコ共和国の水資源管理：IWRM・農業用水からの視点」『公益学研究』7-1、2007。

佐藤仁『稀少資源のポリティクス――タイ農村にみる開発と環境のはざま』東京大学出版会、2002。

末尾至行編『トルコの水と社会』大明堂、1989。

SARIKAYA, Hasan Zuhuri「トルコ共和国における環境問題」『環境技術』22-2、1993。

田中幸夫、中山幹康「ティグリス・ユーフラテス川を巡る国家間紛争とその解決の可能性：国際河川紛争解決要件に関する一考察」『水文・水資源学会誌』23-2、2010。

間寧「トルコ：EC への加盟申請と環境政策」藤崎成昭編『発展途上国の環境問題』アジア経済研究所、1992。

村上雅博『水の世紀』日本経済評論社、2003。

【外国語文献】
Adaman, Fikret and Murat Arsel eds., *Environmentalism in Turkey: Between Democracy and Development?,* London: Routledge, 2005.
Aksit, Bahattın and Adnan Akçay, "Sociocultural Aspects of Irrigation Practices in South-eastern Turkey," *Water Resources Development,* 13-4, 1997.
Arsel, Murat et al., Environmentalism of the Malcontent: Anatomy of Anti-Coal Power Plant Struggle in Turkey. *Journal of Peasant Studies,* 42-2, 2015.
Çakmak, Belgin, Mevlüt Beyribey & Süleyman Kodal, "Irrigation Water Pricing in Water User Associations, Turkey," *Water Resources Development,* 20-1, 2004.
Döker, E., H. Özlü, F. Cenap, E. Doğan, & E. Eminoğlu, "Case of Turkey: Irrigation Management Transfer (IMT) to Local Authorities in Turkey." (Water Demand Management Forum on Decentralization and Participatory Irrigation Management), Cairo: February 2003.
DPT, *The Southeastern Anatolia Project Master Plan Study: Final Master Plan Report* vol.1/2, Nippon Koei Co. Ltd.: Tokyo, 1989.（国家計画庁）
DSİ, *Irrigation Management Transfer (IMT) in Turkey,* (Capacity Building Symposium on Integrated Water Management and Irrigation), Istanbul, 2004.（国家水利省）
Kıymaz, Sultan, Bülent Özekici & Atef Hamdy, "Problems and Solutions for Water User Associations in the Gediz Basin," (International Conference on Water Saving in Mediterranean Agriculture & Future Research Needs), Italy: 14-17 february 2007.
OECD, *Environmental Performance Reviews: Turkey.* Paris: OECD, 2008.
Ünver, Olcay, and Rajıv Gupta, "Water Pricing: Issues and Options in Turkey," *Water Resources Development,* 19-2, 2003.
Vidal, Alain, Aline Comeau, Hervé Plusquellec & François Gadelle, *Case Studies on Water Conservation in the Mediterranean Region,* Rome: FAO, 2001.
Yavuz, Muharrem Yetiş, Murat Yıldırım, Gökhan Çamoğlu, Kürşad Demirel, and Erdem Bahar, "Results of Transferring of Irrigation Systems' Management in Turkey," (International Symposium on Water and Land Management for Sustainable Irrigated Agriculture), Adana: April 2006.
Yıldırım, Ersoy, and Belgin Çakmak, "Participatory Irrigation Management in Turkey," *Water Resources Development,* 20-2, 2004.
【統計類】
DİE, *Köy Envanter Etüdlerine Göre,* 1967.（村落目録調査）
――, *Köy Envanter Etüdleri, 1981.*
――, *1997 Köy Envanteri.*
――, *GAP İl İstatistikleri, 1950-1994.*（南東アナトリア県統計集）
――, *GAP İl İstatistikleri, 1996-1998.*
Ministry of Environment and Urbanisation, *State of the Environment Report for Republic of Turkey,* Ankara: 2016.
――, *Environmental Indicators 2012.* Ankara: 2013.
――, *Environmental Indicators 2016.* Ankara: 2018.
【ウェブサイト】
トルコ統計局　turkstat.gov.tr

column

水資源を取り巻く現代事情

水は異なる社会領域を横断しながらヒトの生活と接点を持ってきた。たとえば、水害と隣り合わせにある日本のある農村地域では、水をなだめすかすための手段として滝つぼに水の神を祀る慣習が存在し、水を介してヒトの生活が宗教や経済的憂慮と繋がりを持っていることがわかる。また、インドでは、ヒンドゥー教徒は穢れや罪を清めるために「聖なる川」ガンジス川で毎朝、沐浴する。この例においても、宗教的意義が水に付与され、信仰者の独自の生活実践が息づいていることが理解できる。人類学者・ダグラス（2009）は、このような社会的関係に可視的表現を与える媒体としての水の中核的役割に着目し、水がヒトの社会生活に与える強い影響力を論じている。

水資源の確保が重要課題である現代社会では、このような水を介した社会的関係性が従来のコミュニティや国家を越えて拡大している。国際的文脈では、水は社会文化的意味を有する象徴物としてより、越境が可能な物資的媒体として人々の間で定義、認識されている。そして、国際社会における水問題の背景には、私的所有権に基づいた自由市場、自由貿易の拡大により富と福利の増大を掲げる政治経済的実践理論「新自由主義」の影響が色濃く反映されている。

新自由主義の影響下で、水資源は市場を通じて売買が可能で、経済的利用価値を具える「商品」としての性質を強めており、水資源の利権をめぐる論争が繰り広げられている。国家の維持運営を国際機構や多国籍企業のような海外からの資本に依存する国々は、資金投資に対する見返り条件として、公共部門の民営化を推進し、民間に巨大な市場を提供した（Harvey 2007）。水資源を含む、かつては公共域に属した分野の民営化が進み、国内市場が海外に開かれ自由貿易が促進された。あるアフリカ地域では、世界銀行のイニシアチブのもと、生活用水の供給の向上・効率化を図るために水事業が進められ、都市部では限定的に成果があがる一方で、都市と周縁部の分極化、さらには水整備が行き届かない地域では高価な水道料金を支払えない地元住民の汚染地下水使用による疫病の拡散が報告されている。そのため、国家にとって要である水資源管理を海外からの資本に強く依存するだけではなく、国の分極化を招く原因となった水資源の民営化それ自体の是非をめぐる議論が起こっていることも指摘されている（World Development Report 2006）。

さらに、経済的利潤の追求を優先する国際機関による開発事業は、直接・間接に水問題を誘発している。生物多様性の宝庫として知られるアマゾン地域を例に見よう。1980年代にアジア、ヨーロッパでの食肉消費量の増加に伴い、家畜の飼料用の大豆の需要が急増した。多国籍企業は競って大豆生産に取り組み、土地の利便性・生産性、気候などの観点からアマゾン地域を開発事業地に選定し、大豆の生産を飛躍的に増大させた。しかし、大豆の大量生産には家畜のための広大な土地の整備や輸送のための道路や港の交通網の拡大を必要としたため、森林の破壊が進むとともに、化学肥料や科学技術に依存した大量生産による深刻な土壌・水質汚染が報告されている（Austin 2010）。加えて、同地域では1990年代後半より鉱山開発も活発化している。鉱山開発では土地を爆薬を使って破壊する穿孔跡を残すが、これらの穿孔は土壌を腐食させる原因となる。それは、森林の再生を困難にするだけでなく、隣接する水路に有害物質の蓄積を促すという（Jacka 2018）。開発が招く水資源問題について科学者は次のように警鐘を鳴らす。すなわち、森林破壊は大気中の温室効果ガスの濃度を増加させ、地球温暖化、あるいは気候変動の原因となり、局地的な干ばつや異常気象による水害などの二次弊害を引き起こすと。開発事業はアマゾン地域だけでなく、広くは東西アジアやアフリカでも大規模に展開され、水資源問題は構造的に生起している。

水は多種多様に、ヒトと社会を結びつけて個々の社会習慣の形成に貢献してきた。現代社会ではそのような水を媒介とした関係性は国家を超えて押し広げられ、とりわけ商品としての水資源の重要性が認識されている。われわれが当たり前に使用している水は、水資源をめぐり複雑に展開する国際政治事情の中で利用が可能となっている一方で、国際事業開発によりかつては存在しなかった水資源問題に直面する多くの人々がいる現実にも着目しなければならない。

（阿部哲）

【参考文献】

Austin, Kelly. "Soybean Exports and Deforestation from a World-system Perspective: A Cross-National Investigation of Comparative Disadvantage." *The Sociological Quarterly,* 51(3): 511-536, 2010.

ダグラス・メアリ著、塚本利明訳『汚穢と禁忌』ちくま学芸文庫、2009年。

Harvey, David. A Brief History of Neoliberalism. Oxford: Oxford University Press, 2007.

Jacka, Jerry. "The Anthropology of Mining: The Social and Environmental Impacts of Resource Extraction in the Mineral Age." *Annual Review of Anthropology,* 47:61-77, 2018.

World Development Report 2006.

column

国際的な環境問題と環境教育の動向

気候変動に関わる国際的な動き

2015年は世界各地で気候変動と持続可能な開発について議論や行動がみられた年であった。同年パリで開催されたCOP21では約200の国・地域が温室効果ガス削減の取り決め「パリ協定」に合意し、地球の平均気温を2℃以上高めない目標に合意した。これまでの国際合意に至るプロセスでは環境保全を推進したい先進国と、経済発展にある程度のコストは必要であり、現在の環境破壊は先進国の経済発展によると主張する発展途上国の間で対立もみられた。しかし、パリ協定では中国とインドといった経済および人口規模の大きな国々も参画したことは大きな意味を持つ。また、気候変動は生物多様性の面から喫緊の課題であるだけでなく、社会インフラの恩恵を得にくく貧困状態にある先住民らや社会的弱者にとっても居住や食料の課題となっている。

その後、2018年にはポーランド・カトヴィツェでCOP24が開催され、パリ協定の目標達成は極めて困難であるという認識が共有されたが、2020年以降に実際に運用する国際ルールの詳細を合意するに至った。また、このCOP24ではスウェーデンから15歳の環境活動家、グレタ・トゥーンベリさんが大人や政治家に対して「子どもを何よりも愛していると言いつつ、皆さんは子どもの未来を奪っています（国連広報センター訳）」とスピーチを行い、持続可能な開発には世代間の公正が重要であることを示唆した。2019年9月20日には世界中で気候変動に対する行動のために声をあげる「グローバル気候マーチ」が呼びかけられるなど、大きな運動となっている。

持続可能な開発と環境教育

同じく2015年9月のニューヨーク。国連総会では「我々の世界を変革する――持続可能な開発のための2030アジェンダ」が国連加盟193カ国の全会一致によって採択された。この成果文書は16分野に連携目標が加わった17の国際目標「持続可能な開発目標（SDGs）」と169の具体的ターゲットとして整理されている。その中で自然環境に関する国際目標は第6、7、13、14、15番目の目標として明記され、同時に他の目標の中でも広義の環境問題については言及されている。教育という点では第4目標の中に「持続可能な開発のための教育（Education for Sustainable Development:ESD）」が組み込まれており、また他の目標でも教育は重要であることが記されている。ESDは2005年から2014年までの「国連ESDの10年」を経てSDGsに組み込まれたこともあり、その10年間で多くの実践および研究が展開された。日本政府とNGOが2002年にヨハネスブルグでの環境サミットでESDを提唱したことから、日本国内においてESD実践も盛んに見られた。2019年現在もESDは世界中で広がりを見せながらも、より質の高い教育が追求されている。

ESDより長い歴史を持つ環境教育は、歴史的に自然破壊の深刻化をきっかけに生まれた。1977年には環境教育政府間会合（トビリシ会議）が開かれ、そこでは環境教育の目的や目標、指導原理が示された。これらの内容は、高度経済・産業成長に伴う公害についての教育を扱っていた日本国内でも紹介され、1980年代以降の日本の環境教育に影響を与えた。1992年の国連環境開発会議（地球サミット）で持続可能な開発についての概念が国際的に共有され、その後の環境教育の会議においてもESDが重視されるようになった。環境教育もESD同様、日本の学校における教科ではないため、特定の時間でそれらだけを扱うことはないが、総合的な学習の時間や主要科目の中でも連携して扱われることが多い。また、いわゆる21世紀型技能を醸成する教育として、環境や持続可能な開発についてのリテラシーが求められる地球市民の育成と関連づけられている。

（丸山英樹）

【参考文献】

北村友人他編著（2019）『SDGs時代の教育』学文社
国連広報センター（https://www.youtube.com/watch?v=h-ICELS3NPg）
永田佳之編著（2019）『気候変動の時代を生きる』山川出版社
日本環境教育学会他編（2019）『事典持続可能な社会と教育』教育出版

アジアの環境問題関連データ集

1．人口

（単位：百万人）

		1960	1970	1980	1990	2000	2010	2017
東アジア	インドネシア	87.8	114.8	147.5	181.4	211.5	242.5	264.0
	ベトナム	32.7	43.4	54.4	68.2	80.3	88.5	95.5
	マレーシア	8.2	10.8	13.8	18.0	23.2	28.1	31.6
	タイ	27.4	36.9	47.4	56.6	63.0	67.2	69.0
西アジア	イラン	21.9	28.5	38.7	56.2	66.1	74.6	81.2
	トルコ	27.5	34.9	44.0	53.9	63.2	72.3	80.7
	サウジアラビア	4.1	5.8	9.7	16.3	20.8	27.4	32.9
	アラブ首長国連邦	0.1	0.2	1.0	1.9	3.2	8.3	9.4
南アジア	インド	449.5	553.6	696.8	870.1	1,053.1	1,231.0	1,339.2
	パキスタン	44.9	58.1	78.1	107.7	138.5	170.6	197.0
	バングラデシュ	48.2	65.0	81.5	106.2	131.6	152.1	164.7
北東アジア	韓国	25.0	32.2	38.1	42.9	47.0	49.6	51.5
	北朝鮮	11.4	14.4	17.5	20.3	22.9	24.6	25.5
	中国	667.1	818.3	981.2	1,135.2	1,262.6	1,337.7	1,386.4
	日本	92.5	104.3	116.8	123.5	126.8	128.1	126.8

出典：世界銀行（world development indicator）より作成

2．人口増加率

（単位：%）

		1960	1970	1980	1990	2000	2010	2017
東アジア	インドネシア	2.6	2.7	2.4	1.8	1.4	1.3	1.1
	ベトナム	3.0	2.6	2.2	2.2	1.1	1.0	1.0
	マレーシア	3.1	2.4	2.5	2.8	2.3	1.8	1.4
	タイ	3.0	2.9	2.1	1.4	1.0	0.5	0.3
西アジア	イラン	2.6	2.7	3.7	2.6	1.6	1.2	1.1
	トルコ	2.4	2.4	2.3	1.7	1.5	1.4	1.5
	サウジアラビア	3.0	4.1	5.9	3.6	2.3	2.8	2.0
	アラブ首長国連邦	5.9	14.4	9.1	5.8	5.4	7.6	1.4
南アジア	インド	1.9	2.2	2.3	2.1	1.8	1.4	1.1
	パキスタン	2.3	2.7	3.3	2.9	2.3	2.1	2.0
	バングラデシュ	2.8	2.5	2.8	2.5	2.0	1.1	1.0
北東アジア	韓国	2.9	2.2	1.6	1.0	0.8	0.5	0.4
	北朝鮮	2.5	2.8	1.4	1.5	0.9	0.5	0.5
	中国	1.8	2.8	1.3	1.5	0.8	0.5	0.6
	日本	0.9	1.1	0.8	0.3	0.2	0.0	-0.2

出典：世界銀行（world development indicator）より作成

3．名目 GDP

（名目 US $）

		1960	1970	1980	1990	2000	2010	2017
東アジア	インドネシア	--	9.2	72.5	106.1	165.0	755.1	1,015.5
	ベトナム	--	--	--	6.5	31.2	115.9	223.8
	マレーシア	1.9	3.9	24.5	44.0	93.8	255.0	314.7
	タイ	2.8	7.1	32.4	85.3	126.4	341.1	455.3
西アジア	イラン	4.2	11.0	94.4	124.8	109.6	487.1	454.0
	トルコ	14.0	17.1	68.8	150.7	273.0	771.9	851.5
	サウジアラビア		5.4	164.5	117.6	189.5	528.2	686.7
	アラブ首長国連邦	--	--	43.6	50.7	104.3	289.8	382.6
南アジア	インド	36.5	61.6	183.8	316.7	462.1	1,656.6	2,600.8
	パキスタン	3.7	10.0	23.7	40.0	74.0	177.4	305.0
	バングラデシュ	4.3	9.0	18.1	31.6	53.4	115.3	249.7
北東アジア	韓国	4.0	9.0	65.0	279.3	561.6	1,094.5	1,530.8
	北朝鮮	--	--	--	--	--	--	--
	中国	59.7	92.6	191.1	360.9	1,211.3	6,100.6	12,237.7
	日本	44.3	212.6	1,105.4	3,132.8	4,887.5	5,700.1	4,872.1

出典：世界銀行（world development indicator）より作成

4．経済成長率

（単位：%）

		1960	1970	1980	1990	2000	2010	2017
東アジア	インドネシア	--	7.6	9.9	7.2	4.9	6.2	5.1
	ベトナム	--	--	--	5.1	6.8	6.4	6.8
	マレーシア	--	6.0	7.4	9.0	8.9	7.4	5.9
	タイ	--	11.4	5.2	11.2	4.5	7.5	3.9
西アジア	イラン	--	11.1	-27.5	13.8	5.9	5.8	3.8
	トルコ	--	3.2	-2.4	9.3	6.6	8.5	7.4
	サウジアラビア	--	58.6	5.7	15.2	5.6	5.0	-0.9
	アラブ首長国連邦	--	--	23.9	18.3	10.9	1.6	0.8
南アジア	インド	--	5.2	6.7	5.5	3.8	10.3	6.7
	パキスタン	--	11.4	10.2	4.5	4.3	1.6	5.7
	バングラデシュ	--	5.6	0.8	5.6	5.3	5.6	7.3
北東アジア	韓国	--	10.0	-1.7	9.8	8.9	6.5	3.1
	北朝鮮	--	--	--	-4.3*	0.4*	-0.5*	-3.5*
	中国	--	19.3	7.8	3.9	8.5	10.6	6.9
	日本	--	0.4	2.8	4.9	2.8	4.2	1.7

出典：世界銀行（world development indicator）より作成。*北朝鮮データの出典：韓国統計庁。

5．都市人口率

（単位：%）

		1960	1970	1980	1990	2000	2010	2017
東アジア	インドネシア	14.6	17.1	22.1	30.6	42.0	49.9	54.7
	ベトナム	14.7	18.3	19.2	20.3	24.4	30.4	35.2
	マレーシア	26.6	33.5	42.0	49.8	62.0	70.9	75.4
	タイ	19.7	20.9	26.8	29.4	31.4	43.9	49.2
西アジア	イラン	33.7	41.2	49.7	56.3	64.0	70.6	74.4
	トルコ	31.5	38.2	43.8	59.2	64.7	70.8	74.6
	サウジアラビア	31.3	48.7	65.9	76.6	79.8	82.1	83.6
	アラブ首長国連邦	73.5	79.8	80.7	79.1	80.2	84.1	86.2
南アジア	インド	17.9	19.8	23.1	25.5	27.7	30.9	33.6
	パキスタン	22.1	24.8	28.1	30.6	33.0	35.0	36.4
	バングラデシュ	5.1	7.6	14.9	19.8	23.6	30.5	35.9
北東アジア	韓国	27.7	40.7	56.7	73.8	79.6	81.9	81.5
	北朝鮮	40.2	54.2	56.9	58.4	59.4	60.4	61.7
	中国	16.2	17.4	19.4	26.4	35.9	49.2	58.0
	日本	63.3	71.9	76.2	77.3	78.6	90.8	91.5

出典：世界銀行（world development indicator）より作成

6．軍事費の割合

（単位：%）

		1960	1970	1980	1990	2000	2010	2017
東アジア	インドネシア	--	--	2.9	1.4	0.7	0.6	0.8
	ベトナム	--	--	--	7.9		2.3	2.3
	マレーシア	2.7	5.2	4.2	2.6	1.6	1.5	1.1
	タイ	2.5	3.1	4.2	2.6	1.5	1.6	1.4
西アジア	イラン	2.3	5.9	5.3	3.2	1.2	2.9	3.1
	トルコ	3.5	3.3	3.9	3.5	3.7	2.3	2.2
	サウジアラビア	--	9.4	12.6	14.0	10.6	8.6	10.3
	アラブ首長国連邦	--	--	--	--	8.3	6.0	
南アジア	インド	2.0	3.2	3.1	3.2	3.1	2.7	2.5
	パキスタン	4.3	6.2	5.5	6.5	4.0	3.1	3.5
	バングラデシュ	--	--	0.9	1.2	1.4	1.3	1.4
北東アジア	韓国	7.2	4.4	6.4	4.0	2.5	2.6	2.6
	北朝鮮	--	--	--	--	--	--	--
	中国	--	--	--	2.5	1.9	1.9	1.9
	日本	1.1	0.8	0.9	0.9	0.9	1.0	0.9

出典：世界銀行（world development indicator）より作成

7．第一次産業比率

（単位：%）

		1960	1970	1980	1990	2000	2010	2017
東アジア	インドネシア	--	--	--	21.5	15.7	13.9	13.1
	ベトナム	--	--	--	38.7	24.5	18.4	15.3
	マレーシア	43.7	32.6	23.0	15.2	8.6	10.1	8.8
	タイ	36.4	25.9	23.2	12.5	8.5	10.5	8.7
西アジア	イラン	25.9	13.0	11.1	12.5	9.1	6.5	9.5
	トルコ	54.9	39.1	26.1	17.5	10.1	9.0	6.1
	サウジアラビア	--	4.2	1.0	5.7	4.9	2.6	2.5
	アラブ首長国連邦	--	--	0.5	1.1	2.3	0.8	0.8
南アジア	インド	41.8	40.4	33.4	27.2	21.9	17.5	15.5
	パキスタン	43.7	33.4	26.5	23.1	24.1	23.3	22.9
	バングラデシュ	57.5	54.6	32.8	30.5	22.7	17.0	13.4
北東アジア	韓国	36.2	26.4	14.1	7.6	3.9	2.2	2.0
	北朝鮮	--	--	--	--	--	23.1*	22.8*
	中国	23.2	34.8	29.6	26.6	14.7	9.5	7.9
	日本	--	--	--	--	1.5	1.1	

出典：世界銀行（world development indicator）より作成。*北朝鮮データの出典：韓国統計庁。

8．第二次産業比率

（単位：%）

		1960	1970	1980	1990	2000	2010	2017
東アジア	インドネシア	--	--	--	39.4	42.0	42.8	39.4
	ベトナム	--	--	--	22.7	36.7	32.1	33.4
	マレーシア	24.7	30.3	41.8	42.2	48.3	40.5	38.8
	タイ	18.5	25.3	28.7	37.2	36.8	40.0	35.1
西アジア	イラン	25.7	40.6	35.2	32.8	40.3	44.2	34.9
	トルコ	17.3	21.9	23.5	31.1	26.9	24.6	29.2
	サウジアラビア	--	58.4	71.5	49.2	54.2	58.4	45.5
	アラブ首長国連邦	--	--	72.7	58.9	48.5	52.5	43.6
南アジア	インド	21.8	22.7	26.4	28.6	28.4	30.1	26.3
	パキスタン	14.7	20.3	22.4	22.4	21.7	19.7	17.9
	バングラデシュ	7.0	8.7	20.1	20.1	22.3	25.0	27.8
北東アジア	韓国	17.1	24.5	31.5	35.8	34.2	34.6	35.9
	北朝鮮	--	--	--	--	--	47.5*	45.4*
	中国	44.4	40.3	48.1	41.0	45.5	46.4	40.5
	日本	--	--	--	--	32.8	28.4	

出典：世界銀行（world development indicator）より作成。*北朝鮮データの出典：韓国統計庁。

9．第三次産業比率

（単位：%）

		1960	1970	1980	1990	2000	2010	2017
東アジア	インドネシア	--	--	--	39.1	33.4	40.7	43.6
	ベトナム	--	--	--	--	38.7	36.9	41.3
	マレーシア	--	--	--	--	46.3	48.5	51.0
	タイ	--	--	--	--	54.7	49.5	56.3
西アジア	イラン	43.5	42.6	55.1	53.2	51.4	51.1	54.4
	トルコ	25.8	36.3	49.0	48.1	52.6	54.3	53.4
	サウジアラビア	--	37.4	27.5	45.1	40.9	39.0	50.9
	アラブ首長国連邦	--	--	26.8	40.0	49.2	46.7	55.6
南アジア	インド	31.1	29.7	31.2	34.6	41.3	45.2	48.7
	パキスタン	36.1	37.1	40.9	43.3	47.2	52.8	53.1
	バングラデシュ	35.6	36.7	44.6	46.7	50.6	53.5	53.5
北東アジア	韓国	39.6	40.4	43.2	46.9	51.6	53.6	52.8
	北朝鮮	--	--	--	--	--	29.4*	31.7*
	中国	--	--	--	--	--	44.1	51.6
	日本	--	--	--	--	65.9	70.2	

出典：世界銀行（world development indicator）より作成。*北朝鮮データの出典：韓国統計庁。

10. 電化率

（単位：%）

		1960	1970	1980	1990	2000	2010	2016
東アジア	インドネシア	--	--	--	61.7	86.3	94.2	97.6
	ベトナム	--	--	--	74.1	86.2	97.6	100.0
	マレーシア	--	--	--	94.0	97.0	99.3	100.0
	タイ	--	--	--	75.9	82.1	99.7	100.0
西アジア	イラン	--	--	--	95.6	97.9	99.1	100.0
	トルコ	--	--	--	88.8	94.8	100.0	100.0
	サウジアラビア	--	--	--	--	--	100.0	100.0
	アラブ首長国連邦	--	--	--	100.0	100.0	100.0	100.0
南アジア	インド	--	--	--	43.3	59.4	76.3	84.5
	パキスタン	--	--	--	59.9	75.3	89.8	99.1
	バングラデシュ	--	--	--	8.5	32.0	55.3	75.9
北東アジア	韓国	--	--	--	--	100.0	100.0	100.0
	北朝鮮	--	--	--	0.01	11.6	28.5	39.2
	中国	--	--	--	92.2	96.2	99.7	100.0
	日本	--	--	--	100.0	100.0	100.0	100.0

出典：世界銀行（world development indicator）より作成

11. 農村電化率

（単位：%）

		1960	1970	1980	1990	2000	2010	2016
東アジア	インドネシア	--	--	--	48.4	79.7	89.4	94.8
	ベトナム	--	--	--	68.0	82.1	96.7	100.0
	マレーシア	--	--	--	91.8	95.4	98.2	100.0
	タイ	--	--	--	66.0	87.0	97.0	100.0
西アジア	イラン	--	--	--	90.3	94.6	97.1	100.0
	トルコ	--	--	--	80.9	90.4	100.0	100.0
	サウジアラビア	--	--	--	--		100.0	100.0
	アラブ首長国連邦	--	--	--	100.0	100.0	100.0	100.0
南アジア	インド	--	--	--	29.7	48.2	65.7	77.6
	パキスタン	--	--	--	45.1	65.1	85.1	98.8
	バングラデシュ	--	--	--	--	20.5	42.5	68.9
北東アジア	韓国	--	--	--	--	100.0	100.0	100.0
	北朝鮮	--	--	--	0.0	11.6	28.5	39.2
	中国	--	--	--	89.7	94.1	98.0	100.0
	日本	--	--	--	100.0	100.0	100.0	100.0

出典：世界銀行（world development indicator）より作成

12. エネルギー強度

（単位：MJ/$2011 PPP GDP）

		1960	1970	1980	1990	2000	2010	2015
東アジア	インドネシア	--	--	--	5.1	5.3	4.3	3.5
	ベトナム	--	--	--	7.5	5.8	6.3	5.9
	マレーシア	--	--	--	4.8	5.4	5.2	4.7
	タイ	--	--	--	4.7	5.2	5.4	5.4
西アジア	イラン	--	--	--	5.1	6.6	6.6	7.8
	トルコ	--	--	--	3.8	3.9	3.7	2.9
	サウジアラビア	--	--	--	4.2	5.4	6.2	5.8
	アラブ首長国連邦	--	--	--	4.1	4.0	5.4	5.1
南アジア	インド	--	--	--	8.3	6.9	5.4	4.7
	パキスタン	--	--	--	5.5	5.5	4.9	4.4
	バングラデシュ	--	--	--	3.9	3.5	3.4	3.1
北東アジア	韓国	--	--	--	7.5	8.1	7.0	6.5
	北朝鮮	--	--	--	--	--	--	--
	中国	--	--	--	21.2	10.2	8.7	6.7
	日本	--	--	--	5.0	5.3	4.7	3.7

出典：世界銀行（world development indicator）より作成

13. 再エネルギー率

（単位：%）

		1960	1970	1980	1990	2000	2010	2015
東アジア	インドネシア	--	--	--	58.6	45.6	37.8	36.9
	ベトナム	--	--	--	76.1	58.0	34.8	35.0
	マレーシア	--	--	--	12.0	6.7	3.8	5.2
	タイ	--	--	--	33.6	22.0	22.7	22.9
西アジア	イラン	--	--	--	1.2	0.4	0.9	0.9
	トルコ	--	--	--	24.5	17.3	14.3	13.4
	サウジアラビア	--	--	--	0.0	0.0	0.0	0.0
	アラブ首長国連邦	--	--	--		0.1	0.1	0.1
南アジア	インド	--	--	--	58.7	51.6	39.5	36.0
	パキスタン	--	--	--	57.5	51.0	46.7	46.5
	バングラデシュ	--	--	--	71.7	59.0	41.1	34.7
北東アジア	韓国	--	--	--	1.6	0.7	1.3	2.7
	北朝鮮	--	--	--	7.2	8.7	13.5	23.1
	中国	--	--	--	34.1	29.7	12.9	12.4
	日本	--	--	--	4.6	3.9	4.6	6.3

出典：世界銀行（world development indicator）より作成

14. 出生率

（単位：千人当たり出生者数）

		1960	1970	1980	1990	2000	2010	2016
東アジア	インドネシア	44.6	40.0	33.4	25.8	21.8	20.9	19.0
	ベトナム	42.2	36.4	32.1	28.7	17.5	17.5	16.7
	マレーシア	42.7	33.9	31.3	28.1	22.0	17.3	17.1
	タイ	42.7	37.8	26.5	19.2	14.5	11.8	10.3
西アジア	イラン	47.8	42.1	44.2	33.2	18.8	18.3	16.5
	トルコ	45.4	40.0	34.5	25.9	21.7	18.0	16.2
	サウジアラビア	47.6	46.8	44.0	35.7	26.4	22.0	19.6
	アラブ首長国連邦	47.2	37.2	29.9	26.0	16.5	11.7	9.6
南アジア	インド	42.1	39.1	36.1	31.5	26.5	21.4	19.0
	パキスタン	44.2	43.1	42.2	40.4	32.0	30.2	28.2
	バングラデシュ	49.0	47.8	43.6	35.4	27.6	21.2	19.0
北東アジア	韓国	42.3	31.2	22.6	15.2	13.3	9.4	7.9
	北朝鮮	37.1	36.9	20.5	20.7	17.9	14.3	13.8
	中国	20.9	33.4	18.2	21.1	14.0	11.9	12.0
	日本	17.3	18.7	13.5	10.0	9.4	8.5	7.8

出典：世界銀行（world development indicator）より作成

15. 死亡率

（単位：千人当たり死亡者数）

		1960	1970	1980	1990	2000	2010	2016
東アジア	インドネシア	18.0	13.3	9.8	7.9	7.3	7.1	7.1
	ベトナム	12.0	11.5	7.2	6.4	5.5	5.7	5.8
	マレーシア	10.7	7.3	5.8	4.9	4.5	4.7	4.9
	タイ	13.2	10.1	7.3	5.7	6.9	7.3	7.9
西アジア	イラン	21.9	15.7	12.8	7.3	5.1	4.9	4.5
	トルコ	20.3	15.0	11.2	8.2	6.5	5.8	5.8
	サウジアラビア	20.3	15.1	8.4	4.9	3.7	3.6	3.6
	アラブ首長国連邦	15.2	7.2	3.9	2.7	1.9	1.5	1.6
南アジア	インド	22.4	17.2	13.3	10.9	8.7	7.5	7.3
	パキスタン	20.7	15.2	12.6	10.8	8.7	7.8	7.3
	バングラデシュ	20.3	18.9	14.2	10.3	6.9	5.6	5.3
北東アジア	韓国	14.0	8.0	7.3	5.6	5.2	5.1	5.5
	北朝鮮	14.2	9.5	6.3	5.7	9.1	8.8	8.8
	中国	25.4	7.6	6.3	6.7	6.5	7.1	7.3
	日本	7.6	6.9	6.1	6.7	7.7	9.5	10.5

出典：世界銀行（world development indicator）より作成

16. ５歳未満死亡率

（単位：出生者千人当たり死亡者数）

		1960	1970	1980	1990	2000	2010	2017
東アジア	インドネシア	222.5	165.0	120.3	84.0	52.1	33.2	25.4
	ベトナム		81.8	68.3	51.5	29.7	22.9	20.9
	マレーシア	92.6	53.3	30.3	16.6	10.2	7.7	7.9
	タイ	146.5	98.6	60.7	36.9	21.8	13.3	9.5
西アジア	イラン			106.9	56.1	34.2	19.6	14.9
	トルコ	258.7	187.6	127.4	74.0	39.2	19.2	11.6
	サウジアラビア			94.5	44.4	22.0	12.0	7.4
	アラブ首長国連邦	199.9	98.4	35.5	16.6	11.2	8.4	9.1
南アジア	インド	242.0	212.5	167.5	126.0	91.7	58.4	39.4
	パキスタン	258.8	193.0	164.3	139.0	112.6	90.8	74.9
	バングラデシュ	259.2	222.2	198.3	143.8	87.4	49.2	32.4
北東アジア	韓国	111.4	61.2	36.0	15.5	7.5	4.1	3.3
	北朝鮮				43.3	59.9	29.5	19.0
	中国		111.5	62.3	53.8	36.8	15.8	9.3
	日本	39.7	17.5	9.9	6.3	4.5	3.2	2.6

出典：世界銀行（world development indicator）より作成

17. 女性平均寿命

		1960	1970	1980	1990	2000	2010	2016
東アジア	インドネシア	50.1	55.7	60.8	64.7	68.0	70.3	71.4
	ベトナム	62.7	65.0	72.0	75.1	78.1	80.0	80.9
	マレーシア	60.3	65.7	69.6	72.6	75.0	76.6	77.7
	タイ	57.1	61.9	67.5	73.4	74.5	77.6	79.1
西アジア	イラン	44.1	50.9	59.3	66.3	71.1	75.5	77.1
	トルコ	48.4	55.1	62.2	68.0	73.8	77.6	79.0
	サウジアラビア	47.8	54.8	65.0	70.9	74.3	75.2	76.3
	アラブ首長国連邦	55.0	64.1	69.7	73.1	75.6	77.8	78.8
南アジア	インド	40.4	47.1	53.9	58.3	63.4	67.8	70.2
	パキスタン	45.5	52.9	57.5	60.8	63.6	66.1	67.5
	バングラデシュ	46.2	47.6	53.7	58.8	65.7	71.5	74.3
北東アジア	韓国	55.5	65.8	70.4	75.9	79.7	83.6	85.2
	北朝鮮	53.9	62.5	69.0	72.9	69.0	72.9	75.1
	中国	45.2	60.9	68.3	71.0	73.7	76.8	77.8
	日本	70.1	74.7	78.8	81.9	84.6	86.3	87.1

出典：世界銀行（world development indicator）より作成

18. 男性平均寿命

		1960	1970	1980	1990	2000	2010	2016
東アジア	インドネシア	47.3	53.4	58.5	61.9	64.6	66.1	67.2
	ベトナム	55.6	54.8	63.1	66.0	68.4	70.2	71.5
	マレーシア	58.7	63.3	66.6	68.9	70.8	72.1	73.2
	タイ	52.5	57.0	61.5	67.2	66.9	70.4	71.6
西アジア	イラン	45.7	50.8	50.2	61.6	69.2	72.5	74.9
	トルコ	42.5	49.6	55.4	60.7	66.4	70.8	72.5
	サウジアラビア	43.7	50.8	61.3	67.5	70.9	72.3	73.3
	アラブ首長国連邦	49.7	60.0	66.5	70.6	73.4	75.7	76.6
南アジア	インド	41.9	48.3	53.8	57.6	61.8	65.5	67.1
	パキスタン	45.1	52.8	56.6	59.4	62.0	64.3	65.5
	バングラデシュ	45.5	47.4	53.3	58.1	65.0	69.0	70.9
北東アジア	韓国	50.6	58.7	61.9	67.5	72.3	76.8	79.0
	北朝鮮	48.4	56.2	62.7	66.0	61.2	66.0	68.1
	中国	42.4	57.3	65.4	67.7	70.4	73.8	74.8
	日本	65.3	69.4	73.6	75.9	77.7	79.6	81.0

出典：世界銀行（world development indicator）より作成

19. 都市部での衛生的なサービス利用率

（単位：都市人口に占める割合 %）

		1960	1970	1980	1990	2000	2010	2015
東アジア	インドネシア	--	--	--	--	66.3	73.6	77.3
	ベトナム	--	--	--	--	82.2	88.0	91.0
	マレーシア	--	--	--	--	98.3	99.4	99.8
	タイ	--	--	--	--	93.8	93.8	93.8
西アジア	イラン	--	--	--	--	91.9	91.8	91.7
	トルコ	--	--	--	--	89.6	96.1	99.0
	サウジアラビア	--	--	--	--	--	--	--
	アラブ首長国連邦	--	--	--	--	100.0	100.0	100.0
南アジア	インド	--	--	--	--	50.8	60.5	65.4
	パキスタン	--	--	--	--	66.9	71.9	74.4
	バングラデシュ	--	--	--	--	40.7	49.4	53.7
北東アジア	韓国	--	--	--	--	--	--	--
	北朝鮮	--	--	--	--	--	82.7	82.7
	中国	--	--	--	--	76.6	83.0	86.2
	日本	--	--	--	--	--	--	--

出典：世界銀行（world development indicator）より作成

20. 農村部の衛生的なサービス利用率

（単位：農村人口に占める割合 %）

		1960	1970	1980	1990	2000	2010	2015
東アジア	インドネシア	--	--	--	--	28.3	47.4	57.0
	ベトナム	--	--	--	--	44.1	62.6	71.8
	マレーシア	--	--	--	--	94.4	97.6	98.8
	タイ	--	--	--	--	95.4	95.9	96.2
西アジア	イラン	--	--	--	--	79.0	78.9	78.8
	トルコ	--	--	--	--	69.9	82.2	89.0
	サウジアラビア	--	--	--	--	--	--	--
	アラブ首長国連邦	--	--	--	--	100.0	100.0	100.0
南アジア	インド	--	--	--	--	10.5	26.0	33.8
	パキスタン	--	--	--	--	14.1	36.7	48.1
	バングラデシュ	--	--	--	--	20.6	35.8	43.4
北東アジア	韓国	--	--	--	--	--	--	--
	北朝鮮	--	--	--	--	--	68.4	68.4
	中国	--	--	--	--	51.6	57.6	61.0
	日本	--	--	--	--	--	--	--

出典：世界銀行（world development indicator）より作成

21. 調理環境（調理用にクリーンな燃料や技術を使うことができる人口割合）

（単位：%）

		1960	1970	1980	1990	2000	2010	2016
東アジア	インドネシア	--	--	--	--	5.4	40.2	58.4
	ベトナム	--	--	--	--	14.4	46.8	66.9
	マレーシア	--	--	--	--	94.5	96.5	96.3
	タイ	--	--	--	--	68.0	72.3	74.4
西アジア	イラン	--	--	--	--	85.7	97.4	98.5
	トルコ	--	--	--	--	--	--	--
	サウジアラビア	--	--	--	--	94.9	96.0	96.0
	アラブ首長国連邦	--	--	--	--	96.6	98.4	98.5
南アジア	インド	--	--	--	--	22.2	34.4	41.0
	パキスタン	--	--	--	--	22.6	35.6	43.3
	バングラデシュ	--	--	--	--	7.2	12.9	17.7
北東アジア	韓国	--	--	--	--	96.2	96.8	96.7
	北朝鮮	--	--	--	--	3.1	7.3	10.8
	中国	--	--	--	--	46.8	54.9	59.3
	日本	--	--	--	--	100.0	100.0	100.0

出典：世界銀行（world development indicator）より作成

22. 1人あたり CO_2 排出量

（単位：トン／人）

		1960	1970	1980	1990	2000	2010	2014
東アジア	インドネシア	0.2	0.3	0.6	0.8	1.2	1.8	1.8
	ベトナム	0.2	0.6	0.3	0.3	0.7	1.6	1.8
	マレーシア	--	1.4	2.0	3.1	5.4	7.8	8.0
	タイ	0.1	0.4	0.8	1.6	2.9	4.2	4.6
西アジア	イラン	1.7	3.2	3.1	3.7	5.6	7.7	8.3
	トルコ	0.6	1.2	1.7	2.7	3.4	4.1	4.5
	サウジアラビア	0.7	7.8	17.4	11.4	14.3	18.9	19.5
	アラブ首長国連邦	0.1	64.7	35.4	28.0	35.7	19.4	23.3
南アジア	インド	0.3	0.4	0.5	0.7	1.0	1.4	1.7
	パキスタン	0.3	0.4	0.4	0.6	0.8	0.9	0.9
	バングラデシュ	--	--	0.1	0.1	0.2	0.4	0.5
北東アジア	韓国	0.5	1.7	3.5	5.8	9.5	11.4	11.6
	北朝鮮＊	--	--	--	--	3.0	2.7	1.6
	中国	1.2	0.9	1.5	2.2	2.7	6.6	7.5
	日本	2.5	7.4	8.1	8.9	9.6	9.1	9.5

出典：世界銀行（world development indicator）より作成。ただし、北朝鮮は国際エネルギー機関データ利用。

23. 森林カバー率

（単位：％）

森林率		1960	1970	1980	1990	2000	2010	2014
東アジア	インドネシア	--	--	--	65.4	54.9	52.1	50.6
	ベトナム	--	--	--	28.8	37.7	45.6	47.2
	マレーシア	--	--	--	68.1	65.7	67.3	67.5
	タイ	--	--	--	27.4	33.3	31.8	32.0
西アジア	イラン	--	--	--	5.6	5.7	6.6	6.6
	トルコ	--	--	--	12.5	13.2	14.6	15.1
	サウジアラビア	--	--	--	0.5	0.5	0.5	0.5
	アラブ首長国連邦	--	--	--	3.4	4.4	4.5	4.5
南アジア	インド	--	--	--	21.5	22.0	23.5	23.7
	パキスタン	--	--	--	3.3	2.7	2.2	2.0
	バングラデシュ	--	--	--	11.5	11.3	11.1	11.0
北東アジア	韓国	--	--	--	66.0	65.2	64.0	63.5
	北朝鮮	--	--	--	68.1	57.6	47.1	42.8
	中国	--	--	--	16.7	18.9	21.4	22.0
	日本	--	--	--	68.4	68.2	68.5	68.5

出典：世界銀行（world development indicator）より作成

24. 域内水循環

（1人当たりリサイクル水使用量：㎥／人）

		1960	1970	1980	1990	2000	2010	2017
東アジア	インドネシア	21,813	16,678	13,067	10,753	9,282	8,112	7,914
	ベトナム	10,362	7,890	6,313	5,053	4,385	3,973	3,884
	マレーシア	66,722	51,218	40,081	30,506	23,968	19,883	19,187
	タイ	7,720	5,747	4,557	3,882	3,504	3,309	3,281
西アジア	イラン	5,570	4,273	3,068	2,206	1,890	1,681	1,639
	トルコ	7,873	6,204	4,932	4,072	3,485	3,044	2,947
	サウジアラビア	550	375	217	138	110	83	78
	アラブ首長国連邦	1,334	451	126	72	43	17	17
南アジア	インド	3,091	2,496	1,981	1,596	1,327	1,145	1,118
	パキスタン	1,167	897	659	484	380	309	296
	バングラデシュ	2,058	1,553	1,221	944	769	674	659
北東アジア	韓国	2,446	1,936	1,649	1,482	1,361	1,292	1,278
	北朝鮮	5,644	4,406	3,720	3,200	2,871	2,696	2,668
	中国	4,225	3,263	2,789	2,415	2,197	2,083	2,062
	日本	4,487	4,012	3,630	3,461	3,374	3,369	3,378

出典：世界銀行（world development indicator）より作成。ただし、値は5年間の平均値

25. 淡水取水率

（単位：%）

		1960	1970	1980	1990	2000	2010	2017
東アジア	インドネシア	--	--		3.7	5.6	--	--
	ベトナム	--	--	10.5	--	--	--	--
	マレーシア	--	--	--	1.7	1.6	--	--
	タイ	--	--	--	--	--	--	--
西アジア	イラン	--	--	--		69.8	--	--
	トルコ	--	--	--	13.9	18.5	18.5	--
	サウジアラビア	--	--		671.7		--	--
	アラブ首長国連邦	--	--	600.0		1,556.0	--	--
南アジア	インド	--	--	30.3	34.6	42.2	44.8	44.8
	パキスタン	--	--	--	282.9	313.8	333.6	--
	バングラデシュ	--	--	--	--	--	34.2	--
北東アジア	韓国	--	--	--	31.7	45.0	--	--
	北朝鮮	--	--	--	--	--	--	--
	中国	--	--	15.8	17.8	19.5	21.3	21.3
	日本	--	--	20.5	21.3	19.6	18.9	--

出典：世界銀行（world development indicator）より作成。ただし、値は５年間の平均値

26. メタン排出量

（単位：CO_2 換算キロトン）

		1960	1970	1980	1990	2000	2010	2012
東アジア	インドネシア	--	126,665	182,595	211,531	170,032	218,937	223,316
	ベトナム	--	54,145	58,071	60,474	75,430	111,337	113,564
	マレーシア	--	14,317	18,166	23,620	29,309	33,599	34,271
	タイ	--	71,444	83,135	84,983	83,564	104,411	106,499
西アジア	イラン	--	52,013	36,465	56,749	79,769	115,302	121,298
	トルコ	--	32,789	39,597	43,852	56,261	77,307	78,853
	サウジアラビア	--	31,740	76,074	30,763	43,294	60,310	62,903
	アラブ首長国連邦	--	12,873	18,728	13,606	20,333	25,607	26,120
南アジア	インド	--	398,212	444,528	513,704	561,733	621,480	636,396
	パキスタン	--	56,503	69,857	90,808	117,125	155,232	158,337
	バングラデシュ	--	91,305	87,058	87,093	89,247	103,080	105,142
北東アジア	韓国	--	25,949	29,043	31,301	30,916	31,985	32,625
	北朝鮮	--	15,007	21,020	21,626	17,324	18,611	18,983
	中国	--	781,088	869,136	1,016,910	1,043,400	1,642,260	1,752,290
	日本	--	101,804	77,447	66,938	47,496	40,262	38,957

出典：世界銀行（world development indicator）より作成

27. メタン排出量変化率

（単位：1990 年からの変化率）

		1960	1970	1980	1991	2000	2010	2012
東アジア	インドネシア	--	--	--	84.9	-19.6	3.5	5.6
	ベトナム	--	--	--	2.1	24.7	84.1	87.8
	マレーシア	--	--	--	-0.9	24.1	42.2	45.1
	タイ	--	--	--	3.5	-1.7	22.9	25.3
西アジア	イラン	--	--	--	5.9	40.6	103.2	113.7
	トルコ	--	--	--	-1.6	28.3	76.3	79.8
	サウジアラビア	--	--	--	16.2	40.7	96.0	104.5
	アラブ首長国連邦	--	--	--	7.7	49.4	88.2	92.0
南アジア	インド	--	--	--	1.4	9.3	21.0	23.9
	パキスタン	--	--	--	2.1	29.0	70.9	74.4
	バングラデシュ	--	--	--	-1.3	2.5	18.4	20.7
北東アジア	韓国	--	--	--	-1.5	-1.2	2.2	4.2
	北朝鮮	--	--	--	-5.1	-19.9	-13.9	-12.2
	中国	--	--	--	-0.3	2.6	61.5	72.3
	日本	--	--	--	-2.4	-29.0	-39.9	-41.8

出典：世界銀行（world development indicator）より作成

28. 亜酸化窒素排出量

（単位：CO_2 換算キロトン）

		1960	1970	1980	1990	2000	2010	2012
東アジア	インドネシア	--	51,909	78,036	100,555	94,933	91,313	93,139
	ベトナム	--	6,857	7,439	11,614	19,746	33,818	34,494
	マレーシア	--	10,096	12,123	13,982	13,822	15,010	15,310
	タイ	--	11,467	13,084	18,406	18,677	30,228	30,833
西アジア	イラン	--	8,850	12,372	19,304	24,180	23,946	25,191
	トルコ	--	16,889	24,351	28,579	31,040	34,913	35,612
	サウジアラビア	--	860	3,023	6,404	6,510	6,249	6,517
	アラブ首長国連邦	--	183	440	1,053	1,508	2,366	2,413
南アジア	インド	--	84,290	114,803	169,599	207,700	234,136	239,755
	パキスタン	--	12,162	18,879	18,444	26,350	30,050	30,651
	バングラデシュ	--	9,832	11,499	16,201	20,770	26,160	26,683
北東アジア	韓国	--	4,898	7,227	10,535	18,576	14,686	14,979
	北朝鮮	--	4,505	8,480	9,738	3,422	3,241	3,306
	中国	--	139,155	237,185	340,451	414,138	550,297	587,166
	日本	--	30,989	33,227	36,941	30,411	25,762	24,911

出典：世界銀行（world development indicator）より作成

29. 年間平均 PM2.5 濃度

（単位：マイクログラム／㎥）

		1960	1970	1980	1990	2000	2010	2016
東アジア	インドネシア	--	--	--	16.6	16.5	14.5	16.7
	ベトナム	--	--	--	26.8	27.1	26.8	26.3
	マレーシア	--	--	--	15.5	15.9	15.3	17.6
	タイ	--	--	--	23.6	23.8	22.5	23.2
西アジア	イラン	--	--	--	49.4	48.0	48.1	49.0
	トルコ	--	--	--	32.8	30.2	32.6	37.3
	サウジアラビア	--	--	--	85.4	93.2	130.1	187.9
	アラブ首長国連邦	--	--	--	74.4	74.2	72.8	105.1
南アジア	インド	--	--	--	59.8	61.5	64.6	75.8
	パキスタン	--	--	--	68.0	69.6	61.4	75.8
	バングラデシュ	--	--	--	63.9	65.5	82.4	101.0
北東アジア	韓国	--	--	--	25.6	25.8	25.2	28.7
	北朝鮮	--	--	--	30.6	30.8	31.2	36.0
	中国	--	--	--	48.5	51.6	58.2	56.3
	日本	--	--	--	12.7	12.4	12.3	13.2

出典：世界銀行（world development indicator）より作成

30. 人口密度

（単位：1㎢あたり人数）

		1960	1970	1980	1990	2000	2010	2016
東アジア	インドネシア	--	63.4	81.4	100.1	116.8	133.5	146.1
	ベトナム	--	133.4	166.8	208.9	256.9	283.7	305.1
	マレーシア	--	32.9	42.0	54.9	70.6	85.9	94.7
	タイ	--	72.2	92.7	110.7	123.2	131.5	135.5
西アジア	イラン	--	17.5	23.7	34.6	40.3	45.3	49.5
	トルコ	--	45.3	57.1	70.1	82.2	94.0	105.4
	サウジアラビア	--	2.7	4.5	7.6	9.6	12.8	15.4
	アラブ首長国連邦	--	3.3	14.4	25.7	44.1	120.4	133.6
南アジア	インド	--	186.7	235.1	293.7	355.4	415.1	450.2
	パキスタン	--	75.4	101.3	139.6	184.7	232.8	269.7
	バングラデシュ	--	493.5	611.8	792.6	980.7	1,133.7	1,226.6
北東アジア	韓国	--	334.2	395.2	444.4	487.3	509.8	527.9
	北朝鮮	--	119.7	145.1	168.5	190.4	203.9	211.2
	中国	--	87.2	104.5	120.9	134.5	142.5	147.7
	日本	--	284.6	318.8	338.8	348.0	351.3	347.8

出典：世界銀行（world development indicator）より作成

31. 森林焼失面積

（単位：ヘクタール）

		Humid tropical forest（湿性熱帯林消失面積）						Other forest（その他森林焼失面積）					
		1990	1995	2000	2005	2010	2015	1990	1995	2000	2005	2010	2015
東アジア	インドネシア	672,435	672,435	124,154	428,652	41,773	1,956,592	11,484	11,484	4,068	2,683	987	63,303
	ベトナム	57,183	57,183	88,847	104,260	109,175	94,021	113,973	113,973	336,968	156,787	181,172	105,505
	マレーシア	29,232	29,232	20,706	47,869	39,798	27,219	215	215	306	322	193	21
	タイ	209,395	209,395	175,691	263,923	198,495	246,128	59,879	59,879	56,080	65,042	66,544	58,473
西アジア	イラン	0	0	0	0	0	0	1,715	1,715	1,428	279	15,048	215
	トルコ	0	0	0	0	0	0	1,404	1,404	1,410	902	193	1,739
	サウジアラビア	0	0	0	0	0	0	0	0	0	0	0	0
	アラブ首長国連邦												
南アジア	インド	200,562	200,562	174,831	147,471	451,835	160,243	360,253	360,253	503,890	233,205	711,830	307,262
	パキスタン	0	0	0	0	0	0	966	966	1,602	2,426	64	150
	バングラデシュ	15,893	15,893	13,074	16,507	6,547	7,899	0	0	0	0	0	0
北東アジア	韓国	0	0	0	0	0	0	3,304	3,304	27,971	6,740	429	1,095
	北朝鮮	0	0	0	0	0	0	25,894	25,894	41,756	30,632	6,676	33,916
	中国	856	856	1,543	1,846	451	2,597	391,432	391,432	579,716	235,395	379,195	201,822
	日本	0	0	0	0	0	0	3,289	3,289	7,412	2,619	3,628	3,799

		Organic soils(有機質土壌喪失面積)					
		1990	1995	2000	2005	2010	2015
東アジア	インドネシア	345,396	345,396	73,006	316,237	33,270	757,449
	ベトナム	599	599	358	756	395	0
	マレーシア	13,384	13,384	10,331	23,956	15,919	10,525
	タイ	359	359	129	0	584	0
西アジア	イラン	0	0	0	0	0	0
	トルコ	2	2	3	2	2	0
	サウジアラビア	0	0	0	0	0	0
	アラブ首長国連邦						
南アジア	インド	8	8	203	0	19	99
	パキスタン	0	0	0	0	0	0
	バングラデシュ	791	791	2,299	0	2,587	1,219
北東アジア	韓国	0	0	0	0	0	0
	北朝鮮	322	322	0	0	0	0
	中国	1,870	1,870	5,379	1,312	859	2,232
	日本	235	235	255	339	120	425

出典：FAOSTAT

あとがき

今や人類にとって喫緊の課題となっている環境問題を考究するとき、ひとつの切り口に「T・P・O」(Time ＝時間、Place ＝空間的広がり、Occasion ＝時機を得た価値観) を挙げることができる。たとえば、人類が長い「時間」をかけて自然環境に負荷を与え続けてきた過去を継承し、開発と称して環境資源の濫用を急激に行ってきた。それは、今や未来の世代に重大な禍根を残す結果となっている。また、「空間的広がり」でいえば、先進国では散々環境資源を浪費し、その悪化と引き換えに物質的な豊かさを享受してきたにもかかわらず、それが途上国にまで広がると、自己の環境悪化の責任を問わず、途上国に豊かさの抑制を要求しようとする。さらに、「時機を得た価値観」を視野に入れれば、開発優先主義に基づき、以前は自然とともに暮らしてきた人びとが「未開の人々」として放逐し、自然を改造して画一的世界を追求しておきながら、それが限界を迎えると、多様な文化や価値に根差した自然との共生を一転賞賛しようとする。このようにT・P・Oに沿って考えれば、豊かさ・便利さのみを追求する人間のエゴとの決別が環境問題の克服にいかに不可欠であるかを思い知らされる。

本書で見てきたように、現代アジアは概ね欧米近代文明を後追いし、その濃淡はあるものの、すでに環境資源の濫用を行い、その結果としての環境悪化との交換で物質的な豊かさを享受し、開発主義に依拠した画一的な世界を追求してきた側に回っている。そこでは等しく環境問題をめぐるT・P・Oの課題に直面し、各国・地域で別の意味でのT・P・O（歴史性、地域性、各国・地域の事情）に基づく対応が模索されている。これらの具体的な課題や対応はどんなもので、その背景となる別の意味でのT・P・Oは何であるのか、かかる考究を地域研究に根差しながら進めてきたのが本書である。したがって、「はしがき」で述べたように、本書には現場目線の気付きと独自の分析視角に関わる強みがあるとともに、環境問題の専門家ではないという弱みもある。

しかし、こうした自覚により本書刊行に向けた取り組みを行うまでに、問題意識を共有していくための議論を重ね、その下で研究プロジェクト体制を構築して2か年の共同研究を遂行することで、強みを際立たせつつ弱みを補完する作業を行い、そしてそこで得られた成果をワーキングペーパーにまとめて、本書の土台としたという背景を有する。

そもそも、本書刊行の着想は、共編者のうち2人（福原、吉村）が院生指導を主な目的に約15年も継続的に主催してきた研究交流合宿（「東西アジア連携研究会」）での議論から生じた。毎年欠かさず夏期休業中の9月に実施してきたその場には、院生のみならず広くアジアに関心を有する研究者が集ってきた。こうした能動的な集いを生産的な研究活動に活かそうと、これまでに「現代アジア」と「核問題／女性」を切り口に、2冊の研究書（高度教養書）を刊行した（『核拡散問題とアジア――核抑止論を超えて』国際書院、2009年。『現代アジアの女性たち――グローバル化社会を生きる』新水社、2014年）。そうした中での知見や蓄積を踏まえて、「はしがき」で言及されているような問題意識も浮上し、これを形にしていくためにはどうすればよいのか、残暑に負けぬ熱のこもった議論を展開した。

議論の末、外部資金を獲得して、「アジアの環境問題」プロジェクト（以下、PJと略）を構築しようということになった。幸い、島根県立大学「北東アジア地域学術交流研究助成金」の共同プロジェクト研究助成事業に採択され、ほぼ本書の執筆陣と同じ顔ぶれの2か年の共同研究が実現した。そこでは、PJメンバー各自の研究が進められるのみならず、「弱み」を補完するために外部の環境問題プロパーを講師に招いて知見を広げたり、PJメンバー各自の研究進捗を報告しあったりする研究会を積み重ねた。また、「強み」を際立たせるためにPJメンバーの一部が韓国・台湾に出掛け、現地の研究機関・研究者と学術集会を組織して研究交流を図るとともに、その機会を活用して現地における環境問題の最前線を視察するなどした。こうして、数人で着想し議論した「現代アジア」と「環境」を架橋する強い問題意識は、十数名の研究者を巻き込んだプロジェクト課題という形となり、さらに国内外の研究者の協力や助言を得つつ共同研究を進めていくことで、本書の骨格となる成果を生み出すこととなった。

この場を借りて、まずは「アジアの環境問題」PJを資金面で支えて下さった公立大学法人島根県立大学に御礼を申し上げたい。次いで、PJ活動の一環として組織した研究会へお越しいただいた地田徹朗准教授（名古屋外国語大学）と奥田敏統教授（広島大学）に御礼を申し上げたい。また、韓国学術集会の開催及び現地調査の手配の面でご尽力下さった誠信女子大学東アジア研究所並びに韓義植所長をはじめとするスタッフのみなさんに御礼を申し上げたい。さらに、台湾学術集会の開催の一切を取り仕切って下さった淡江大学外国語文学院並びに呉萬寶院長、蔡振興教授と日本語文学系の教員・学生のみなさん、そして学術集会のみならず現地でのすべての手配を完璧に行っていただいた李文茹副教授、加えて学術集会の基調講演のために蘭嶼より駆け付けて下さった夏曼・藍波安（シャマン・ラポガン）先生に御礼を申し上げたい。

以上のような着実な準備作業と調査・研究実践、中間的成果の対外的公表による耐性の確認とワーキングペーパーの複数回の推敲によって、地域研究による環境問題アプローチの先駆け的性格を有する本書が誕生した。しばしば現地に足を運び、各地域の政治的、社会的、文化的な特性に精通するとともに、現地の環境問題をめぐるＴ・Ｐ・Ｏの課題に心を痛める一線の研究者が集い、それらによる共同研究を支える物的・心的な助力に恵まれたことにより、類書がほぼ皆無な本書を生み出すことができたと自負している。

とはいえ、いくら学術的に意義を有していると自負し、社会への貢献を目指した真摯な成果といえども、それが日の目を見なければ、ただの自己満足に過ぎない。昨今の厳しい出版事情の中で、本書の意義を十分に理解し、出版を引き受けて下さった花伝社との出会いがなければ、本書刊行は叶わなかったに違いない。出版を決意し、刊行へと至るまで適切かつ温かなご助言を与えて下さった花伝社代表の平田勝氏と編集・制作部長の佐藤恭介氏をはじめ同社で編集業務に携わって下さった方がたに御礼を申し上げたい。

なお、本書の出版に際しては、島根県立大学「北東アジア地域学術交流研究助成金」出版助成事業の支援を仰いでいる。記して謝意を表したい。

（福原裕二）

【執筆者紹介】

沖村理史（おきむら・ただし）［序章／コラム］
広島市立大学大学院平和学研究科教授。国際関係論、国際環境政治。一橋大学大学院法学研究科博士後期課程修了。主要著作に、『ギガトンギャップ――気候変動と国際交渉』（共著、オルタナ、2015年）、「国連気候変動枠組条約体制とアメリカ」（『総合政策論叢』第36号、2018年）、「気候変動交渉における発展途上国の交渉グループの立場」（『環境経済・政策研究』第10巻第1号、2017年）など。

濵田泰弘（はまだ・やすひろ）［第1章／コラム］
島根県立大学総合政策学部教授。政治学、ドイツ原子力法。早稲田大学大学院法学研究科博士後期課程在籍、博士（政治学・成蹊大学）。主要著作に、『トーマス・マン政治思想研究― 1914-1955 ―《非政治的人間の考察》以降のデモクラシー論の展開』（国際書院、2010年）、「高レベル放射性廃棄物最終処分場選定をめぐる政策的課題」（『現代社会研究』12号、2015年）など。

福原裕二（ふくはら・ゆうじ）［第2章／あとがき／コラム］
島根県立大学総合政策学部教授。国際関係史、朝鮮半島地域研究。広島大学大学院国際協力研究科博士課程後期修了。主要著作に、『北東アジアと朝鮮半島研究』（国際書院、2015年）、『現代アジアの女性たち』（共編、新水社、2014年）、『アジアの「核」と私たち』（共著、慶応義塾大学出版会、2014年）、『たけしまに暮らした日本人たち：韓国欝陵島の近代史』（風響社、2013年）など。

豊田知世（とよた・ともよ）［第3章／コラム／基本統計・資料］
島根県立大学総合政策学部准教授。環境経済学、開発経済学。広島大学大学院国際協力研究科博士課程後期修了。主要著作に、『グローバリゼーションの中のアジア：新しい分析課題の提示』（共著、弘前大学出版会、2012年）、『「循環型経済」をつくる』（共著、農山漁村文化協会、2018年）など。

三木直大（みき・なおたけ）［第4章／コラム］
広島大学名誉教授。中国語圏の近現代文学研究。東京都立大学大学院人文科学研究科博士課程後期満期退学。主要著作に、『アジアから考える』（共著、有志社、2017年）、『台湾近現代文学史』（共著、研文出版、2014年）など。主要訳書に李喬『寒夜』（共訳、国書刊行会、2005年）、林亨泰『越えられない歴史』（思潮社、2006年）など。

栗原浩英（くりはら・ひろひで）［第5章／コラム］
東京外国語大学アジア・アフリカ言語文化研究所教授。ベトナム地域研究、国際関係論。主要著作に、『コミンテルン・システムとインドシナ共産党』（東京大学出版会、2005年）、『新自由主義下のアジア』（共著、ミネルヴァ書房、2016年）、『東南アジアの歴史――人・物・文化の交流史 新版』（共著、有斐閣、2019年）など。

床呂郁哉（ところ・いくや）［第6章］
東京外国語大学アジア・アフリカ言語文化研究所教授。文化人類学、東南アジア研究。主要著作に、『越境――スールー海域世界から』（岩波書店、1999年）、『東南アジアのイスラーム』（共著、東京外国語大学出版会、2012年）、『ものの人類学2』（共著、京都大学学術出版会、2019年）など。

アディネガラ・イヴォンヌ［第7章／コラム］
明治大学政治経済学部経済学科兼任講師。環境経済学、エコロジー経済学。明治大学政治経済学部経済学科博士課程修了（経済学博士）。主要著作に、『東アジアの環境政策』（共編、昭和堂、2012）、「インドネシアにおける石炭火力発電所からの水銀排出の問題およびアクター、アジェンダ、アリーナ（AAA：Actor, Agenda, Arena）の分析による水銀排出抑制シナリオの前提条件の抽出」『経済学研究論集』（第4号、明治大学大学院、2019年）など。

外川昌彦（とがわ・まさひこ）［第8章］
東京外国語大学アジア・アフリカ言語文化研究所教授。南アジアの文化人類学。慶應義塾大学大学院社会学研究科修了、博士（社会学）。主要著作に、*An Abode of the Goddess: Kingship, Caste and Sacrificial Organization in a Bengal Village*（Manohar, 2006）、*Minorities and the State: Changing Social and Political Landscape of Bengal*（共編著、SAGE Publications, 2011）、『アジアの社会参加仏教――政教関係の視座から』（共編著、北海道大学出版会、2015年）など。

小嶋常喜（こじま・つねよし）［第9章／コラム］
法政大学第二中・高等学校教諭。南アジア近現代史、社会運動史。ジャワーハルラール・ネルー大学社会科学研究科歴史学研究センター博士後期課程修了（Ph.D.）。主要著作に、『インドの社会運動と民主主義』（共著、昭和堂、2015年）、「植民地期インドにおける『農民』の登場―ビハール州キサーン・サバーの系譜―」（『南アジア研究』20号、2008年）など。

近藤高史（こんどう・たかふみ）［第10章／コラム］
東京福祉大学留学生教育センター特任教授。南アジア現代史研究。広島大学大学院国際協力研究科博士課程後期単位取得退学、博士（学術）。主要著作に、「インドにおける女性の地位向上のための闘い」（吉村慎太郎・福原裕二編『現代アジアの女性たち』新水社、2014年）、「インダス川水利協定締結（1960年）の再検討――パキスタンの国内開発および国際関係の観点から」（『歴史学研究』第981号、2019年3月）など。

吉村慎太郎（よしむら・しんたろう）［はしがき／第11章／コラム］
広島大学人間社会科学研究科教授。歴史学、イラン近現代史。主要著作（単著）に、『イラン・イスラーム体制とは何か――革命・戦争・改革の歴史から』（書肆心水、2005年）、『レザー・シャー独裁と国際関係―転換期イランの政治史的研究―』（広島大学出版会、2007年）、『イラン現代史――従属と抵抗の100年』（改訂増補版、有志舎、2020年）など。

貫井万里（ぬきい・まり）［第12章］
文京学院大学人間学部コミュニケーション社会学科准教授。中東地域研究（イラン近現代史・政治・社会）。慶應義塾大学博士号（史学）取得。主要著作に、森田豊子・貫井万里共著「1979年革命後のイラン女性と社会変化―― 2013年成立家族保護法を巡って」（吉村慎太郎・福原裕二編『現代アジアの女性たち』新水社、2014年）、「核合意後のイラン内政と制裁下に形成された経済構造の抱える問題」(『国際問題』第656号、2016年)など。

荒井康一（あらい・こういち）［第13章］
群馬県立女子大学非常勤講師。政治学、トルコ研究。東北大学大学院環境科学研究科博士後期課程修了。主要著作に、「政党制：10パーセント阻止条項への有権者と政党の戦略」(間寧編『トルコ』、ミネルヴァ書房、2019年)、「トルコ東部における動員的投票行動の計量分析」(『日本中東学会年報』24-2号、2009年)など。

阿部 哲（あべ・さとし）［コラム］
九州大学大学院比較社会文化研究院助教。文化人類学、中東研究。米国・アリゾナ大学大学院社会行動科学研究科人類学専攻博士課程修了。主要著作に、「An Anthropological Inquiry into the Emergent Discourses and Practices of Environment in Iran: Framing through the Idea of Translation」(『日本中東学会年報』2018年)、「Management of the Environment (mohit-e zist): An Ethnography of Islam and Environmental Politics in Iran」(『日本文化人類学会年報』2016年)など。

新井健一郎（あらい・けんいちろう）［コラム］
翻訳者。社会政治思想。筆名で訳書、書評など多数。

金 暎根（きむ・よんぐん）［コラム］
韓国・高麗大学校グローバル日本研究院教授。同院社会災難安全研究センター長。グローバル危機管理・災害安全学、日本政治経済学、国際関係論。東京大学大学院総合文化研究科博士課程修了。主要著作に、『日本災害学と地方復興』(共編、InterBooks、2016年)、『日韓関係史 1965-2015 II：経済』(共著、東京大学出版会、2015年)、また訳書に、『自民党長期政権の政治経済学』(高麗大学出版文化院、2018年)、『日本原子力政策の失敗』(高麗大学出版文化院、2013年)など。

丸山英樹（まるやま・ひでき）［コラム］
上智大学総合グローバル学部教授。比較教育学、国際教育協力論、持続可能な開発のための教育(ESD)。博士(教育学)。主要著作に、『Cross-Bordering Dynamics in Education and Lifelong Learning』(編著、Routledge、2020年)、『トランスナショナル移民のノンフォーマル教育』(明石書店、2016年)、『ノンフォーマル教育の可能性』(共編著、新評論、2013年)など。

編著者　豊田知世、濵田泰弘、福原裕二、吉村慎太郎

現代アジアと環境問題――多様性とダイナミズム

2020年7月20日　初版第1刷発行

編著者――豊田知世、濵田泰弘、福原裕二、吉村慎太郎
発行者――平田　勝
発行――花伝社
発売――共栄書房
〒101-0065　東京都千代田区西神田2-5-11 出版輸送ビル2F
電話　03-3263-3813
FAX　03-3239-8272
E-mail　info@kadensha.net
URL　http://www.kadensha.net
振替　00140-6-59661
装幀――佐々木正見
印刷・製本――中央精版印刷株式会社

ISBN978-4-7634-0932-4　C3036